Springer-Lehrbuch

Freimut Bodendorf

Daten- und Wissensmanagement

Zweite, aktualisierte und erweiterte Auflage

Mit 170 Abbildungen

 Springer

Professor Dr. Freimut Bodendorf
Universität Erlangen-Nürnberg
Wirtschafts- und Sozialwissenschaftliche Fakultät
Lange Gasse 20
90403 Nürnberg
bodendorf@wiso.uni-erlangen.de

ISBN-10   3-540-28743-4 Springer Berlin Heidelberg New York
ISBN-13   978-3-540-28743-8 Springer Berlin Heidelberg New York
ISBN 3-540-00102-6 1. Auflage Springer Berlin Heidelberg New York

Bibliografische Information Der Deutschen Bibliothek
Die Deutsche Bibliothek verzeichnet diese Publikation in der Deutschen Nationalbibliografie;
detaillierte bibliografische Daten sind im Internet über <http://dnb.ddb.de> abrufbar.

Springer ist ein Unternehmen von Springer Science+Business Media

springer.de

© Springer-Verlag Berlin Heidelberg 2003, 2006

Umschlaggestaltung: Design & Production, Heidelberg

SPIN 11549352   88/3153-5 4 3 2 1 0 – Gedruckt auf säurefreiem Papier

Vorwort zur 2. Auflage

Bei dem Übergang von der ersten zur zweiten Auflage wurde der Anwendungsbezug der vorgestellten Methoden und Techniken deutlich gestärkt. Zahlreiche praktische Aspekte illustrieren die theoretischen Grundprinzipien. Jedes Kapitel enthält mindestens ein umfangreiches bzw. zusammenfassendes Anwendungsbeispiel, meist mit betriebswirtschaftlichen Bezügen.

Daneben ist die zweite Auflage um Abschnitte erweitert, die neueren Entwicklungen Rechnung tragen, wie z. B. zum XML-basierten Datenmanagement oder zum Semantic Web. Die Abbildungen wurden zum großen Teil überarbeitet und verschönert; einige neue sind hinzu gekommen.

Bei allen inhaltlichen und redaktionellen Arbeiten war Herr Dipl.-Kfm. Florian Lang eine wertvolle Hilfe. Dass sich die zweite Auflage in dieser durchgängig verbesserten und erweiterten Form präsentiert, ist wesentlich auf seine detailgenaue Unterstützung zurückzuführen. Ihm gilt mein ausdrücklicher Dank.

Nürnberg, im September 2005

Freimut Bodendorf

Inhalt

1 Daten und Wissen 1

  1.1 Begriffsverständnis 1

  1.2 Lebenszyklus 2

    1.2.1 Beschaffung 3

    1.2.2 Strukturierung und Speicherung 3

    1.2.3 Verwaltung 4

    1.2.4 Nutzung und Veredelung 4

    1.2.5 Verteilung 5

    1.2.6 Entsorgung 5

2 Datenmanagement 7

  2.1 Datenbanken 7

  2.2 Relationale Datenmodellierung 8

    2.2.1 Relationenmodell 8

    2.2.2 Konzeptionelles Datenmodell 12

    2.2.3 Grobdatenmodellierung 16

    2.2.4 Feindatenmodellierung 19

    2.2.5 Anwendungsbeispiel 23

    2.2.6 Integritätsbedingungen 27

    2.2.7 Erweiterungen 29

  2.3 Structured Query Language 32

  2.4 Data-Warehouse-Konzept 36

    2.4.1 Data-Warehouse-Schichtenarchitektur 36

    2.4.2 Online Analytical Processing 40

    2.4.3 Data Mining 46

  2.5 Objektorientierte Modellierung 50

    2.5.1 Prinzipien der Objektorientierung 50

    2.5.2 Unified Modeling Language 55

3 Dokumenten- und Content Management **69**

  3.1 Dokumentenbeschreibung 69

    3.1.1 Beschreibung mit Auszeichnungssprachen 69

    3.1.2 Hypertext Markup Language...72

    3.1.3 Extensible Markup Language 72

    3.1.4 XML-Anwendungsbeispiele..83

    3.1.5 XML-basierter Datenaustausch 88

    3.1.6 XML-basiertes Datenmanagement 90

  3.2 Content Management...95

    3.2.1 Medienprodukte...95

    3.2.2 Content Life Cycle 97

    3.2.3 Content-Management-Systeme 100

  3.3 Dokumenten-Management-Systeme...108

    3.3.1 Systemkonzept..108

    3.3.2 Dokumentenretrieval 112

4 Wissensmanagement..**121**

  4.1 Wissensbeschreibung...121

    4.1.1 Semantik...121

    4.1.2 Semantic Web..131

  4.2 Prozess des Wissensmanagements 133

    4.2.1 Formulierung von Wissenszielen 134

    4.2.2 Wissensidentifikation 135

    4.2.3 Wissensentwicklung..135

    4.2.4 Wissensspeicherung..136

    4.2.5 Wissensverteilung...137

    4.2.6 Wissensanwendung...137

  4.3 Gestaltungsfelder des Wissensmanagements 138

    4.3.1 Unternehmenskultur..138

    4.3.2 Personalmanagement...139

    4.3.3 Management und Führung..139

    4.3.4 Prozessorganisation 140

    4.3.5 Wissenscontrolling 141

  4.4 Anwendungssysteme für das Wissensmanagement.......................142

5 Wissensbasierte und wissensorientierte Systeme **147**
  5.1 Überblick 147
  5.2 Case-Based Reasoning 148
    5.2.1 Case Retrieval 149
    5.2.2 Case Reuse 149
    5.2.3 Case Revision 150
    5.2.4 Case Retainment 150
    5.2.5 Anwendungsbeispiel 151
    5.2.6 Anwendungsfelder 152
  5.3 Expertensysteme 153
    5.3.1 Arten 153
    5.3.2 Komponenten 153
    5.3.3 Wissensbasis 155
    5.3.4 Inferenzmaschine 157
    5.3.5 Anwendungsbeispiel 162
    5.3.6 Anwendungsfelder 166
  5.4 Fuzzy-Expertensysteme 168
    5.4.1 Fuzzy Logic 168
    5.4.2 Arbeitsweise 169
    5.4.3 Anwendungsbeispiel 173
    5.4.4 Anwendungsfelder 176
  5.5 Künstliche Neuronale Netze 177
    5.5.1 Komponenten 177
    5.5.2 Arbeitsphase 180
    5.5.3 Lernphase 182
    5.5.4 Anwendungsbeispiel 190
    5.5.5 Anwendungsfelder 192
  5.6 Genetische Algorithmen 193
    5.6.1 Grundlagen 194
    5.6.2 Genetischer Basisalgorithmus 195
    5.6.3 Kanonischer Genetischer Algorithmus 196
    5.6.4 Anwendungsbeispiel 201
    5.6.5 Erweiterungen 206
    5.6.6 Anwendungsfelder 211

Literatur **213**

Sachverzeichnis **217**

1 Daten und Wissen

1.1 Begriffsverständnis

Daten werden aus Zeichen eines Zeichenvorrats nach definierten Syntaxregeln gebildet (vgl. Abb. 1.1). Daten werden zu Information, wenn ihnen eine Bedeutung (Semantik) zugeordnet wird. Man assoziiert einen Begriff, eine Vorstellung aus der realen Welt oder theoretischer Art. Man stellt die Daten in einen „Kontext". Daten sind dann Symbole, d. h. Platzhalter für Betrachtungsgegenstände, so genannte Konzepte. Informationen ändern die Wahrnehmung des Empfängers in Bezug auf einen Sachverhalt und wirken sich auf die Beurteilung des Kontexts aus.

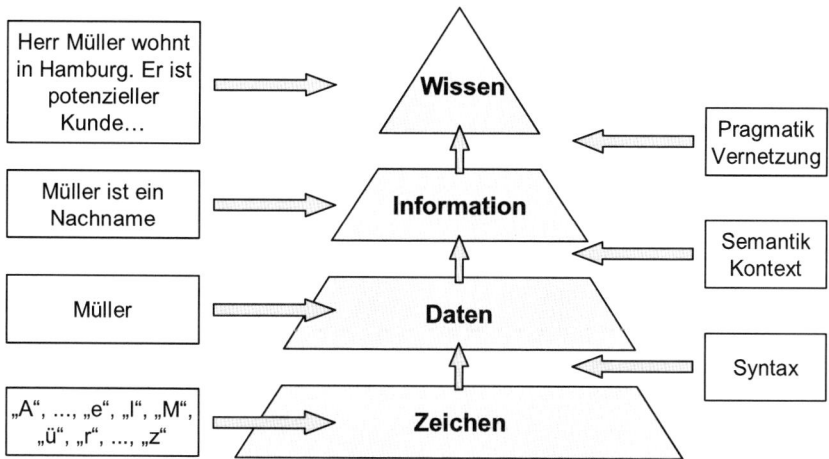

Abb. 1.1. Begriffshierarchie

Im Vergleich zum Begriff der Information hat der Begriff Wissen nicht die gleiche Aufmerksamkeit in der betriebswirtschaftlichen Literatur erfahren. Nach verbreiteter Auffassung entsteht Wissen insbesondere durch Verknüpfung von Informationen. Dies erfordert Kenntnisse darüber, in welchem Zusammenhang die Informationen zueinander stehen und wie sich diese sinnvoll vernetzen lassen. Um etwas zu bewirken, benötigt man einerseits Informationen über einen bestimmten Zustand „der Welt", andererseits Wissen über Zusammenhänge und Ursache-Wirkungsbeziehungen, d. h. „wie" sich ein bestimmter Zustand der Welt ergibt und ändert. Damit ist die Vernetzung von Informationen meist zweckgerichtet (Pragmatik).

Während man in der Literatur häufig die in Abb. 1.1 dargestellte Hierarchie von Zeichen, Daten, Information und Wissen findet, ist es doch fraglich, ob die suggerierte trennscharfe Unterscheidung möglich ist. Statt dessen scheint die Vorstellung eines Kontinuums zwischen den Polen Daten und Wissen tragfähiger zu sein. Abb. 1.2 zeigt eine Auswahl von Deskriptoren, mit deren Hilfe Daten auf der einen Seite von Wissen auf der anderen Seite zu unterscheiden sind.

Daten .... **Information** .... **Wissen**

strukturiert	⟷	unstrukturiert
isoliert	⟷	vernetzt
kontextunabhängig	⟷	kontextabhängig
geringe Verhaltenssteuerung	⟷	starke Verhaltenssteuerung
Einzelsymbole	⟷	kognitive Handlungsmuster

Abb. 1.2. Differenzierungsmerkmale

Daten, Informationen und Wissen sind wertvolle Ressourcen, die geplant, organisiert und verwertet werden müssen. Im Umfeld eines Unternehmens spricht man hier allgemein von Managementfunktionen. Im Folgenden stehen Ansätze eines methodischen Daten- und Wissensmanagements im Vordergrund.

1.2 Lebenszyklus

Daten, Informationen und Wissen können entstehen und vergehen, sie durchleben einen Zyklus, in dem sie erzeugt, gespeichert, auf verschiedene Arten benutzt, weitergegeben und auch wieder entfernt werden. Eine wichtige Aufgabe ist dabei die Beherrschung der Daten-/Informations-/Wissensmenge. Ein zu geringer Bestand an Daten-, Informations- und Wissenselementen ist ebenso zu vermeiden wie eine „Überflutung" der Nachfragenden. Sie führt dazu, dass Wesentliches nicht gefunden wird, weil es in der Menge untergeht. Deswegen erfordern alle Daten-, Informations- und Wissensspeicher strikte Richtlinien, die definieren, welche Inhalte aufzunehmen, wie sie zu nutzen und wann sie wieder zu entfernen sind. Die folgende Beschreibung der einzelnen Phasen des Lebenszyklus verwendet den Begriff „Information" stellvertretend für das gesamte Kontinuum von Daten zu Wissen.

1.2.1 Beschaffung

Die erste Phase im Lebenszyklus von Informationen ist die Phase der Informationsbeschaffung. Hier sind die Informationserstellung und das Information Retrieval zu unterscheiden. Informationserstellung meint die Erzeugung neuer Information. Der Erzeuger kann ein menschlicher Autor oder ein Gegenstand, z. B. ein Sensor, ein Satellit oder ein Laborinstrument, sein. Informationen entstehen entweder innerhalb einer Organisation oder werden von außerhalb akquiriert. Information Retrieval bezieht sich auf das Auffinden schon vorhandener Informationen. Für das Information Retrieval stehen vielfältige Mechanismen zur Verfügung, z. B. Suchmaschinen oder so genannte Metasuchmaschinen, die Suchanfragen an mehrere andere Suchmaschinen absetzen. Darüber hinaus können Informationen auch automatisiert akquiriert werden, z. B. wenn so genannte Crawler oder Robots selbstständig im Internet nach vordefinierten Kriterien Webseiten durchsuchen.

1.2.2 Strukturierung und Speicherung

Eine notwendige Voraussetzung für die Speicherung von Informationen ist die Definition eines Klassifizierungsschemas, mit dem Informationen in einem multidimensionalen Kriterienraum charakterisiert und geordnet werden, so dass nach der Ablage wieder gezielt auf sie zugegriffen werden kann. Eine wesentliche Rolle spielen dabei die so genannten Metainformationen oder Attribute, die Informationen über die Information darstellen. Jede der Dimensionen des Klassifizierungsschemas spiegelt sich dabei normalerweise in genau einem Attribut wider. Um die große Menge an Informationen, die in Unternehmen gespeichert wird, beherrschen zu können, ist eine automatische oder halbautomatische Attributierung von Informationen wichtig.

Die Informationsspeicherung wird oft als eine passive Phase im Lebenszyklus von Informationen betrachtet. Dabei wird außer Acht gelassen, dass viele, in so genannten Legacy Systems gespeicherte Informationen teilweise für immer verloren sind, weil sie in einem Format vorliegen, das von aktuellen Anwendungsprogrammen, Betriebssystemen oder Massenspeichergeräten nicht mehr gelesen werden kann. Die Zeit, nach der dies potenziell eintritt, liegt heute bei ca. drei bis fünf Jahren. Dies bedeutet, dass die Informationen vorher von einem veralteten Medium auf ein aktuelles Medium transferiert werden müssen. Dadurch können hohe Kosten entstehen und in vielen Fällen Probleme auftreten, die Auswirkungen auf die Qualität der gespeicherten Informationen haben. Im schlimmsten Fall gehen Informationen verloren, so dass ein aufwändiger Abgleich zwischen alten und neuen Informationsbeständen notwendig ist. In diesem Zusammenhang ist es unter Umständen erforderlich, die Informationen vor der Speicherung in ein standardisiertes Format (z. B. durch Auszeichnung mit XML-Tags, vgl. Abschn. 3.1.3) zu bringen, um zumindest die Abhängigkeit von einem speziellen Anwendungsprogramm zu vermeiden.

1.2.3 Verwaltung

Der Zugang zu Informationen erfordert ein Berechtigungskonzept, in dem exakt definiert ist, welche Benutzer oder Benutzergruppen wie auf welche gespeicherten Informationen zugreifen dürfen. Es muss sichergestellt sein, dass die Vertraulichkeit gewährleistet ist und das Urheberrecht gewahrt wird, da digitalisierte Informationen ohne Qualitätsverlust und nahezu ohne Kosten kopiert werden können. Ansätze, die die ungehinderte Vervielfältigung von Informationen verhindern oder zumindest erschweren, sind z. B. Verschlüsselungsmechanismen und digitale Wasserzeichen.

1.2.4 Nutzung und Veredelung

Für Informationen sind zunächst meist keine Qualitätskriterien definiert. Das führt dazu, dass wichtige Informationen oft in einer großen Menge von unwichtigen oder falschen Informationen untergehen. In der betrieblichen Informationsverarbeitung müssen daher Prozesse und Rollen definiert werden, die die Qualität der verwalteten Informationen sicherstellen. So kann es z. B. notwendig sein, Ergebnisse eines Projektes aufzubereiten und auf einem höheren Abstraktionsniveau zu beschreiben, damit sie in anderen Projekten leichter wieder verwendbar sind. Im Zusammenhang mit einem Berechtigungskonzept können zusätzlich neue Rollen definiert werden („Content-Verantwortliche"), die in bestimmten Bereichen für die Qualität der Informationen Sorge tragen müssen.

1.2.5 Verteilung

Bei der Informationsverteilung unterscheidet man im Wesentlichen zwei alternative Ansätze: das Push- und das Pull-Prinzip. Beim Push-Prinzip werden die Informationen proaktiv von dem Urheber der Information an die Empfänger verteilt. Hilfsmittel für das Push-Prinzip sind z. B. das Medium E-Mail oder so genannte Channels, die im WWW abonniert werden können. Die für den Empfang der Channels erforderliche Client Software ist entweder in WWW-Browsern integriert oder wird von den Informationsanbietern kostenlos angeboten. Im Unterschied dazu muss beim Pull-Prinzip der Informationsnachfrager gewünschte Informationen „abholen", die an einer zentralen Stelle (z. B. auf einem WWW-Server) zur Verfügung gestellt werden. Dabei kann er Retrieval-Mechanismen nutzen, wie z. B. Volltextsuchprogramme oder Suchagenten, die selbstständig einen Informationsbestand nach vordefinierten Kriterien durchsuchen. Das Push-Prinzip wurde zunächst als attraktive Alternative zum Pull-Prinzip gesehen. Es zeigt sich jedoch, dass immer mehr Mitarbeiter in Unternehmen über die „Informationsflut" und die Informationsverteilung nach dem „Gießkannenprinzip" klagen. Demzufolge wendet man sich wieder verstärkt der Informationsdistribution nach dem Pull-Prinzip zu und nutzt dafür z. B. Intranets, die einen standort- und plattformunabhängigen Zugriff auf Informationen innerhalb eines Unternehmens ermöglichen.

1.2.6 Entsorgung

Um die Qualität von Informationsbeständen auf einem hohen Niveau zu halten, ist es z. B. erforderlich, die Aktualität oder den Nutzwert der enthaltenen Informationen zu überprüfen. Gegebenenfalls müssen die Content-Verantwortlichen zusammen mit Fachexperten dafür sorgen, dass die Informationen aktualisiert oder, falls man sie nicht mehr als aufbewahrungswürdig ansieht, gelöscht werden. Die Prüfung auf Aktualität kann z. B. durch Triggermechanismen („Verfalldatum", „Wiedervorlage") unterstützt werden, die den jeweiligen Content-Verantwortlichen per E-Mail an notwendige Maßnahmen erinnern.

2 Datenmanagement

2.1 Datenbanken

Datenbanken bilden das Fundament vieler Softwaresysteme, z. B. der in Kapitel 3 vorgestellten Dokumenten- und Content-Management-Systeme. Oft besteht ein hoher Anspruch an den Funktionsumfang (z. B. Rechteverwaltung, Check-In-/Check-Out-Mechanismen, Retrievalmöglichkeiten) der zugrunde liegenden Datenbank. Für effiziente Suchmaschinen (vgl. Abschn. 3.3.2) ist vor allem die Performanz und Skalierbarkeit der Datenbank von Bedeutung. Data Warehouses (vgl. Abschn. 2.4) führen verteilte Datenbestände aus verschiedenen Anwendungssystemen bzw. Unternehmensbereichen zur Auswertung für unterschiedliche Zwecke zusammen. Sie benötigen daher eine Vielzahl von Schnittstellen zu Datenquellen und Analyseprogrammen (z. B. für XML-basierten Datentransfer, vgl. Abschn. 3.1.5, oder für OLAP und Data Mining, vgl. Abschn. 2.4.2 und 2.4.3).

Datenbanksysteme ermöglichen die anwendungsübergreifende Nutzung von Daten über definierte und standardisierte Schnittstellen, so dass verschiedene Anwendungen eine gemeinsame Datenhaltung betreiben können. Zum genaueren Verständnis sind die Begriffe Datenbank, Datenbank-Management-System und Datenbank-System voneinander abzugrenzen.

Eine *Datenbank* ist eine einheitlich beschriebene Darstellung eines Weltausschnitts durch diskrete Daten auf externen und persistenten Speichermedien (z. B. Festplatten).

Ein *Datenbank-Management-System* (DBMS) ist eine Software, die die einheitliche Beschreibung und sichere Bearbeitung einer Datenbank ermöglicht. Ein DBMS garantiert u. a.

- die Korrektheit der Daten durch die Überprüfung von Konsistenzregeln,
- die Sicherheit der Daten z. B. bei fehlerhaften Abläufen einzelner Anwendungen oder bei Systemzusammenbrüchen,
- den Schutz der Daten vor unberechtigten Zugriffen und Manipulationen.

Als *Datenbank-System* (DBS) wird die Gesamtheit von Datenbank-Management-System und allen Datenbanken, die von dem DBMS verwaltet werden, bezeichnet.

Die abstrahierte Abbildung eines bestimmten Ausschnitts der Welt in Form einer Datenstruktur geschieht mithilfe eines *Datenmodells*. Dabei handelt es sich ganz allgemein um einen Formalismus und eine Notation zur Beschreibung von Datenstrukturen und eine Menge von Operationen, die zum Manipulieren und Validieren der Daten verwendet werden. Es existieren zwei in der Praxis relevante Arten von Datenmodellen: relationale und objektorientierte Datenmodelle (vgl. Abschn. 2.2 und 2.5).

Ein wesentliches Merkmal von Datenbank-Management-Systemen stellt das Transaktionskonzept dar. Es wird häufig durch das Akronym „ACID" gekennzeichnet, das für die vier Eigenschaften Atomicity, Consistency, Isolation und Durability steht. Ein Datenbank-Management-System garantiert diese Eigenschaften bei einem Zugriff, der Daten in einer Datenbank verändert:

- *Atomicity* (Atomizität) heißt, dass eine Transaktion, die aus mehreren Operationen bestehen kann, nur als Ganzes oder gar nicht ausgeführt werden darf. Werden in einer Transaktion Veränderungen am Datenbestand durchgeführt und kommt es vor Abschluss der Transaktion zu einer Störung, die zu einem Abbruch führt, so sind alle Veränderungen, die während dieser Transaktion durchgeführt wurden, rückgängig zu machen.
- *Consistency* (Konsistenz) heißt, dass die Datenbank nach Abschluss einer Transaktion in einem widerspruchsfreien Zustand sein muss, der vorgegebenen Anforderungen genügt. Die Datenbank muss so genannte Integritätsbedingungen erfüllen, darf sich aber während einer Transaktion zeitweilig in einem inkonsistenten Zustand befinden.
- *Isolation* heißt, dass alle Transaktionen unabhängig voneinander ablaufen müssen und sich nicht gegenseitig beeinflussen dürfen. Das Ergebnis einer Transaktion ist erst nach deren Beendigung für andere Transaktionen sichtbar.
- *Durability* (Dauerhaftigkeit) heißt, dass eine Transaktion nach erfolgreichem Abschluss nur durch eine explizit aufgerufene zweite Transaktion wieder rückgängig gemacht werden kann.

2.2 Relationale Datenmodellierung

2.2.1 Relationenmodell

Relationale Datenmodellierung basiert auf dem mathematischen *Relationenmodell*. Eine Relation ist als Teilmenge des kartesischen Produkts der Wertebereiche $W(A_1)$, $W(A_2)$, …, $W(A_n)$ definiert:

$R(A_1, A_2, ..., A_n) \subseteq W(A_1) \times W(A_2) \times ... \times W(A_n)$ heißt n-stellige Relation über die Wertebereiche $W(A_1)$, $W(A_2)$, ..., $W(A_n)$. Die Symbole A_1, A_2, ..., A_n repräsentieren hierbei die betrachteten *Attribute* (Merkmale). Der Wertebereich entspricht der Definitionsmenge der Ausprägungen eines Attributs und wird *Domäne* genannt. Handelt es sich z. B. bei Attribut A_1 um eine Auftragsnummer und bei Attribut A_2 um einen Auftragswert, so kann für die Wertebereiche gelten:

$$W(\text{Auftragsnummer}) = \left\{ x \in \mathbb{N} \mid 1 \le x \le 9999 \right\}$$

$$W(\text{Auftragswert}) = \left\{ x \in \mathbb{N} \mid 1 \le x \le 10.000.000 \right\}$$

Das kartesische Produkt W(Auftragsnummer) x W(Auftragswert) enthält dann alle möglichen Kombinationen beider Werte. Wird nun das kartesische Produkt auf eine Teilmenge eingeschränkt, z. B. auf die Teilmenge der in einem Betrieb tatsächlich vorkommenden Kombinationen von Auftragsnummer und Auftragswert, so entsteht eine Relation.

Relationen können als zweidimensionale Tabellen dargestellt werden, die eine feste Anzahl von Spalten und eine beliebige Anzahl von Zeilen haben. Jeder Spalte ist ein Attribut zugeordnet. Jede der Zeilen, die man auch als *Tupel* oder (pragmatisch) als *Datensatz* bezeichnet, charakterisiert ein so genanntes *Entity* mit seinen Attributen. Dies kann z. B. ein bestimmter Kunde mit gegebener Adresse, Telefonnummer usw. sein. Jedes Entity ist über ein Attribut oder eine Kombination von Attributen eindeutig identifizierbar, der Kunde z. B. über eine Kundennummer. Diesen Identifikator nennt man auch Primärschlüssel. Eine komplexe Struktur der realen Welt (z. B. ein Unternehmen) wird i. Allg. durch mehrere Entitytypen (z. B. Mitarbeiter, Artikel, Rechnung usw.) und ihre Beziehungen untereinander im System abgebildet.

Mithilfe von Operationen der *Relationenalgebra* können Relationen manipuliert und verknüpft werden. Ergebnis einer Operation ist stets wieder eine neue Relation („Tabelle"). Beispiele sind die Projektion, die Selektion, das kartesische Produkt und das eingeschränkte kartesische Produkt, das auch natürlicher Verbund genannt wird.

Abb. 2.1 zeigt die *Projektion* der Relation Kunde auf {Kundennr, Name}. Das Resultat der Operation ist eine Relation, die die auf die Spalten Kundennr und Name eingeschränkten Tupel der Relation Kunde enthält. Mithilfe der Projektion können somit Spalten aus Relationen ausgeblendet werden.

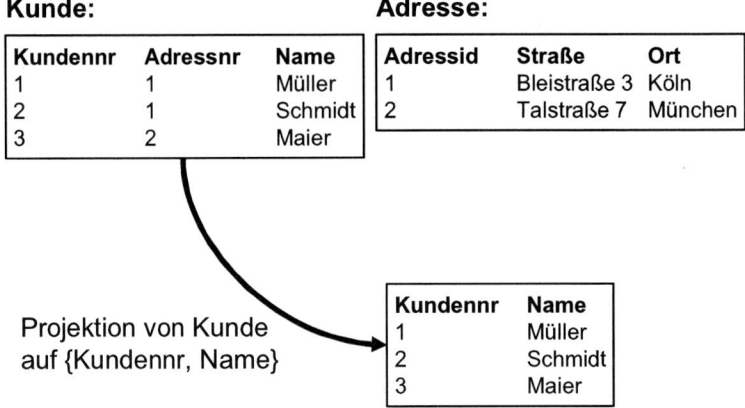

Abb. 2.1. Projektion

Die *Selektion* ist die Operation, mit der Zeilen aus Relationen extrahiert werden. Abb. 2.2 zeigt als Beispiel eine Selektion aus der Relation Adresse. Die Zeilen, die erhalten bleiben sollen und als Resultat eine neue Tabelle bilden, werden durch die Vorgabe einer Wertebedingung für ein Attribut oder mehrerer Wertebedingungen für mehrere Attribute spezifiziert. Im Beispiel werden die Tupel selektiert, die in der Spalte Adressid den Wert „2" aufweisen. Das Ergebnis ist somit eine einzige Zeile.

Das *kartesische Produkt* (vgl. Abb. 2.3) ist eine Operation, die zwei oder mehrere Tabellen miteinander verknüpft, indem alle Zeilen der einen Tabelle mit allen Zeilen der anderen Tabelle(n) kombiniert werden. Im Beispiel ergibt sich als Resultat eine Tabelle mit 3x2 = 6 Zeilen.

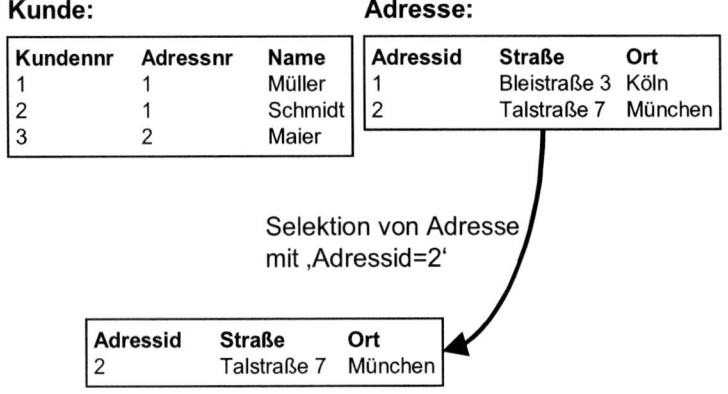

Abb. 2.2. Selektion

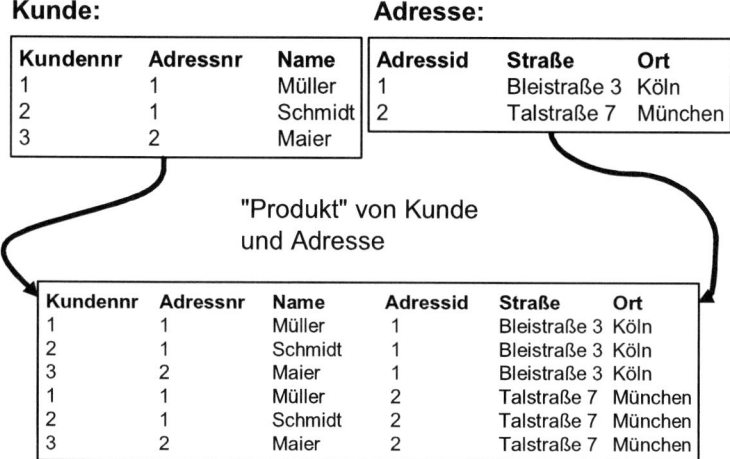

Abb. 2.3. Kartesisches Produkt

Das kartesische Produkt ist in der Praxis nicht besonders relevant. Es enthält Zeilen, die keinen Sinn ergeben, weil die Datensätze aus den einzelnen Tabellen in dieser Kombination nicht auftreten. Aus diesem Grund wird häufig das *eingeschränkte kartesische Produkt* verwendet, um zwei Tabellen auch nach semantischen Gesichtspunkten sinnvoll zusammenzuführen. Es werden zwei oder mehrere Tabellen so kombiniert, dass mindestens eine Spalte einer Tabelle und eine Spalte einer anderen Tabelle je Tupel den gleichen Wert aufweisen. Das bedeutet, Zeilen verschiedener Tabellen werden bei gleichen Ausprägungen eines Attributs (oder mehrerer Attribute) zusammengefügt. Das Beispiel in Abb. 2.4 zeigt das eingeschränkte kartesische Produkt von Kunde und Adresse. Für dieses gilt, dass das Attribut Adressnr der Relation Kunde den gleichen Wert aufweisen muss wie das Attribut Adressid der Relation Adresse. Die Kunden Müller und Schmidt wohnen demzufolge beide in der Bleistraße 3 in Köln, während der Kunde Maier in der Talstraße 7 in München zu Hause ist. Das eingeschränkte kartesische Produkt beinhaltet somit zwei Operationen: das kartesische Produkt und eine anschließende Selektion. Um dem Resultat noch mehr Sinn zu verleihen, könnte man mit einer zusätzlichen Projektionsoperation die Spalte Adressnr oder Adressid (oder beide) entfernen. Befehlssprachen zur Manipulation von Relationen ermöglichen deshalb oft mehrere Operationen in einer einzigen Anweisung (vgl. Abschn. 2.3).

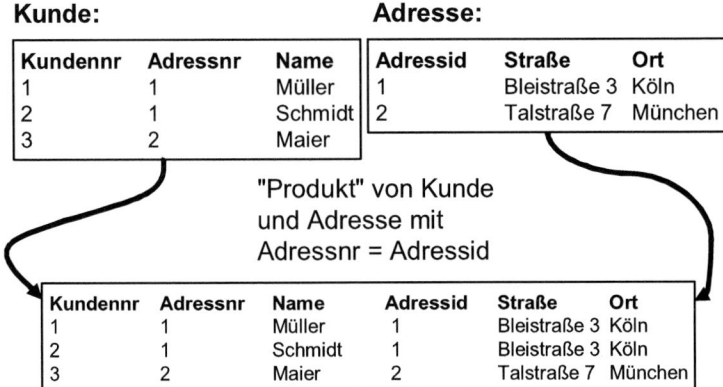

Abb. 2.4. Eingeschränktes kartesisches Produkt

2.2.2 Konzeptionelles Datenmodell

Das konzeptionelle Datenmodell bildet die Grundlage für die Ableitung der bei der Datenspeicherung und Datenmanipulation benötigten logischen Datenstrukturen. Es liefert auch die gemeinsame sprachliche Basis für die Kommunikation der an der Organisation von Datenverarbeitungsabläufen beteiligten Personen.

Die Beschreibung des konzeptionellen Datenmodells erfolgt

- *verbal*, z. B. in der Fachsprache des Anwendungsbereichs,
- *formal*, z. B. nach den Regeln eines Relationenmodells oder
- *grafisch*, z. B. durch die Symbole eines Entity-Relationship-Diagramms.

Das konzeptionelle Datenmodell

- basiert auf *eindeutigen Fachbegriffen*, die mit den Fachabteilungen abgestimmt und verbindlich sind,
- beinhaltet *typenorientierte Aussagen* und keine wertorientierten Aussagen,
- ist unabhängig von der technischen Verwaltung der Daten auf Speichermedien (*Datenunabhängigkeit*),
- ist neutral gegenüber Einzelanwendungen und deren verschiedenen Sichten auf die Daten (*Datenneutralität*).

Der Prozess der Datenmodellierung orientiert sich an dem in Abb. 2.5 dargestellten Schema.

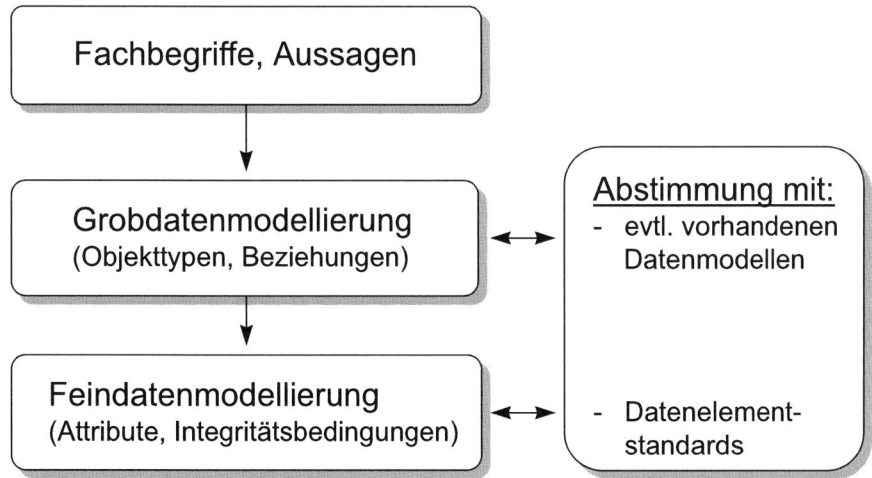

Abb. 2.5. Prozess der Datenmodellierung

Wichtige erste Aufgaben sind:

- Klärung und Definition von *Fachbegriffen* für Informationsobjekte,
- Feststellung und Klassifikation von *Aussagen* über Sachzusammenhänge aus dem Anwendungsbereich.

Eine Aussagensammlung zur Vorbereitung der Entwicklung eines konzeptionellen Datenmodells kann z. B. durch Interviews oder die Analyse von Formularen und dokumentierten Prozessen gewonnen werden.

Ausgewählte Beispiele fachlicher Aussagen sind:

- „Ein Mitarbeiter kann an mehreren Projekten beteiligt sein, allerdings an nicht mehr als drei."
- „Eine Bestellung besteht aus mindestens einem Bestellposten. Es können beliebig viele Posten enthalten sein."
- „Bei der Indexierung neuer Bücher wird eine Signatur vergeben und diese zusammen mit den Beschreibungsdaten in den Katalog aufgenommen."
- „Jeder unserer Vertriebsmitarbeiter ist auf genau eine Produktsparte spezialisiert."

Eine umfangreiche Sammlung enthält Aussagen über die Informationsobjekte und ihre Eigenschaften, über Operationen und Ereignisse sowie
über allgemeine Integritätsbedingungen (vgl. Abb. 2.6).

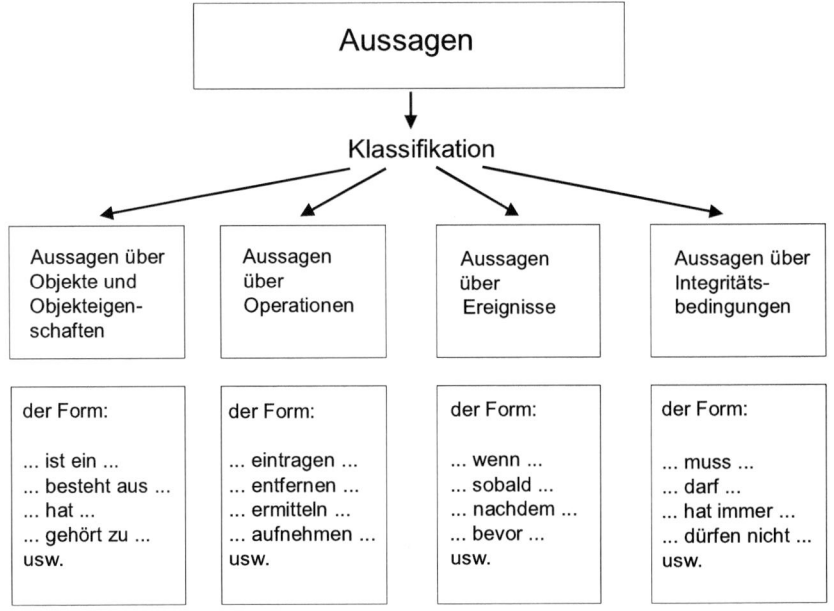

Abb. 2.6. Klassifikation von Aussagen

An die Phase der Aussagensammlung und Klassifikation schließt sich
die Phase der *Grobdatenmodellierung* an. In ihr fallen die folgenden Aufgaben an:

- Definition der Informationsobjekte bzw. Objekttypen,
- Analyse der Beziehungen zwischen den Objekttypen,
- Integration der definierten Objekttypen mit ihren Beziehungen in Form
  eines groben konzeptionellen Schemas.

Das Ergebnis der Grobdatenmodellierung ist meist eine grafische Darstellung, aus der die verschiedenen Objekttypen mit den Interdependenzen
(Beziehungen) erkennbar sind.

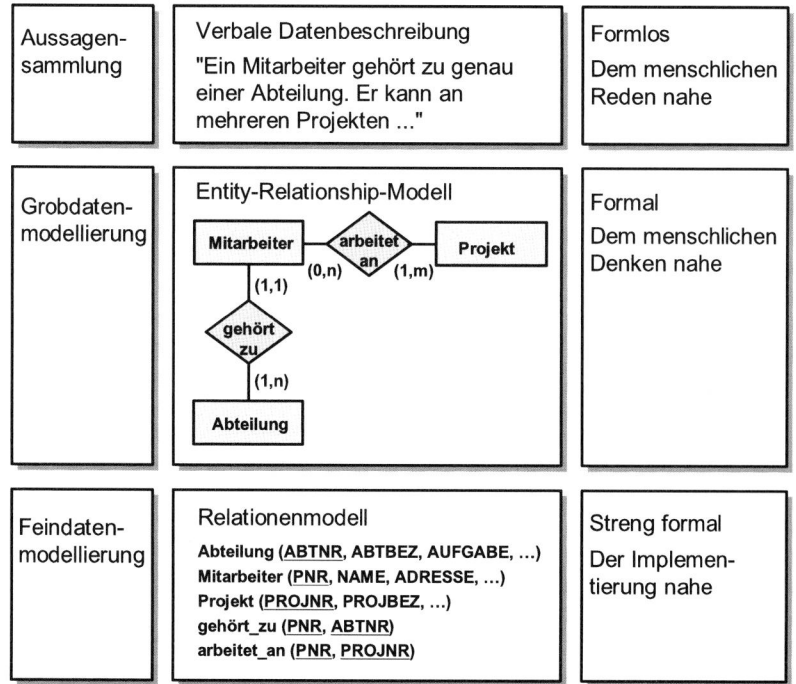

Abb. 2.7. Relationale Datenmodellierung

Den Abschluss des Modellierungsprozesses stellt die Phase der *Feindatenmodellierung* dar. Dabei werden die in der Grobdatenmodellierung erfassten Objekttypen und Beziehungen durch Attribute näher spezifiziert. Aufgaben sind:

• Festlegung von identifizierenden und referenzierenden Attributen für Objekttypen,
• Ergänzung der Objekttypen um charakterisierende Attribute,
• Ergänzung der Beziehungen um Attribute,
• Normalisierung der Attributstrukturen,
• Erweiterung (Vervollständigung) des Schemaentwurfs um Integritätsbedingungen.

Aus dem Ergebnis der Feindatenmodellierung ergeben sich relationale Darstellungen für Objekttypen und Beziehungen, z. B. Kunde (<u>Kundennr</u>, Adressnr, Name).

Abb. 2.7 skizziert die gesamte Modellierungsaufgabe im Überblick.

2.2.3 Grobdatenmodellierung

Die *Entity-Relationship-Methode* (ER-Methode) ist eine Vorgehensweise
zur Entwicklung eines konzeptionellen Datenmodells. Die Analyse des
Anwendungsbereichs erfolgt aus fachlogischer Sicht. Ein solches Modell
beschreibt Objekte (Entities) sowie die Beziehungen zwischen diesen Objekten (Relationships) und definiert Regeln zur grafischen Darstellung der
Entities und Relationships. Die Vorgehensweise bei der Erstellung eines
Grobdatenmodells mithilfe der ER-Methode ist in Abb. 2.8 dargestellt.

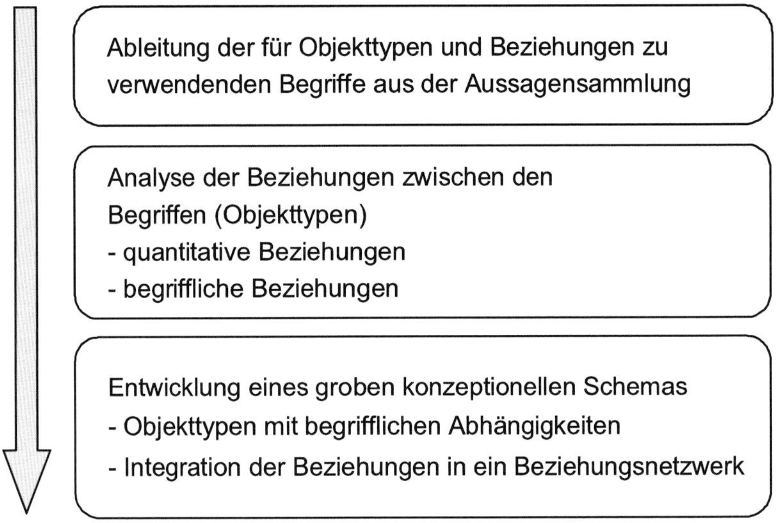

Ableitung der für Objekttypen und Beziehungen zu
verwendenden Begriffe aus der Aussagensammlung

Analyse der Beziehungen zwischen den
Begriffen (Objekttypen)
- quantitative Beziehungen
- begriffliche Beziehungen

Entwicklung eines groben konzeptionellen Schemas
- Objekttypen mit begrifflichen Abhängigkeiten
- Integration der Beziehungen in ein Beziehungsnetzwerk

Abb. 2.8. Vorgehensweise bei der Grobdatenmodellierung

Ein *Entity* ist ein abgrenzbares Objekt der betrieblichen Realität (z. B.
„Kunde Erwin Müller"), das ein reales Objekt oder eine gedankliche
Abstraktion darstellen kann. Gleichartige Entities werden zu einem *Entity-
Typ* (z. B. „Kunde") verallgemeinert. Ein Entity-Typ wird im Entity-
Relationship-Modell als Rechteck dargestellt (vgl. Abb. 2.11).
  Eine *Beziehung* (*Relationship*) ist eine Verknüpfung von zwei oder
mehreren Entities. Beziehungen zwischen Entity-Typen bezeichnet man
auch als Relationship-Typen. Grafisch werden diese als Rauten dargestellt
(vgl. Abb. 2.11). Beziehungen, die einen Entity-Typ mit sich selbst verbinden, nennt man *Ringe* (*rekursive Beziehungen*). Die Relationship-Typen
werden durch die Angabe von minimalen und maximalen *Kardinalitäten*
charakterisiert. Die minimale Kardinalität gibt die kleinste Anzahl an, mit

der ein Entity in einer Beziehung vertreten ist, während die maximale Kardinalität die größte Anzahl angibt. So können z. B. in einer konkreten Beziehung „Kunde erteilt Auftrag" zu einem bestimmten Kunden (Entity) mehrere Aufträge (Entities) gehören, einem benannten Auftrag ist jedoch genau ein Kunde zugeordnet. In dieser Beziehung ist somit die Kardinalität bzgl. „Kunde" gleich 1 bzw. (1,1) (min=1, max=1) und die Kardinalität bzgl. „Auftrag" gleich N bzw. (1,N) (min=1, max=N).

Zur Darstellung von ER-Diagrammen existieren unterschiedliche Notationen. Bei der *nummerischen* Notation erfolgt die Kardinalitätsangabe in einer (min, max)-Notation. Sie besagt, in wie vielen konkret vorhandenen Beziehungen ein Entity mindestens (min) und höchstens (max) vorkommt.

Ist min=max wird in manchen Notationen nur der Maximalwert angegeben. So verzichtet die *MC-Notation* (M=multiple, C=choice) auf die Klammerung der Zahlenpaare und gibt jeweils nur einen Wert bzgl. eines Entity-Typs an. Die Besonderheit der „Kann-Beziehung" (C) schließt dabei die Kardinalität 0 ein. Dies bedeutet, dass das betreffende Entity null oder ein Mal (C) bzw. null, ein oder mehrere Male (MC/NC) in der Beziehung vorkommt (vgl. Abb. 2.9).

In Abb. 2.10 sind MC-Notation und nummerische Notation gegenüber gestellt und als weitere gebräuchliche Darstellungsformen die Krähenfuß- und die Unified-Modeling-Language-Notation (UML-Notation) aufgeführt.

		muss		kann	
A \ B		1	N	C	NC
muss 1	1	1 : 1	1 : N	1 : C	1 : NC
muss M	M	M :1	M : N	M : C	M : NC
kann C	C	C:1	C : N	C : C	C : NC
kann MC	MC	MC:1	MC : N	MC : C	MC : NC

Abb. 2.9. Mögliche Kardinalitäten

MC-Notation	Nummerische Notation	Krähenfuß-Notation	UML-Notation
C	(0, 1)	A ——o⊢ B	A —0..1— B
1	(1, 1)	A ——⊦⊦ B	A —1..1— B
NC	(0, n)	A ——o⋖ B	A —0..*— B
N	(1, n)	A ——⋖⊦ B	A —1..*— B

Abb. 2.10. Alternative Notationen

Wie Abb. 2.11 zeigt, ist darauf zu achten, dass die (min, max)-Notation *umgekehrt* zur MC-Notation zu lesen ist. Ein Auftrag enthält einen bis mehrere Artikel, d. h. N in MC-Notation auf der rechten Seite, (1,n) in (min, max)-Notation auf der linken Seite des Beziehungstyps. Jeder einzelne Artikel kann in keinem, einem oder mehreren Aufträgen vorkommen, d. h. MC ist dem Auftrag zugeordnet, entsprechend (0,m) in (min, max)-Notation aber auf der anderen Seite des Beziehungstyps notiert.

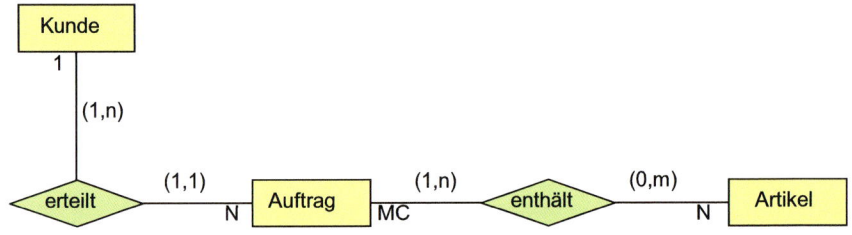

Abb. 2.11. MC-Notation vs. (min, max)-Notation

Inzwischen hat sich als Standard für die Darstellung von ER-Diagrammen die UML-Notation etabliert (vgl. Abb. 2.13). UML ist nicht auf die Beschreibung relationaler Modelle beschränkt, sondern wurde in erster Linie für die objektorientierte Analyse und das objektorientierte Design konzipiert und entwickelt. Sie ist eine durch die Object Management Group (OMG) standardisierte grafische Notation zur Beschreibung objektorientierter Modelle. Als Nachfolgerin verschiedener objektorientierter

Modellierungskonstrukte wie *Object Modeling Technique* und *Object Oriented Software Engineering* integriert sie deren Ansätze und führt sie fort.

2.2.4 Feindatenmodellierung

Jedes Informationsobjekt weist Eigenschaften (Attribute) auf, die durch Attributwerte oder Attributausprägungen beschrieben sind. Im Rahmen der Feindatenmodellierung werden jedem Informationsobjekt eine Reihe von Attributen zugeordnet. Jedes Attribut hat dabei einen definierten Wertebereich. Zusammengesetzte Attribute sind Attribute, die Unterstrukturen mit einer inhaltlichen Verfeinerung aufweisen (vgl. Attribut „Adresse" in Abb. 2.12). Unterschieden werden

- identifizierende,
- referenzierende und
- charakterisierende Eigenschaften.

Mit einer identifizierenden Eigenschaft kann ein konkretes Einzelobjekt eindeutig bestimmt werden. So wird z. B. das Informationsobjekt „Kunde" durch das Attribut „Kundennummer" eindeutig identifiziert. Bei der Überführung in ein Relationenmodell stellen identifizierende Attribute den so genannten Primärschlüssel dar.

Referenzierende Eigenschaften dienen optional als alternative Zugriffs- oder Suchmöglichkeiten. Im Rahmen der Definition von Relationen werden diese Attribute als Sekundärschlüssel behandelt.

Weitere Eigenschaften beschreiben u. U. zahlreiche zusätzliche Merkmale des Informationsobjekts. Man bezeichnet sie als charakterisierende Attribute.

Bei anderen als identifizierenden Eigenschaften kann dieselbe Attributausprägung bei verschiedenen Einzelobjekten auftreten. So können z. B. mehrere Adressen die gleiche Ausprägung des Attributs „Ort" haben.

Im Rahmen des Entity-Relationship-Modells ist es auch möglich, Relationship-Typen Attribute zuzuweisen. Das Beispiel in Abb. 2.12 zeigt ein ER-Modell, in dem die Beziehung „enthält" zwischen „Auftrag" und „Artikel" die Attribute „Positionsnr" und „Menge" hat. Dies bedeutet, dass jeder einzelnen Auftrag-Artikel-Zuordnung (ein konkreter Auftrag und ein konkreter Artikel) als beschreibende Merkmale die Position und die Menge des Artikels in dem Auftrag hinzugefügt sind.

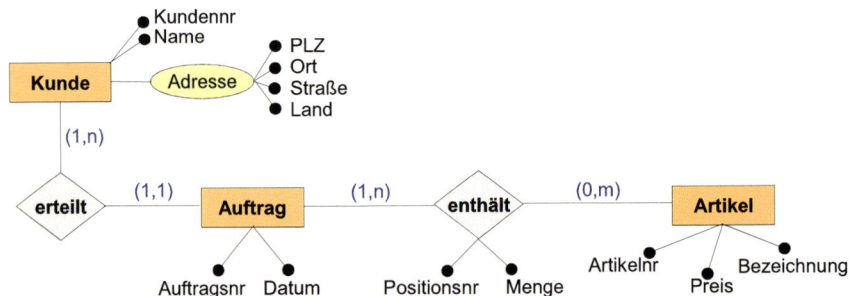

Abb. 2.12. Entity- und Relationship-Typen mit Attributen

Das diesem ER-Modell entsprechende Modell in UML-Notation ist in Abb. 2.13 dargestellt.

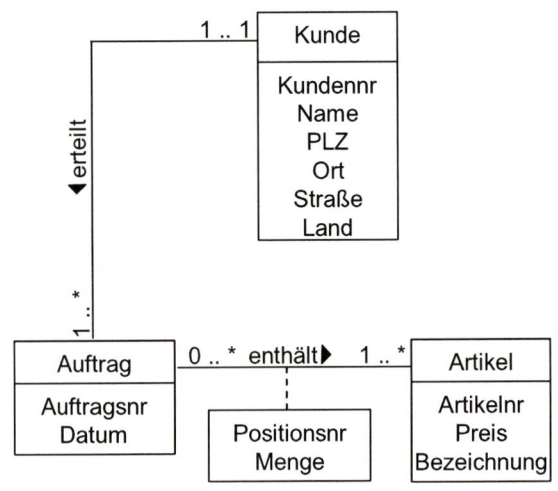

Abb. 2.13. ER-Modell in UML-Notation

Nach der Zuordnung von Attributen zu Informationsobjekten und Beziehungen kann es vorkommen, dass die Umsetzung des Modells in eine relationale Datenbank Schwierigkeiten bereiten oder sich nicht sonderlich „elegant" gestalten würde. Man möchte möglichst wiederholungsfreie und einfache Attributstrukturen darstellen. Diese Bemühung nennt man *Normalisierung*. Das Ziel der Normalisierung ist somit die Vermeidung bestimmter Formen von Redundanz, die bei Änderungen in der Datenbank unnötigen Aufwand und eventuell Inkonsistenzen verursachen können. Die Normalisierung ist ein Begriff aus der relationalen Datenmodellierung und ist als Vorbereitung auf das technische Datenmodell (physische Datenbankstruktur) zu sehen. Die Normalisierungsregeln geben Richtlinien für die Zuordnung der Attribute (Datenelemente) zu den Informationsobjekten vor. Die konsequente Durchführung der Normalisierung kann dazu führen, dass neue Informationsobjekte definiert werden müssen. Eine Rückkopplung mit der Phase der Grobdatenmodellierung ist daher erforderlich. Im Folgenden wird die Normalisierung, die in drei Schritten verläuft, an einem Beispiel erläutert. Die Ausgangssituation ist in Abb. 2.14 dargestellt.

Skript	Veranst-Nr	Personal-Nr	Name	Skript-Nr	Preis
	112	198, 111	Schulz, Müller	2	25,--
	112	237	Lange	9	10,--
	202	198	Schulz	4	15,--

Abb. 2.14. Beispiel einer zu normalisierenden Attributstruktur

Die Attribute des Entity-Typs „Skript" sollen normalisiert werden. Zur Illustration ist die zugehörige Relation „Skript" in Tabellenform angegeben. Sie enthält drei Skripten für zwei verschiedene Veranstaltungen. Zu den Skripten mit den Nummern 9 und 4 gehört jeweils nur ein Dozent, für den Inhalt des Skriptes mit der Nummer 2 sind zwei Dozenten zuständig. Die identifizierende Attributkombination (Veranst-Nr und Personal-Nr) ist unterstrichen.

1. Schritt: Erste Normalform – Multiple Attributwerte auflösen

Jedes Attribut darf zu einem Zeitpunkt nur einen Attributwert annehmen. Eine Tabelle ist dann in der Ersten Normalform, wenn in jeder Tabellenposition immer nur ein Wert steht, niemals eine Liste von Werten. Formal ist dabei so vorzugehen, dass eine Zeile mit einer mehrfach besetzten Spalte in mehrere Zeilen umgewandelt wird. Die erste Zeile der Tabelle von Abb. 2.14 wird somit in zwei Zeilen aufgelöst (vgl. Abb. 2.15).

Skript	Veranst-Nr	Personal-Nr	Name	Skript-Nr	Preis
	112	198	Schulz	2	25,--
	112	111	Müller	2	25,--
	112	237	Lange	9	10,--
	202	198	Schulz	4	15,--

Abb. 2.15. Erste Normalform

2. Schritt: Zweite Normalform – Partielle Abhängigkeiten beseitigen

Jedes Attribut muss von der gesamten Identifikation und nicht bereits von einem Teil davon abhängig sein. Dies bedeutet, dass bei einem zusammengesetzten Primärschlüssel beschreibende Eigenschaften von allen Schlüsselattributen abhängig sein müssen und nicht nur von einem. Das ist in Abb. 2.15 nicht der Fall. Der Name ist nur von der Personalnummer abhängig. Diese partielle Abhängigkeit wird als separate Relation ausgegliedert (vgl. Abb. 2.16).

Skript 2	Veranst-Nr	Personal-Nr	Skript-Nr	Preis
	112	198	2	25,--
	112	111	2	25,--
	112	237	9	10,--
	202	198	4	15,--

Dozent	Personal-Nr	Name
	198	Schulz
	111	Müller
	237	Lange

Abb. 2.16. Zweite Normalform

3. Schritt: Dritte Normalform – Transitive Abhängigkeiten beseitigen

Jedes charakterisierende Attribut darf nur von der Identifikation und nicht von einer anderen beschreibenden Eigenschaft (oder Gruppe von Eigenschaften) abhängen. Eine Attributstruktur ist somit in weitere Relationen („Tabellen") aufzulösen, sofern beschreibende Eigenschaften existieren, die nicht von dem identifizierenden Attribut, sondern von einer anderen Eigenschaft abhängen. Im Beispiel hängt die beschreibende Eigenschaft „Preis" nur von der Skriptnummer ab. Aus diesem Grund wird eine zusätzliche Relation „Skriptpreis" angelegt (vgl. Abb. 2.17).

Das Datenmodell ist nun in der Dritten Normalform und besteht insgesamt aus den Entity-Typen (Relationen) „Skript 3", „Dozent" und „Skriptpreis" mit den entsprechenden Attributstrukturen.

Skript 3	Veranst-Nr	Personal-Nr	Skript-Nr
	112	198	2
	112	111	2
	112	237	9
	202	198	4

Skriptpreis	Skript-Nr	Preis
	2	25,--
	4	15,--
	9	10,--

Abb. 2.17. Dritte Normalform

2.2.5 Anwendungsbeispiel

Ein Webshop ist ein typisches Beispiel für eine datenbankgestützte Webanwendung. Zur Ableitung des Datenmodells dient die folgende Aussagensammlung, die z. B. durch Interviews gewonnen werden kann:

„Es wird ein elektronischer Katalog benötigt, damit die Kunden die Artikel online suchen und ansehen können. Wenn sie sich beim System mit einem Benutzernamen und einem Passwort authentifiziert haben, wird ein Warenkorb angelegt, dem beliebige Artikel in beliebiger Anzahl hinzugefügt werden können. Wenn der Kunde die Artikel im Warenkorb kaufen möchte, wird für den Korbinhalt automatisch eine Bestellung generiert. Warenkörbe (auch solche, die nicht zu einer Bestellung geführt haben) werden zu Analysezwecken archiviert. Für den internen Gebrauch wird zu jedem Artikel auch der Lieferant gespeichert."

Zunächst sind im Rahmen der Grobdatenmodellierung die Informationsobjekttypen (Entity-Typen) zu ermitteln. Damit online Artikel angezeigt und den Kunden und deren Warenkörben zugeordnet werden können, benötigt man zunächst drei Informationsobjekttypen: „Artikel", „Kunde" und „Warenkorb". Da außerdem Warenkörbe ggf. in Bestellungen umgewandelt werden müssen, ist zusätzlich der Entity-Typ „Bestellung" anzulegen.

Im nächsten Schritt leitet man mithilfe der Aussagensammlung die Relationship-Typen ab. Hierbei müssen neben der begrifflichen Definition der Beziehungen auch die quantitativen Zuordnungen überlegt werden.
Ableitung der Beziehungstypen:

- Ein Warenkorb ist dem Kunden zugeordnet, der ihn gefüllt hat. Es gibt auch Kunden, denen noch kein Warenkorb zugeordnet ist. Wiederkehrenden Kunden sind mehrere Warenkörbe zugeordnet.

- Jeder Warenkorb kann in eine Bestellung umgewandelt werden.

- Jede Bestellung ist dem Kunden zugeordnet, der den zugehörigen Warenkorb gefüllt hat. Manche Kunden tätigen keine Bestellung, manche dagegen mehrere.

- Sowohl in Bestellungen als auch in Warenkörben können beliebig viele Artikel enthalten sein. Da für jeden Neukunden zunächst ein leerer Warenkorb angelegt wird, gibt es auch Warenkörbe, die keinen Artikel enthalten. Eine Bestellung muss jedoch mindestens einen Artikel enthalten.

Aus den Eigenschaften der ermittelten Beziehungen ergeben sich die Kardinalitäten der Relationship-Typen für das grobe konzeptionelle Datenmodell (vgl. Abb. 2.18). Die Entity-Typen sind um geeignete Attribute zu erweitern. Identifizierende Attribute (Schlüssel) sind dabei durch einen Stern („*") gekennzeichnet.

Die Entity-Typen „Kunde" und „Artikel" sind in Abb. 2.18 um typische charakterisierende Attribute erweitert (KdAdresse, KdLogin, ArtBez, ArtPreis usw.) sowie mit einer identifizierenden Kunden- bzw. Artikelnummer versehen. Beim Einstellen eines Artikels in einen Warenkorb oder eine Bestellung werden die wichtigsten Artikeldaten (Nummer, Bezeichnung, Preis) in die entsprechende Relation übernommen. Bei der „Warenkorb"-Relation erscheint die Ergänzung der Artikeldaten um die Anzahl der Artikel („ArtMenge") sinnvoll, in der „Bestellung"-Relation wird zusätzlich das Bestelldatum erfasst.

Der in Abb. 2.18 dargestellte Entwurf des konzeptionellen Datenmodells ist zunächst auf Widersprüche zur Ersten Normalform zu untersuchen. In der Ersten Normalform ist kein Attribut eines Tupels mit mehreren Werten belegt. Dies ist jedoch z. B. für die Entity-Typen „Warenkorb" und „Bestellung" in Bezug auf die enthaltenen Artikeldaten der Fall. Um eine Mehrfachbesetzung der Attribute „ArtNr", „ArtPreis", „ArtBez" und „ArtMenge" bei einem bestimmten Warenkorb (ein Tupel der Relation „Warenkorb") oder einer bestimmten Bestellung (ein Tupel der Relation „Bestellung") zu vermeiden, müssen die Entity-Typen „Warenkorbposten" und „Bestellposten" hinzugefügt werden. Durch die Kardinalitäten der Beziehung „besteht aus" sowie der Beziehung „enthält" wird festgelegt, dass jeder Warenkorb und jede Bestellung auch mehrere dieser Posten enthalten können (vgl. Abb. 2.19). Da es weiterhin vorkommen kann, dass ein Kunde mehrere Anschriften hat, muss auch für die Adresse ein zusätzlicher Entity-Typ eingefügt werden.

Abb. 2.18. Konzeptionelles Datenmodell (nicht normalisiert)

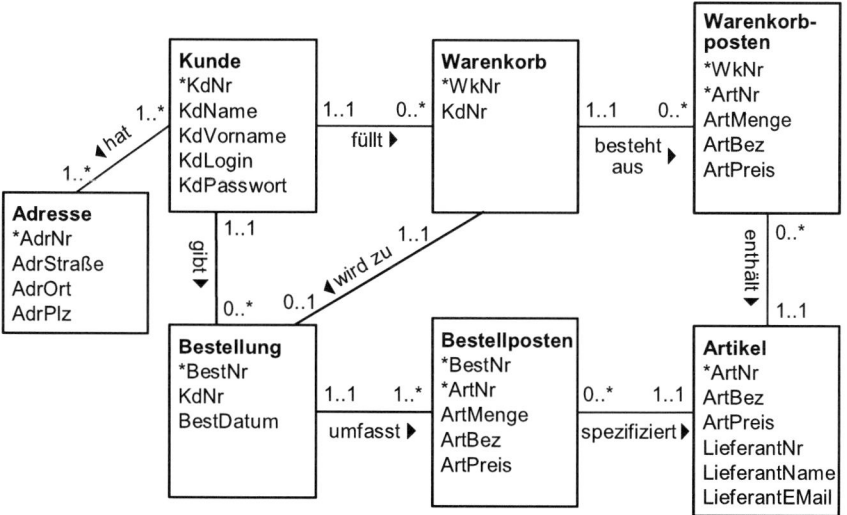

Abb. 2.19. Konzeptionelles Datenmodell (Erste Normalform)

Die Bedingung der Zweiten Normalform ist, dass jedes Attribut von der gesamten Identifikation abhängen muss. Es ist also zu prüfen, ob Abhängigkeiten bereits von einem Teil der Identifikation bestehen („partielle Abhängigkeiten"). Dies kann nur dann der Fall sein, wenn die Identifikation aus mehreren Attributen besteht, wie z. B. bei den Entity-Typen „Warenkorbposten" und „Bestellposten" (vgl. Abb. 2.19). In beiden Fällen hängt die Artikelbezeichnung und der Artikelpreis nur von der Artikelnummer, jedoch nicht von den übrigen identifizierenden Attributen ab. Die Attribute „ArtBez" und „ArtPreis" werden also über das Attribut „*ArtNr" referenziert und können aus den Entity-Typen „Warenkorbposten" und „Bestellposten" entfernt werden. Abb. 2.20 zeigt die resultierende Zweite Normalform.

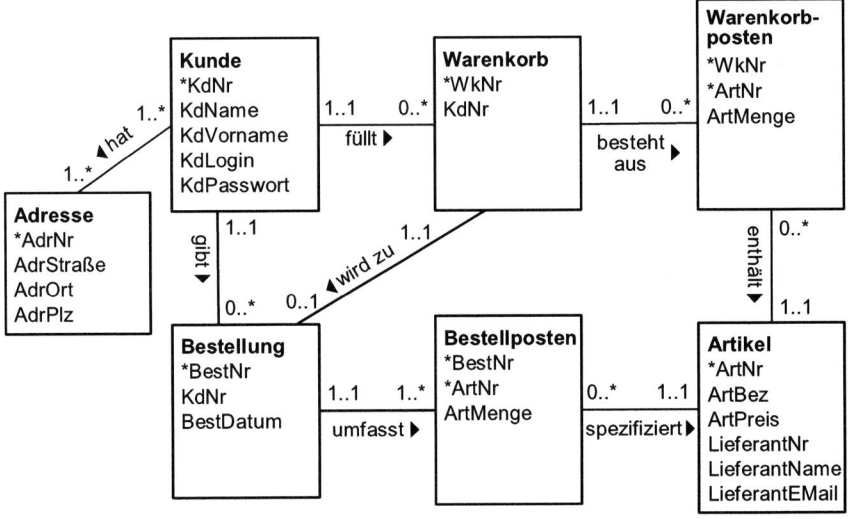

Abb. 2.20. Konzeptionelles Datenmodell (Zweite Normalform)

Die Dritte Normalform fordert die Beseitigung transitiver Abhängigkeiten. Hier müssen Attribute, die von charakterisierenden Attributen abhängen, in zusätzliche Entity-Typen verlagert werden. Beim Entity-Typ „Artikel" hängt der Name und die E-Mail-Adresse eines Lieferanten nur von der Lieferantennummer ab. Da das Attribut „LieferantNr" nicht Teil der Identifikation ist, handelt es sich um eine transitive Abhängigkeit. Um die Dritte Normalform zu erreichen, müssen die Lieferantendaten in einem neuen Entity-Typ „Lieferant" abgelegt werden (vgl. Abb. 2.21).

Aus dem nun vorliegenden Datenmodell können die benötigten Relationen abgelesen, ggf. durch weitere charakterisierende Attribute ergänzt und formal notiert werden. So entstehen z. B. die Entity-Typ-Relation „Artikel (ArtNr, ArtBez, ArtPreis)" und die Relationship-Typ-Relation „liefert (LieferantNr, ArtikelNr, Transportmittel)". Im letzteren Fall enthält die Zuordnung eines konkreten Lieferanten zu einem konkreten Artikel die Angabe, mit welchem Transportmittel dieser Artikel ausgeliefert wird.

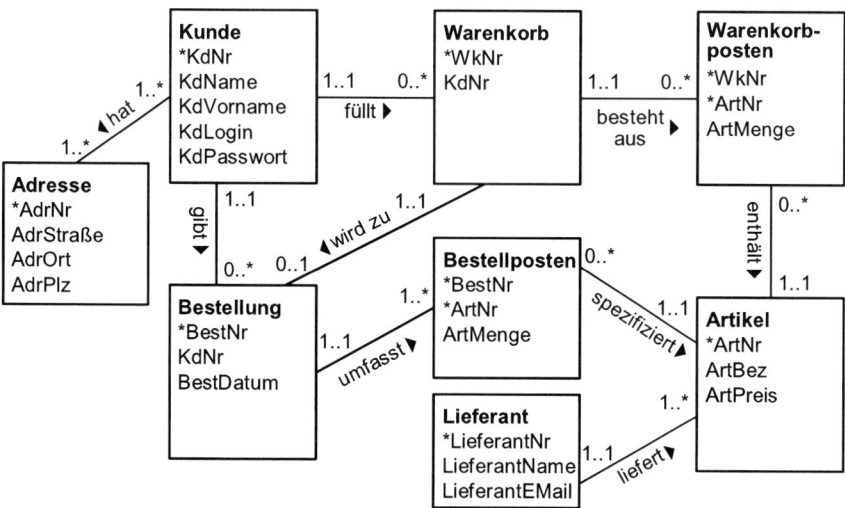

Abb. 2.21. Konzeptionelles Datenmodell (Dritte Normalform)

2.2.6 Integritätsbedingungen

Liegen die Attributstrukturen in normalisierter Form vor, so lassen sich Bedingungen näher spezifizieren, denen später der Inhalt der aus dem Modell abgeleiteten Datenbank genügen muss. Die in der Datenbank gespeicherten Werte haben insbesondere widerspruchsfrei (konsistent) zu sein. Man formuliert hierzu so genannte *Integritätsbedingungen*. Eine Integritätsbedingung ist eine Regel, die die inhaltliche Konkretisierung und Anwendung des konzeptionellen Datenmodells kontrolliert. Alle Integritätsbedingungen sind Bestandteile des konzeptionellen Datenmodells und können

*   Informationsobjekte (Entity-Typen),
*   Beziehungen (Relationship-Typen) und
*   Eigenschaften (Attribute)

    betreffen.

Abb. 2.22 zeigt eine Übersicht der Bedingungstypen. Anforderungen, die sich bei einzelnen Systemfunktionen im Rahmen der Realisierung ergeben, können über *spezielle Integritätsbedingungen* abgebildet werden. So legen spezielle Integritätsbedingungen u.a. Restriktionen fest, die sich aus der Verwendung eines bestimmten Datenbank-Management-Systems oder aus der Integration des DBMS mit anderen Anwendungen ergeben. Spezielle Integritätsbedingungen sind als syntaktische Bedingungen modelliert, z. B. „Attribut X darf keine Umlaute enthalten" oder „bei internationalen Adressen darf der Wohnort nur 21 Zeichen lang sein".

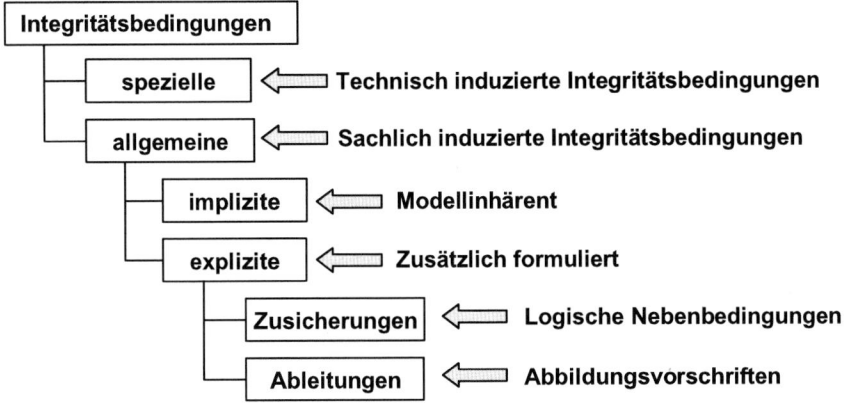

Abb. 2.22. Klassifikation von Integritätsbedingungen

Die allgemeinen Integritätsbedingungen sind nicht technisch sondern sachlich induziert. Sie teilen sich in implizite und explizite Bedingungen auf. Implizite Integritätsbedingungen sind bereits durch das Grobdatenmodell definiert („modellinhärent"). So lässt sich aus der in Abb. 2.23 dargestellten Informationsstruktur herauslesen, dass ein Versicherungsvertrag nur dann existiert, wenn es dazu auch einen zu versichernden PKW gibt, sowie dass ein PKW keinen, einen oder mehrere Versicherungsverträge haben kann (keinen Vertrag bei z. B. Abmeldung/Stilllegung des Fahrzeugs).

Abb. 2.23. Implizite Integritätsbedingung

Aspekte, die nicht durch die impliziten Integritätsbedingungen abgebildet sind, müssen mithilfe zusätzlicher Regeln, sog. *expliziter Integritätsbedingungen* definiert werden. Diese können in Form einer Zusicherung oder einer Ableitung vorliegen. Zusicherungen sind Nebenbedingungen, die bestimmte Kombinationen von Attributwerten vorschreiben oder ausschließen. So wird z. B. festgelegt, dass kein Kundenname mehrfach in der Relation „Kunde" auftauchen darf. Auch können bestimmte Übergänge zwischen Attributwerten ausgeschlossen werden, z. B. der Wechsel des Attributs „Familienstand" von „verheiratet" auf „ledig". Eine Ableitung beschreibt Abhängigkeiten zwischen Attributwerten durch eine Abbildungsvorschrift. So wird z. B. spezifiziert, dass der Versicherungsvertrag den Spezialtarif 7c enthalten muss, wenn der Wert des Attributs „Fahrleistung" geringer als 5000 (km/Jahr) ist.

2.2.7 Erweiterungen

Die Entity-Relationship-Methode wurde im Zuge der Weiterentwicklung um Beziehungstypen ergänzt, die es ermöglichen, die Semantik von Beziehungen zwischen Entities präziser zu beschreiben. Im Einzelnen handelt es sich um die Spezialisierung, Generalisierung, Aggregation und Gruppierung:

- *Spezialisierung:* Sie drückt den Sachverhalt *„kann sein"* aus. Es wird hierbei ein Objekttyp durch einen oder mehrere Objekttypen konkretisiert. Zu unterscheiden sind *vollständige* und *unvollständige* Spezialisierungen sowie *disjunkte* und *nicht disjunkte* Spezialisierungen. Abb. 2.24 zeigt Beispiele für die unterschiedlichen Spezialisierungsarten. So handelt es sich bei der Unterteilung der Mitarbeiter nach ihrem Geschlecht in Männer und Frauen um eine vollständige Spezialisierung ($\downarrow$). Die Unterscheidung der Rechtsform eines Unternehmens nach Aktiengesellschaft und Gesellschaft mit beschränkter Haftung stellt hingegen eine nicht vollständige Spezialisierung dar ($\downarrow$), weil auch andere Rechtsformen, z. B. Kommanditgesellschaft, existieren. Bei der Spezialisierung der Mitarbeiter in Angestellte und Arbeiter handelt es sich um eine disjunkte Spezialisierung (S_x), da ein Mitarbeiter entweder ein Angestellter oder ein Arbeiter aber nicht beides gleichzeitig sein kann. Die Unterteilung der Mitarbeiter in Abteilungsleiter und Projektleiter stellt eine nicht disjunkte Spezialisierung (S_O) dar, da Abteilungsleiter auch Projektleiter und Projektleiter auch Abteilungsleiter sein können.

- *Generalisierung:* Einem Informationsobjekttyp wird ein übergeordneter Typ zugeordnet, d. h. man drückt den Sachverhalt *„ist ein"* aus. Das Konzept der Generalisierung ermöglicht es, gemeinsame Attribute von Informationsobjekten einem stärker abstrahierten, generellen Informationsobjekt zuzuordnen. Es handelt sich um die Betrachtung der Spezialisierung „in umgekehrter Richtung". Z. B. lässt sich in Abb. 2.24 herauslesen „AG ist eine Rechtsform".

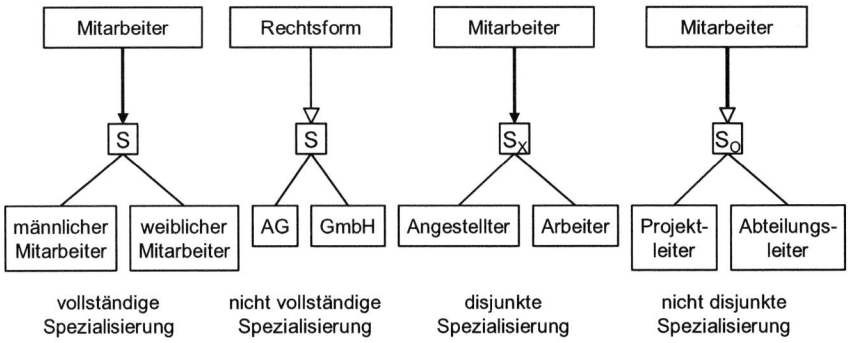

Abb. 2.24. Spezialisierung

- *Aggregation:* Eine Zusammenfassung verschiedener Informationsobjekttypen bildet einen neuen Objekttyp. Die Aggregation kennzeichnet damit den Zusammenhang zwischen einem komplexen Informationsobjekt und anderen Informationsobjekten (den so genannten Komponenten), die dessen einzelne Bestandteile darstellen. Bei einer Aggregation handelt es sich um eine Über-/Unterordnungsbeziehung zwischen den Informationsobjekten. Man bildet den Sachverhalt „besteht aus" ab. So zeigt Abb. 2.25, dass sich der Objekttyp PKW aus den Objekttypen Fahrwerk, Karosserie, Motor und Antriebsstrang zusammensetzt.

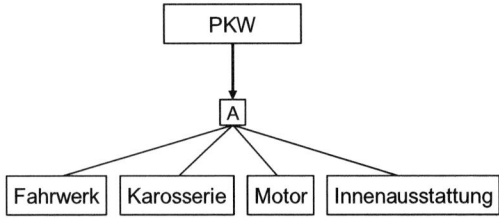

Abb. 2.25. Aggregation

- *Gruppierung:* Mehrere Objekte des gleichen Objekttyps werden zu einem neuen Objekttyp zusammengefasst. So stellt eine Gruppierung von Objekten des Objekttyps LKW den Objekttyp Fuhrpark dar (vgl. Abb. 2.26).

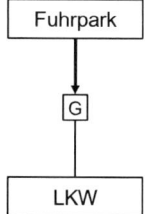

Abb. 2.26. Gruppierung

Das Beispiel in Abb. 2.27 zeigt ein um semantische Beziehungen erweitertes konzeptionelles Datenmodell. „Fahrzeug", „Person", „PKW" und „Versicherungsvertrag" sind als Relationen modelliert, zwischen denen kardinale Beziehungen bestehen. Gleichzeitig sind diese Relationen in ein Geflecht begrifflicher Beziehungen eingebettet.

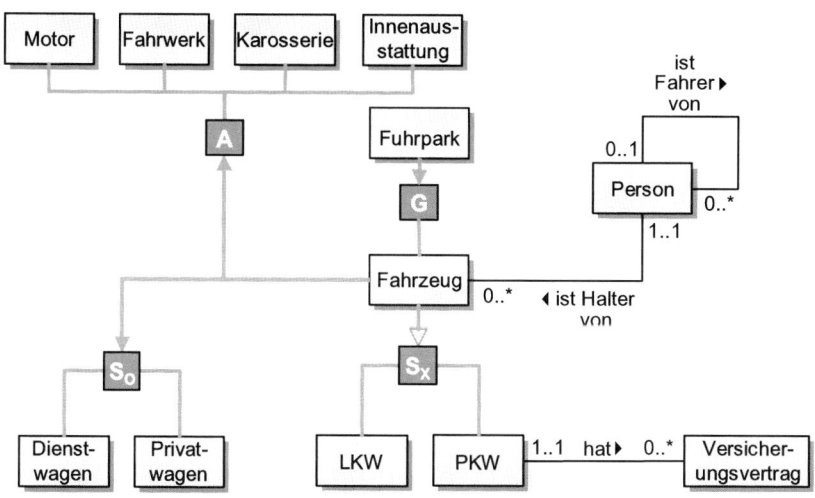

Abb. 2.27. Datenmodell mit semantischen Erweiterungen

So ist z. B. durch eine disjunkte Spezialisierung definiert, dass ein Fahrzeug nicht gleichzeitig PKW und LKW sein kann. Eine Nutzung als Dienst- und Privatwagen ist hingegen möglich. Ein Fuhrpark ist eine Gruppierung von Fahrzeugen. Durch den Beziehungstyp „Aggregation" werden die Hauptbestandteile eines Fahrzeugs dargestellt.

2.3 Structured Query Language

Zur Umsetzung der durch die relationale Algebra beschriebenen Datenmanipulationen hat sich als Standard die Sprache Structured Query Language (SQL) durchgesetzt. Eingebettet in eine beliebige Hochsprache (objektorientierte Sprachen, Skriptsprachen) entstehen mithilfe von SQL datenbankgestützte Applikationen. Während die Hochsprache die eigentliche Anwendungslogik realisiert, dienen die integrierten SQL-Befehle der Kommunikation mit der Datenbank. Ein wichtiges Anwendungsgebiet sind Web-orientierte Anwendungen wie z. B. eine Kontaktdatenbank im unternehmensinternen Intranet oder eine dynamische Webseite mit datenbankgestütztem Repository (vgl. Abschn. 3.2.3).

SQL ist eine mengenorientierte Sprache, mit deren Hilfe sich Relationenschemata definieren, interne Dateiorganisationsformen sowie Zugriffspfade erzeugen, Anfragen an die Datenbank formulieren und Datenmanipulationen durchführen lassen.

Betrachtet man die Untermenge von SQL, mit deren Hilfe Relationen (Tabellen) erstellt sowie Daten abgefragt und verändert werden können, kann man fünf wichtige Operationen unterscheiden:

1. Die CREATE TABLE-Operation legt eine Relation an.
2. Die SELECT-Operation greift Attributausprägungen aus Relationen ab.
3. Die INSERT-Operation fügt ein Tupel in eine Relation ein.
4. Die DELETE-Operation löscht eines oder mehrere Tupel aus einer Relation.
5. Die UPDATE-Operation ändert Attributausprägungen eines oder mehrerer Tupel einer Relation.

Im Wesentlichen besteht eine SQL-Abfrage aus einem Block SELECT...FROM...WHERE... (SFW-Block). Nach SELECT folgt dabei eine Attributliste, nach FROM eine Liste der beteiligten Relationen und nach WHERE lässt sich eine komplexe Bedingung formulieren. Bei der Auswertung eines solchen Blocks wird zunächst das kartesische Produkt der hinter der FROM-Klausel benannten Relationen gebildet. Darauf werden die Bedingungen der WHERE-Klausel ausgewertet und auf die Attribute der SELECT-Klausel projiziert. Innerhalb der WHERE-Klausel kann man auch arithmetische und logische Operatoren anwenden. Das Beispiel in Abb. 2.28 zeigt das Anlegen zweier Relationen „Kunde" und „Adresse" mithilfe der CREATE-TABLE-Operation. Neben den Attributen einer Relation ist dabei auch jeweils deren Typ (z. B. „NUMBER" für ganze Zahlen und „VARCHAR(20)" für Zeichenketten mit maximal 20 Zeichen) zu spezifizieren. Mithilfe mehrerer INSERT-Operationen, von denen zwei in der

Abbildung dargestellt sind, werden den Relationen Tupel hinzugefügt. Auf den resultierenden Relationen wird eine SELECT-Operation durchgeführt, die den vier Kunden aus der Kundenrelation ihre Adressen aus der Adressenrelation zuweist. Das Verknüpfungskriterium ist das Attribut „Adressnr" bzw. „Adressid". Es zeigt sich somit, dass zwei Kunden in der Bleistraße 3 in Köln wohnen und jeweils ein Kunde aus München und aus Fürth stammt. Hätte man anstelle SELECT * FROM ... die SQL-Anweisung SELECT Kunde.Kundenr, Kunde.Name, Adresse.Straße, Adresse.Ort FROM ... angegeben, wären in der Ergebnisrelation die Attribute (Tabellenspalten) Adressnr und Adressid entfernt worden.

```
CREATE TABLE Kunde (Kundennr NUMBER, Adressnr NUMBER, Name VARCHAR(20));
CREATE TABLE Adresse (Adressid NUMBER, Straße VARCHAR(30), Ort VARCHAR(20));
```

Kunde: **Adresse:**

Kundennr	Adressnr	Name		Adressid	Straße	Ort

```
INSERT INTO Kunde VALUES (4, 3, 'Weber');
INSERT INTO Adresse VALUES (3, 'Bergweg 23', 'Fürth');
```

Kunde: **Adresse:**

Kundennr	Adressnr	Name		Adressid	Straße	Ort
1	1	Müller		1	Bleistraße 3	Köln
2	1	Schmidt		2	Talstraße 7	München
3	2	Maier		3	Bergweg 23	Fürth
4	3	Weber				

```
SELECT * FROM Kunde, Adresse WHERE Kunde.Adressnr = Adresse.Adressid;
```

Kundennr	Adressnr	Name	Adressid	Straße	Ort
1	1	Müller	1	Bleistraße 3	Köln
2	1	Schmidt	1	Bleistraße 3	Köln
3	2	Maier	2	Talstraße 7	München
4	3	Weber	3	Bergweg 23	Fürth

Abb. 2.28. CREATE TABLE, INSERT, SELECT

Auf die Resultate zweier SELECT-Operationen können elementare Mengenoperationen mit den Schlüsselworten UNION für die Vereinigung,

INTERSECT für die Schnitt- und MINUS für die Differenzmenge angewendet werden. In Abb. 2.29 erzeugt die UNION-Operation eine Ergebnisrelation, die alle Namen aus der Relation „Kunde" enthält, die mit den Buchstaben „M" oder „S" anfangen (das „%"-Zeichen steht in SQL-Anweisungen für beliebige Zeichenketten). Die INTERSECT-Anweisung ermittelt alle Kunden, deren Name „Schmidt" ist und die an der Adresse mit der Nummer „1" wohnen. Die MINUS-Operation bewirkt das Gegenteil der INTERSECT-Anweisung. Sie bestimmt alle Kunden, denen nicht die Adresse mit der Nummer „1" zugeordnet ist.

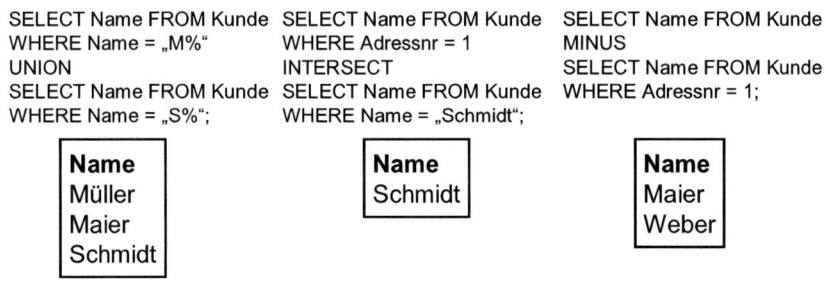

```
SELECT Name FROM Kunde    SELECT Name FROM Kunde    SELECT Name FROM Kunde
WHERE Name = „M%"         WHERE Adressnr = 1        MINUS
UNION                     INTERSECT                 SELECT Name FROM Kunde
SELECT Name FROM Kunde    SELECT Name FROM Kunde    WHERE Adressnr = 1;
WHERE Name = „S%";        WHERE Name = „Schmidt";
```

Name
Müller
Maier
Schmidt

Name
Schmidt

Name
Maier
Weber

```
UPDATE Kunde SET Adressnr = 3       DELETE FROM Kunde
WHERE Kundennr = 2;                 WHERE Kundennr = 3;
```

Kunde:

Kundennr	Adressnr	Name
1	1	Müller
2	3	Schmidt
3	2	Maier
4	3	Weber

Kunde:

Kundennr	Adressnr	Name
1	1	Müller
2	3	Schmidt
4	3	Weber

Abb. 2.29. UNION, INTERSECT, MINUS, UPDATE, DELETE

Das UPDATE- und das DELETE-Beispiel in Abb. 2.29 bilden Veränderungen der Realität in den Relationen ab. Die UPDATE-Anweisung ist notwendig, weil der Kunde Schmidt von Köln nach Fürth in den Bergweg 23 umgezogen ist. Deshalb muss der Wert des Attributs „Adressnr" in der Relation „Kunde" von dem bisherigen Wert „1" auf den neuen Wert „3" gesetzt werden. Zudem kündigt Herr Maier seine Geschäftsbeziehung auf und wird demzufolge durch das DELETE-Statement aus der Kundenrelation entfernt.

Aus den Basisrelationen der Datenbank lassen sich Benutzersichten generieren. Sichten sind virtuelle, nicht in der Datenbank abgespeicherte Relationen, die durch Anfrageausdrücke erzeugt werden. Dies geschieht in SQL mit den Befehlen CREATE VIEW <Relationenname> AS SELECT... oder CREATE SNAPSHOT <Relationenname> AS SELECT..., wobei im Select-Teil des Befehls SFW-Blöcke nach obigem Muster verwendet werden. Während eine mit der CREATE-VIEW-Anweisung definierte Sicht aus den Basisrelationen eine virtuelle Relation erstellt, die dem jeweils aktuellen Zustand der Datenbank entspricht, wird mit der CREATE-SNAPSHOT-Anweisung eine Tabelle erzeugt, die lediglich die Benutzersicht zum Erzeugungszeitpunkt widerspiegelt. Das bedeutet, dass sich deren Inhalt nicht ändert, wenn sich die Daten ändern, aus denen der SNAPSHOT generiert wurde.

Zur Strukturierung der Anfrageergebnisse können die Funktionen GROUP BY und ORDER BY dem SFW-Block nachgestellt werden. Die Beispiele in Abb. 2.30 beziehen sich auf die Relation „Kunde" aus Abb. 2.29.

SELECT Kunde.Name, Adresse.Straße, Adresse.Ort FROM Kunde, Adresse
WHERE Kunde.Adressnr = Adresse.Adressid ORDER BY Kunde.Name DESC;

Name	Straße	Ort
Weber	Bergweg 23	Fürth
Schmidt	Bergweg 23	Fürth
Müller	Bleistraße 3	Köln

SELECT Adressnr, MAX(Kundennr) FROM Kunde GROUP BY Adressnr;

Adressnr	MAX(Kundennr)
1	1
3	4

Abb. 2.30. ORDER BY und GROUP BY

Mit ORDER BY werden die Tupel der Ergebnisrelation in Abhängigkeit des Wertes eines zu spezifizierenden Attributes aufsteigend (ORDER BY ... ASC) oder absteigend (ORDER BY ... DESC) sortiert. Das Beispiel zeigt die absteigende Sortierung des Ergebnisses eines SELECT-Statements nach dem Wert des Attributs „Name". Mit GROUP BY werden Tupel für gleiche Werte eines zu spezifizierenden Attributes zu einem Tupel zusammengefasst. Die Werte der anderen Attribute werden dabei aggregiert (z. B. mit Funktionen wie Maximum, Minimum, Summe oder Durchschnitt). Das Beispiel in Abb. 2.30 ermittelt für jede Adresse in der Adressenrelation den dort wohnenden Kunden mit der höchsten Kundennummer.

2.4 Data-Warehouse-Konzept

Datenerhebung, -speicherung und -verwaltung sind in jeder erdenklichen Form und Größenordnung mithilfe moderner Informations- und Kommunikationstechnologie selbstverständlich. Datenbanken werden dabei jedoch häufig so groß, dass sie vom Menschen nicht mehr überblickt und somit manuelle Analysetechniken nicht mehr angewendet werden können. Vor diesem Hintergrund entstand der Wunsch nach automatischen Auswertungsmechanismen umfangreicher Datenbanken. Sie werden unter dem Begriff KDD (Knowledge Discovery in Databases) zusammengefasst. Dabei handelt es sich um den Prozess der Identifizierung neuer, möglicherweise nützlicher und schließlich verständlicher Muster in der Datensammlung. Abb. 2.31 charakterisiert die Unterschiede zwischen operativen Datenbankabfragen im Tagesgeschäft und Ansätzen einer grundsätzlichen Datenanalyse.

Charakteristika	Tagesgeschäft	Datenanalyse
Häufigkeit	hoch	gering
Aufbau	einfache Transaktionen	komplexe Ableitungen
Quellen	anwendungsspezifisch	anwendungsübergreifend
Aktualität	aktuelle Daten	aktuelle und historische Daten
Anfragen	statisch, vorhersehbar	dynamisch, flexibel

Abb. 2.31. Zugriff auf Datensammlungen

Die Unterstützung des KDD-Prozesses geschieht in erster Linie mit Data Warehouses, Online Analytical Processing und Data Mining.

2.4.1 Data-Warehouse-Schichtenarchitektur

Ansätze des Data Warehousing verbinden wesentliche Teile der aufwändigen Datenselektions- und Verarbeitungsphasen des KDD-Prozesses zu einem eigenen System. Die allgemeine Architektur einer Data-Warehouse-Umgebung ist in Abb. 2.32 dargestellt.

Wesentliche Aufgaben eines Data Warehouse sind die Transformation, Integration, Säuberung, das Laden und Aktualisieren der Daten sowie die Katalogisierung. Diese Funktionalitäten werden von verschiedenen Schichten eines Data Warehouse realisiert.

Schicht 1 – Operative Daten

Die operativen Datenverwaltungssysteme bilden die Quellen, aus denen das Data Warehouse gespeist wird. Häufig liegen die Daten in unterschiedlichen Speichern, angefangen von Einzeldateien über Ordnerstrukturen bis hin zu relationalen oder objektorientierten Datenbanken. Gegen eine unmittelbare Verwendung dieser operativen Daten bzw. der entsprechenden Datenhaltungssysteme als Basis von Analysevorgängen sprechen mehrere Gründe:

- Die Systeme sind i. d. R. schon durch die im täglichen Betrieb anfallenden Transaktionen stark ausgelastet und erlauben keine zusätzlichen Aufgaben.
- Die für statistische und andere Analysen notwendige andersartige Zugriffsunterstützung, z. B. Zeitreihengenerierung, können die bestehenden Systeme nicht entsprechend bieten.
- In operativen Systemen werden Daten üblicherweise nur bis zu einem begrenzten Zeithorizont (z. B. 60 bis 90 Tage) vorgehalten, eine Historie wird nicht geführt.

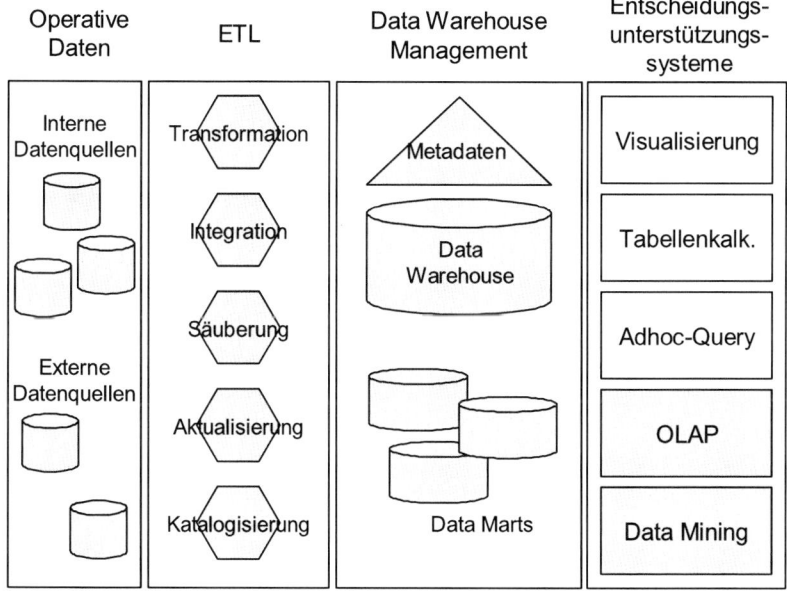

Abb. 2.32. Architektur einer Data-Warehouse-Umgebung

Schicht 2 – ETL-Prozess

Im Rahmen des ETL-Prozesses (Extraction, Transformation and Load) werden Daten aus den operativen Systemen in den integrierten Datenbestand des Data Warehouse übernommen. Die dabei zu lösenden Probleme können den folgenden fünf Kategorien zugeordnet werden:

- *Transformation:* In einem ersten Schritt müssen die Unterschiede in den Datenstrukturen der Ausgangsdaten überbrückt werden. Ziel ist, die Datenbasis-Schemata für die vorhandenen Quellen in ein gemeinsames Schema zu integrieren. Wegen der unterschiedlichen Datenmodelle bedarf dies zunächst der Überführung der Schemata in ein einheitliches Datenmodell. Da für das Data Warehouse i. d. R. ein relationales DBMS verwendet wird, bietet sich hierfür das relationale Datenmodell an. Hier lassen sich gebräuchliche Techniken aus dem Bereich der Sichtentransformation einsetzen.
- *Integration:* Nach ihrer Transformation müssen die Datenbasis-Schemata zu einem gemeinsamen Schema vereinigt werden. Auch hier kann man auf gebräuchliche Techniken der Sichtenkonsolidierung zurückgreifen. So müssen z. B. beim relationalen Modell Attributäquivalenzen bzw. Attributüberlappungen erkannt und aufgelöst werden. Dazu gehört die Vereinheitlichung unterschiedlicher Kodierungen (z. B. Ausbildung eines Kunden: U/L/A/D oder ungelernt-lehre-abitur-diplom, Maßeinheiten: verschiedene Währungen oder Stückelungen, Schlüssel: z. B. eindeutige Kundennummer versus Kundenname und Geburtsdatum).
- *Säuberung:* Fehler in den operativen Daten sind unvermeidlich. Aus der Sicht des gemeinsamen Schemas machen sich zudem Unvollständigkeiten der Quellen bemerkbar. Die Säuberung umfasst Maßnahmen, die z. B. fehlende Werte durch Abgleich mit anderen Datenquellen oder durch entsprechende Default-Werte ergänzen oder mittels übergreifender Integritätsregeln Datenfehler erkennen und beheben.
- *Aktualisierung:* Es sind Strategien für das Zusammenführen (Laden) und Aktualisieren der Daten vorzusehen. Aufgrund der Größe der Datenbasen stoßen die herkömmlichen sequenziellen Methoden schnell an ihre Grenzen. Die meisten Datenbankhersteller bieten daher parallele und inkrementelle Lademöglichkeiten an. Beim Laden werden u. U. noch eine Reihe weiterer Tätigkeiten zur Verarbeitung der Daten durchgeführt, z. B. Indexe angelegt oder Sortierungen, Aggregierungen, Partitionierungen und zusätzliche Integritätsprüfungen vorgenommen. Für das Aktualisieren ist festzulegen, in welchen Abständen und in welchem Umfang dies geschehen soll. Eine besondere Problematik liegt darin,

dass dafür häufig (z. B. bei weltweitem Zugriff auf das Data Warehouse) nur ein relativ kleines Zeitfenster zur Verfügung steht, in dem der anderweitige Zugriff auf die Daten verboten werden kann.

- *Katalogisierung:* Bei der Katalogisierung werden den operativen Daten Beschreibungen, so genannte Metadaten, hinzugefügt. Die Metadaten setzen sich zum einen aus administrativen Deskriptoren wie Herkunft, Transformations-, Integrations- und Säuberungsinformationen zusammen. Zum anderen beinhalten sie operative Deskriptoren wie Aktualität von Daten und Statistiken.

Schicht 3 – Data Warehouse Management

Das Data Warehouse als Ergebnis der Zusammenführung der Datenquellen umfasst z. B. die gesamten für bestimmte Geschäfts- bzw. Entscheidungsprozesse notwendigen Informationen über alle relevanten Bereiche (Kunden, Produkte, Verkäufe, Personal). Diese werden i. d. R. in einem relationalen Datenbanksystem zusammen mit den Metadaten gespeichert. Zur besseren Handhabbarkeit lassen sich aus dem Data Warehouse kleinere, abteilungsbezogene Datensammlungen abzweigen, die so genannten Data Marts. In Anlehnung an die traditionelle schrittweise Vorgehensweise der Sichtenkonsolidierung bilden Data Marts oft den Ausgangspunkt von Data-Warehouse-Umgebungen: Es werden zuerst abteilungsorientierte Data Warehouses aufgebaut, die nachfolgend zu unternehmensweiten Data Warehouses zusammengeführt werden. Dies hat neben der kürzeren Entwicklungszeit und den geringeren Kosten den zusätzlichen Vorteil, dass die entstehenden Prototypen zur Evaluierung und als Argumentationshilfe bei der Durchführung der unternehmensweiten Lösung dienen können.

Schicht 4 – Entscheidungsunterstützungssysteme

Die vierte Schicht beinhaltet die beim Benutzer angesiedelten entscheidungsunterstützenden Systeme. Diese greifen über Middleware-Plattformen, die die transparente Verwendung verschiedenartiger Protokolle und Netze ermöglichen, auf die Daten des Data Warehouses zu. Ein sich immer stärker abzeichnender Trend ist dabei die Nutzung von Internet-/Intranet-Technologien als Plattform. Zu diesen Decision-Support-Systemen zählen eine breite Palette von Anwendungen, angefangen von einfachen Visualisierungsverfahren über Tabellenkalkulationen und interaktive Anfrageumgebungen bis hin zu den nachfolgend beschriebenen Systemen.

2.4.2 Online Analytical Processing

Online Analytical Processing (OLAP) bezeichnet eine Familie benutzer-freundlicher Werkzeuge zur Datenanalyse. Datengrundlage des Online Analytical Processing ist meist ein Data Warehouse. Die interaktive Gene-rierung von Abfragen mittels einer grafischen Benutzeroberfläche und die Visualisierung der Abfrageergebnisse bilden die funktionalen Grundprin-zipien. Die interaktive Datenanalyse dient vor allem als Entscheidungsun-terstützungswerkzeug für das mittlere Management. Fortgeschrittene Sys-teme sind in der Lage, vorgegebene Routineabfragen in Form eines automatisch generierten Berichts auszugeben. Durch eine solche Repor-tingfunktion trägt ein OLAP-System zum Führungsinformationssystem für die Unternehmensspitze bei.

Eng verbunden mit dem Begriff des OLAP ist der Begriff der Multidi-mensionalität der Daten. Die Grundidee ist die logische Trennung zwi-schen unabhängigen Attributen (z. B. Produkt, Gebiet, Quartal) und ab-hängigen Attributen (z. B. Umsatz von Produkten in bestimmten Gebieten und Zeiträumen). Jedem unabhängigen Attribut wird in einer bildhaften Darstellung eine eigene Dimension zugewiesen, auf deren Achse die Wer-te des Attributs abgetragen werden. Die unabhängigen Attribute spannen somit einen Vektorraum auf. Die Werte der abhängigen Attribute können in diesem Vektorraum angeordnet werden, da ihre Position durch die Kombination der Werte entlang der Dimensionen eindeutig bestimmt ist. Werte der abhängigen Attribute werden Fakten genannt. Typische Dimen-sionen sind z. B. Kunden, Abteilungen, Regionen, Produkte sowie Zeitan-gaben. Typische Fakten sind Verkaufszahlen, Umsätze, Schadenshäufig-keiten, Fehlzeiten von Mitarbeitern usw. Abb. 2.33 zeigt den Übergang von der relationalen zu einer dreidimensionalen Darstellung.

Dimensionen können in der Form von Aggregationshierarchien struktu-riert sein, d. h. die Werte des Attributs werden schrittweise vergröbert bzw. verfeinert. Gebräuchliche Hierarchien sind z. B. Tag-Woche-Monat-Quartal-Jahr, Bezirk-Stadt-Region-Land-Kontinent, Produktnummer-Wa-rengruppe-Produktsparte.

Bei der dreidimensionalen Darstellung werden drei unabhängige Attri-bute ausgewählt. Man spricht dann bildlich von einem „Datenwürfel", des-sen Inhalt die Werte eines abhängigen Attributs (z. B. Umsatz) sind.

Verkäufe

Produkt	Gebiet	Quartal	Monat	Umsatz
CD	D	1/05	Jan	27
CD	D	1/05	Feb	13
CD	D	1/05	Mar	12
VCR	D	1/05	Jan	19
VCR	D	1/05	Mar	21
TV	D	1/05	Feb	16
CD	F	1/05	Jan	20
CD	F	1/05	Mar	18
VCR	F	1/05	Feb	23
TV	F	1/05	Jan	7
TV	F	1/05	Feb	11
TV	F	1/05	Mar	5
CD	D	2/05	Apr	9
CD	D	2/05	Jun	27
VCR	D	2/05	Apr	11
VCR	D	2/05	Mai	8
VCR	D	2/05	Jun	21
TV	D	2/05	Mai	16
CD	F	2/05	Apr	18
VCR	F	2/05	Apr	23
VCR	F	2/05	Jun	22
TV	F	2/05	Apr	15
TV	F	2/05	Mai	13
TV	F	2/05	Jun	12

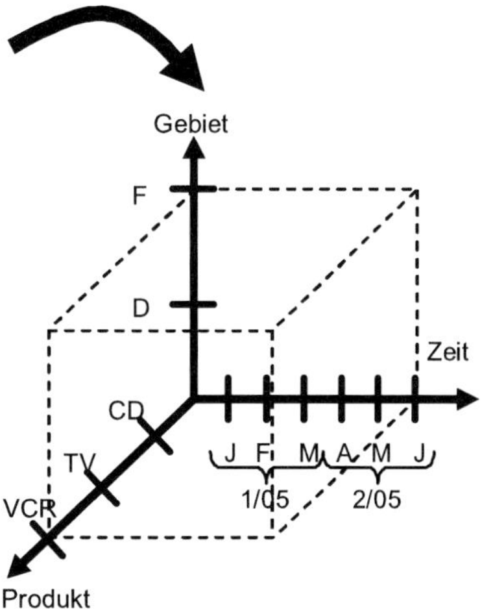

Abb. 2.33. Übergang zur dreidimensionalen Darstellung

Verwendet man mehr als drei unabhängige Attribute, erhält man einen hyper- oder multidimensionalen Datenwürfel, der sich bildlich nicht mehr darstellen lässt. Die Grundidee des OLAP ist das automatische Aggregieren (Zählen, Summieren) von Informationen anhand mehrerer Dimensionen und Hierarchien. Um mit dem Datenwürfel intuitiv und flexibel arbeiten zu können, werden spezifische Operatoren definiert. Die gebräuchlichsten sind:

- *Drill-Down/Roll-Up:* Diese Operation bezieht sich auf die Attributhierarchien und ermöglicht eine stufenweise detailliertere bzw. aggregiertere Betrachtungsweise (vgl. Abb. 2.34). Um der Frage nachzugehen, warum die Umsatzzahlen für Fernsehgeräte in Frankreich im 1. Quartal vergleichsweise niedrig ausfallen, können mittels Drill-Down entlang des Gebiets die entsprechenden detaillierteren Werte z. B. auf regionaler Ebene ermittelt werden. Umgekehrt lassen sich durch Roll-

Up die Verkaufszahlen schrittweise von der Niederlassung bis zum Gesamtumsatz pro Land aggregieren.

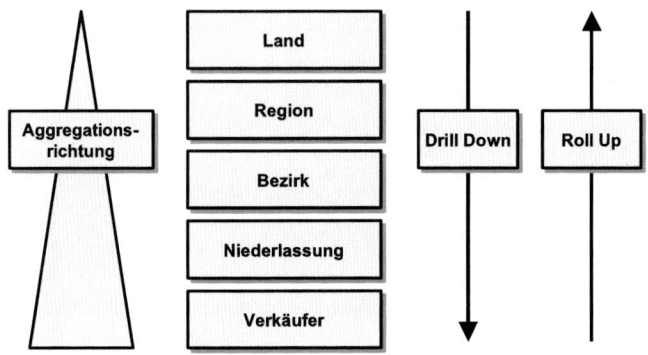

Abb. 2.34. Drill-Down / Roll-Up

- *Slicing/Dicing:* Unterschiedliche Ebenen (Slicing) bzw. Unterwürfel (Dicing) werden in das Blickfeld des Betrachters geholt (vgl. Abb. 2.35). Beim Slicing selektiert man die zu einem bestimmten Attributwert gehörende „Scheibe" des Würfels, beim Dicing schränkt man eine oder mehrere Dimensionen auf bestimmte Wertebereiche ein.

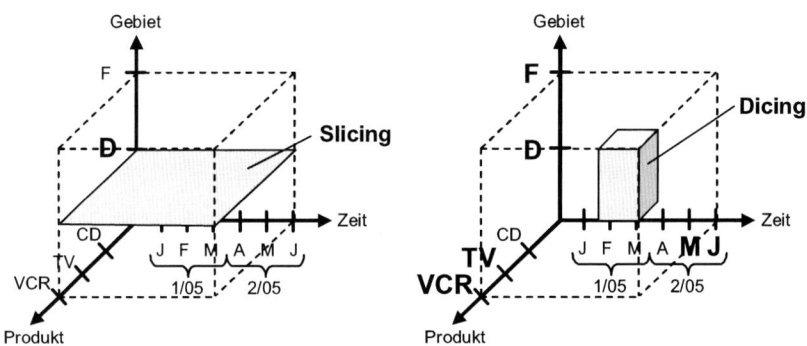

Abb. 2.35. Slicing und Dicing

- *Rotate:* Mit dieser Operation wird die Orientierung des Würfels geändert. So rückt z. B. die Zeit in den Vordergrund und das Produkt in den Hintergrund.

Die im OLAP benötigten multidimensionalen Datenwürfel sind mithilfe von SQL generierbar. So werden etwa die Zellen des Datenwürfels, der durch die drei in Abb. 2.33 dargestellten Dimensionen aufgespannt wird, durch die folgende Anweisung aus der ursprünglichen Relation gewonnen:

```
select sum(umsatz), produkt, gebiet, monat
from produkt
group by produkt, gebiet, monat;
```

Um die nach Produkt und Zeit (in Monaten) aufgeschlüsselten Umsatzzahlen für das Gebiet „D" durch Herausschneiden der zugehörigen „Scheibe" beim Slicing anzuzeigen (vgl. Abb. 2.35), ist folgendes SQL-Statement erforderlich:

```
select sum(umsatz), produkt, monat
from produkt
where gebiet = "D"
group by produkt, monat;
```

Die Einschränkung der Wertebereiche der Dimensionen „Zeit", „Gebiet" und „Produkt" zur Ableitung des in Abb. 2.35 dargestellten Datenwürfels ergibt sich durch das folgende SQL-Statement:

```
select sum(umsatz), produkt, gebiet, monat
from produkt
where (produkt = "VCR" or produkt = "TV")
    and (gebiet = "D" or gebiet = "F")
    and (monat = "Mai" or monat = "Jun")
group by produkt, gebiet, monat;
```

Die Handhabung des Group-By-Operators wird jedoch schnell unübersichtlich, wenn komplexere Anfragen an ein OLAP-System gestellt werden. Es existieren daher Erweiterungen von SQL, die den Umgang mit multidimensionalen Datenwürfeln beim OLAP erleichtern. Im Einzelnen handelt es sich um die folgenden Operatoren:

- Group By Grouping Sets
  Eine Grouping-Sets-Operation erlaubt mehrere verschiedene Gruppierungen in einer einzigen Anfrage. Ein Grouping Set kann aus einem oder mehreren Elementen bestehen, wobei ein Element wiederum ein Attribut oder eine Liste von Attributen sein kann. Ein einfaches Group By mit einem Attribut ist das Gleiche wie ein Grouping Set mit einem Element.

- Group By Rollup
  Eine Rollup-Gruppierung ist eine Erweiterung der Group-By-Anfrage und generiert die gleichen Tupel wie die Group-By-Anfrage. Zusätzlich wird jedoch noch nach Sub-Tupeln gruppiert. Eine Rollup-Gruppierung

ist somit eine Reihe von Grouping Sets. Die Definition eines Rollup mit n Elementen hat folgende Form

Group By Rollup $(C_1, C_2, \ldots, C_{n-1}, C_n)$

und ist gleichbedeutend mit

Group By Grouping Sets ($(C_1, C_2, \ldots, C_{n-1}, C_n)$

$(C_1, C_2, \ldots, C_{n-1})$

...

(C_1, C_2)

(C_1)

$()$)

- Group By Cube

  Eine Cube-Gruppierung mit n Elementen entspricht 2^n Grouping Sets, da der Cube-Operator ein Grouping Set für jedes Element der Potenzmenge der Gruppierung bestimmt.

  Group By Cube (a,b,c)

  ist somit gleichbedeutend mit

  Group By Grouping Sets ((a,b,c),

  (a,b), (a,c), (b,c),

  (a), (b), (c),

  $()$)

Die Verwendung der einzelnen Operatoren wird in Abb. 2.36, Abb. 2.37 und Abb. 2.38 anhand von Beispielen veranschaulicht, die auf der in Abb. 2.33 dargestellten Relation „Verkäufe" basieren.

```
select Produkt, Gebiet, Quartal, sum(Umsatz) as Gesamtumsatz
from Verkäufe
where Quartal = ‚1/05'
group by grouping sets ( (Produkt, Quartal), (Gebiet, Quartal) );
```

Produkt	Gebiet	Quartal	Gesamtumsatz
CD		1/05	90
VCR		1/05	63
TV		1/05	39
	F	1/05	84
	D	1/05	108

Abb. 2.36. Beispiel zu Group By Grouping Sets

select Produkt, Gebiet, Quartal, sum(Umsatz) as Gesamtumsatz
from Verkäufe
where Quartal = ‚1/05'
group by rollup (Quartal, Produkt, Gebiet **);**

Produkt	Gebiet	Quartal	Gesamtumsatz
CD	D	1/05	52
VCR	D	1/05	40
TV	D	1/05	16
CD	F	1/05	38
VCR	F	1/05	23
TV	F	1/05	23
CD		1/05	90
VCR		1/05	63
TV		1/05	39
		1/05	192
			192

Abb. 2.37. Beispiel zu Group By Rollup

select Produkt, Gebiet, Quartal, sum(Umsatz) as Gesamtumsatz
from Verkäufe
where Quartal = ‚1/05'
group by cube (Quartal, Produkt, Gebiet **);**

Produkt	Gebiet	Quartal	Gesamtumsatz
CD	D	1/05	52
VCR	D	1/05	40
TV	D	1/05	16
CD	F	1/05	38
VCR	F	1/05	23
TV	F	1/05	23
CD		1/05	90
VCR		1/05	63
I V		1/05	39
	D	1/05	108
	F	1/05	84
CD	D		52
VCR	D		40
TV	D		16
CD	F		38
VCR	F		23
TV	F		23
CD			90
VCR			63
TV			39
	D		108
	F		84
		1/05	192
			192

Abb. 2.38. Beispiel zu Group By Cube

2.4.3 Data Mining

Der Übergang von OLAP zu Data Mining ist fließend. Bei OLAP nutzt der Anwender das Werkzeug in vielen Einzelschritten und stark interaktiv. Er entwickelt durch die Betrachtung der Daten aus unterschiedlichen Blickwinkeln Hypothesen und überprüft, verfeinert oder verwirft diese durch Wechseln des Blickwinkels (Slicing, Dicing) oder der Aggregationsgranularität (Drill-Down, Roll-Up). Im Gegensatz hierzu können Data-Mining-Verfahren dieselben Ziele weitgehend *selbstständig* verfolgen, d. h. ohne intensive Interaktionen mit dem Benutzer, indem sie

- Hypothesen über mögliche Zusammenhänge, Muster oder Trends generieren,
- die Hypothesen anhand von Daten überprüfen (Hypothesenvalidierung) und
- aus der Vielzahl möglicher Hypothesen ausschließlich die als gültig erkannten als Ergebnis zurückgeben.

In dieser Hinsicht sind Data-Mining-Verfahren besonders anspruchsvolle Techniken, die im Rahmen der interaktiven OLAP-Verarbeitung eingesetzt werden, um den Interaktionsbedarf zu reduzieren, und nicht eine völlig neue Verfahrensweise.

Es gibt viele verschiedene Data-Mining-Verfahren, die sich z. B. in der Entdeckungsstrategie oder der Art der entdeckten Zusammenhänge unterscheiden. Dennoch lässt sich das in Abb. 2.39 dargestellte allgemeine Vorgehensschema skizzieren.

Die Hypothesengenerierung beinhaltet die Strategie, mit der nach gültigen Zusammenhängen, Mustern usw. gesucht wird. Da die Durchwanderung des gesamten Suchraums oftmals nicht möglich ist, ergreifen die Verfahren unterschiedliche Maßnahmen, um potenziell gültige Hypothesen gezielter aufzufinden. Die Maßnahmen bestehen in der Regel darin, auf schon bekannte und im Laufe der Suche ermittelte Informationen, z. B. gegebenes Hintergrundwissen oder früher bewertete Hypothesen, zuzugreifen und diese dazu zu nutzen, Teile des Suchraums auszusparen. Die so generierten Hypothesen werden bei der Hypothesenvalidierung durch Analyse der Basisdaten geprüft. Bei der Bewertung kann es sich um simple Ja/Nein-Entscheidungen oder auch um die Berechnung von komplexeren informationstheoretischen oder probabilistischen Maßen handeln. Anschließend werden die bewerteten Hypothesen an die Hypothesengenerierung zurückgegeben, wo sie als gültiges Wissen ausgegeben, als ungültig verworfen oder zur Generierung neuer Hypothesen verwendet werden.

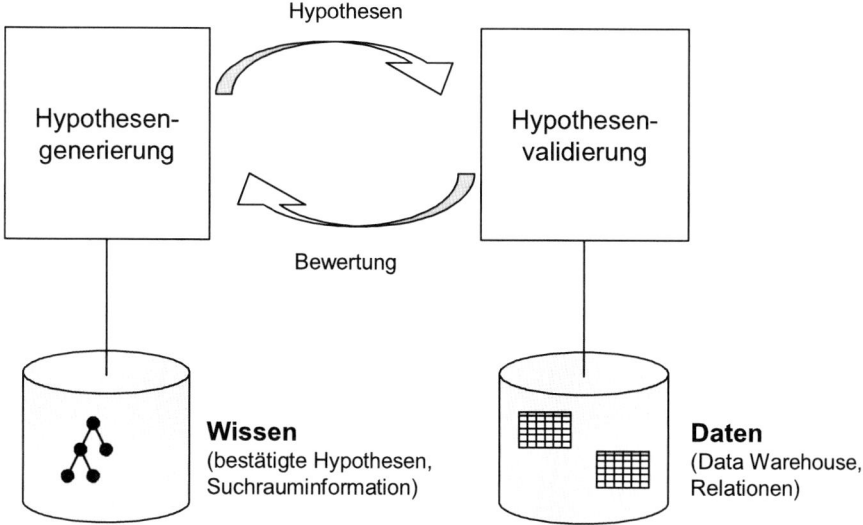

Abb. 2.39. Allgemeines Schema von Data-Mining-Verfahren

Das zur Hypothesengenerierung und -validierung eingesetzte Verfahren hängt von der gewünschten Repräsentationsform der Hypothese ab. Der von der Hypothese unterstellte Zusammenhang kann z. B. durch eine Regelmenge, eine Menge von Korrelationskoeffizienten oder durch ein Künstliches Neuronales Netz (vgl. Abschn. 5.5) abgebildet werden. Ein häufig angewendetes Data-Mining-Verfahren zielt auf die Entdeckung von Assoziationsregeln für Elemente eines umfangreichen Datenbestands.

Unter Assoziationsregeln versteht man Abhängigkeiten der Form

$$\{x_1, ..., x_n\} \Rightarrow \{y_1, ..., y_m\}.$$

Sie besagen, dass mit dem Eintreten der Ereignisse $x_1, ..., x_n$ häufig die Ereignisse $y_1, ..., y_m$ auftreten. $\{x_1, ..., x_n\}$ nennt man Prämisse, $\{y_1, ..., y_m\}$ Implikation.

Eine Anwendung ist die Warenkorbanalyse, bei der für jeden Einkaufsvorgang eines Kunden die zusammen erstandenen Artikel erfasst werden, um Wissen über das Kaufverhalten der Kunden zu gewinnen. Eine Hypothese der Art „Wenn Kunden Bier und Chips kaufen, dann kaufen sie häufig auch Salzstangen" (also: $\{$Bier, Chips$\} \Rightarrow \{$Salzstangen$\}$) wird anhand der gespeicherten Warenkörbe validiert (vgl. Abb. 2.40).

In den seltensten Fällen erfüllt der Datenbestand die von der Hypothese unterstellte Implikation streng im Sinne der Aussagenlogik. Statt dessen wird der Grad der Zuverlässigkeit einer Regel durch die so genannte *Konfidenz* quantifiziert:

$$\text{Konf} = (N_{\text{präm\_impl}}/N_{\text{präm}}) \times 100\%$$

mit

$N_{\text{präm\_impl}}$ =   Anzahl der Fälle, in denen die Ereignisse von Prämisse *und* Implikation eintreten

$N_{\text{präm}}$ =   Anzahl der Fälle, in denen die Ereignisse der Prämisse eintreten

⋏ Hypothese

{Bier, Chips} ⇒ {Salzstangen}

⊔ Warenkörbe

W1   {Bier, Chips, Salzstangen}
W2   {Bier, Chips, Brot}
W3   {Waschmittel, Chips, Käse, Brot, Salzstangen, Bier}
W4   {Waschmittel}
W5   {Käse, Brot, Chips, Salzstangen}
W6   {Brot, Chips, Salzstangen, Bier}
W7   {Käse, Brot}
W8   {Chips, Waschmittel, Brot, Bier}
W9   {Bier, Käse, Brot}
W10   {Käse, Chips, Bier, Brot, Salzstangen}

Abb. 2.40. Data-Mining-Beispiel: Warenkorbanalyse

Sie drückt aus, in wie viel Prozent aller Fälle, in denen die Regel anwendbar ist (hier die Anzahl von Bier-und-Chips-Käufen), die Implikation der Assoziationsregel tatsächlich zutrifft. Prämisse und Implikation {Chips, Bier, Salzstangen} treten im Beispiel in den Warenkörben W1, W3, W6 und W10 auf. Während die Regel in vier Fällen zutrifft, ist in weiteren zwei Fällen (W2, W8) zwar die Prämisse gegeben, nicht aber die Implikation. D. h., $N_{\text{präm\_impl}} = 4$ und $N_{\text{präm}} = 6$. Die Konfidenz beträgt also $(4 / 6) \times 100\% = 66{,}7\%$.

Während die Konfidenz ein Maß für die Zuverlässigkeit einer Regel bei zutreffender Prämisse ist, drückt der *Support* aus, wie groß die Stichprobe zur Validierung der Regel ist. Eine Hypothese wird nur dann als entscheidungsrelevante Regel betrachten, wenn ihre Zuverlässigkeit anhand einer ausreichenden Anzahl von Einzelfällen geprüft werden kann. Der Support ist der Anteil der Fälle, bei denen die Regel zutrifft, bezogen auf die Anzahl der insgesamt betrachteten Fälle.

$$\text{Supp} = (N_{\text{präm\_impl}}/N_{\text{ges}}) \times 100\%$$
mit

$N_{\text{präm\_impl}} =$ Anzahl der Fälle, in denen die Ereignisse von Prämisse *und* Implikation eintreten

$N_{\text{ges}} =$ Anzahl der insgesamt betrachteten Fälle

Sie entspricht somit der relativen Häufigkeit des kombinierten Auftretens aller Ereignisse. Wenn z. B. Bananen in Verbindung mit Alufelgen genau einmal und da in Verbindung mit Milchpulver gekauft wurden, hat die Assoziationsregel {Bananen, Alufelgen} $\Rightarrow$ {Milchpulver} eine Konfidenz von 100% aber nur einen minimalen Support. Man sucht demnach Regeln, die einen gewissen Mindestsupport aufweisen. Die Kombination Bier, Chips und Salzstangen sollte also in einem vorzugebenden Mindestprozentsatz aller Einkäufe vorkommen. Im Beispiel von Abb. 2.40 berechnet sich der Support aus der Gesamtzahl der Fälle $N_{\text{ges}} = 10$ und der Anzahl des kombinierten Auftretens aller Ereignisse $N_{\text{präm\_impl}} = 4$ zu 40%.

Die Berücksichtigung von Konfidenz- und Supportkriterien bewirkt, dass die Entdeckung von Assoziationsregeln in zwei Phasen abläuft:

1. In der ersten Phase werden sämtliche Ereigniskombinationen bestimmt, die häufig in der Datenbasis vorkommen, d. h. deren Support den Mindestsupport übersteigt. Solche Kombinationen werden im Folgenden als *frequent* bezeichnet. Je mehr Ereignisse die betrachteten Kombinationen beinhalten, desto weniger sind sie „frequent".
2. Auf der Basis der in der ersten Phase bestimmten frequenten Kombination werden dann in der zweiten Phase die Assoziationsregeln abgeleitet. Die zugrunde liegende Idee dabei ist, dass man aus einer frequenten Ereigniskombination {a, b, c, d} z. B. die Regel {a, b} $\Rightarrow$ {c, d} dann ableitet, wenn ihre Konfidenz die gegebene Mindestkonfidenz übersteigt.

Beide Phasen folgen dem in Abb. 2.39 dargestellten Schema, wobei sich die zweite Phase für die Hypothesenvalidierung auf die in der ersten Phase ermittelten frequenten Ereigniskombinationen mit ihren jeweiligen Supportkennzahlen als Eingabedaten abstützt.

Erkenntnisse über Zusammenhänge in unübersichtlichen Datensammlungen lassen sich natürlich nicht nur mittels Assoziationsregeln gewinnen. So zählt man u. a. anspruchsvolle Verfahren der Multivariaten Statistik, wie z. B. Regressions-, Faktoren- und Clusteranalyse, zu dem weiten Feld der Data-Mining-Methoden.

Auch ein wesentlicher Forschungszweig der Künstlichen Intelligenz beschäftigt sich mit der Entdeckung von Besonderheiten oder Interdependenzen in großen Datenmengen. Z. B. können selbstorganisierende Künstliche Neuronale Netze Assoziationen zwischen Produktkäufen durch Verarbeitung einer größeren Zahl von Warenkörben „lernen" (vgl. Abschn. 5.5).

2.5 Objektorientierte Modellierung

Daten werden früher oder später in einen Wirkungskontext gestellt, d. h. sie werden zu bestimmten Zwecken manipuliert und genutzt. Bei relationalen Datenbanken geschieht dies über SQL oder Programme. Die Idee, mögliche bzw. zulässige Funktionen schon bei der Datenmodellierung mit den Datenstrukturen zu verbinden und entsprechend angereicherte Modelle zu entwickeln, führt zur sog. Objektorientierung. Daten und Methoden (Funktionen) werden „gekapselt" und gemeinsam betrachtet.

2.5.1 Prinzipien der Objektorientierung

Bei der objektorientierten Vorgehensweise wird eine Anwendung nicht mehr durch Zerlegung in kleinste Teile beschrieben. Vielmehr werden Beschreibungsmittel bereitgestellt, mit denen man in der Lage ist, die Gegenstände des Anwendungsgebietes als Ganzes darzustellen.

Grundbausteine für das objektorientierte Paradigma sind *Objekte*, die sich gegenseitig *Nachrichten* senden können. Bei Erhalt einer Nachricht wird eine dem Objekt eigene *Methode* ausgeführt, die auf *Attribute* des Objekts zugreifen und die Attributwerte verändern kann.

Die Attributwerte bestimmen den Objektzustand. Objekte, die identische Attribute (nicht Attributwerte) und Methoden besitzen, werden zu *Klassen* zusammengefasst. Die einzelnen Objekte einer Klasse werden auch als *Ausprägungen* oder *Instanzen* dieser Klasse bezeichnet (vgl. Beispiel in Abb. 2.41).

Bei der Festlegung einer Klasse unterscheidet man *Klassenattribute*, deren Wert für alle Instanzen einer Klasse gleich ist, und *Instanzattribute*, die für jede Instanz einen individuellen Wert besitzen dürfen. Die in Abb. 2.41 dargestellte Klasse „Kaufvertrag" definiert z. B. ein Klassenattribut zur Aufnahme der Anzahl vorhandener Kaufverträge. Da zwei Instanzen der

Klasse existieren, beträgt sein Wert zwei. Während die Lebensdauer eines Instanzattributs mit der Lebensdauer der zugehörigen Instanz zusammenfällt, sind Klassenattribute auch ohne eine einzige Instanz der Klasse verfügbar. *Klassenmethoden* (z. B. „lese_Anzahl_Verträge") referenzieren lediglich Klassenattribute und sind ebenfalls unabhängig von der Existenz einer konkreten Instanz. *Instanzmethoden* (z. B. „ändere_Vertrag") können auch auf Instanzattribute zugreifen und nur im Kontext einer Instanz ausgeführt werden.

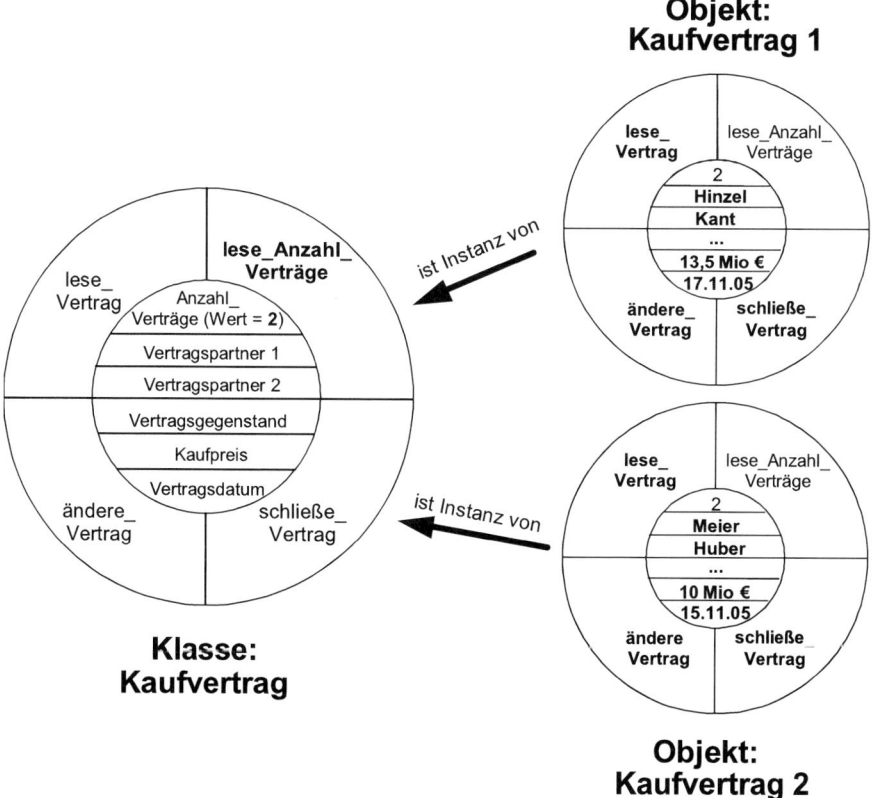

Abb. 2.41. Objekte und ihre Klasse

Die Attribute eines Objekts sind gegenüber der Umwelt „abgeschottet", d. h. sie stehen nicht frei zur Verfügung. Die Datenkapselung entspricht dem Konzept des abstrakten Datentyps. Anders als beim funktionsorientierten Konzept, bei dem alle Funktionen konkurrierend alle Daten manipulieren dürfen, kann bei der Objektorientierung nur eine bestimmte Menge von Funktionen (Methoden des Objekts) auf einen streng abgegrenzten Bereich von Daten (objekteigene Attribute) zugreifen (vgl. Abb. 2.42).

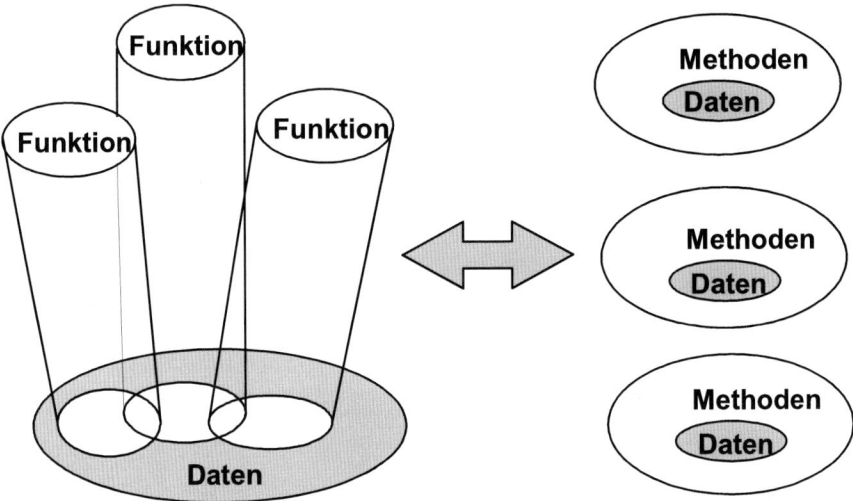

Abb. 2.42. Funktionsorientierter Datenzugriff versus Datenkapselung

Das bedeutet, dass die Attribute eines Objekts nur durch die Methoden des Objekts selbst, nicht jedoch von außen verändert werden können.

Nachrichten zwischen Objekten bestehen aus drei grundsätzlichen Elementen: einer Identifikation, die den Empfänger eindeutig festlegt, einem Methodennamen und aktuellen Parametern, die beim Aufruf an die Methode übergeben werden (vgl. Abb. 2.43).

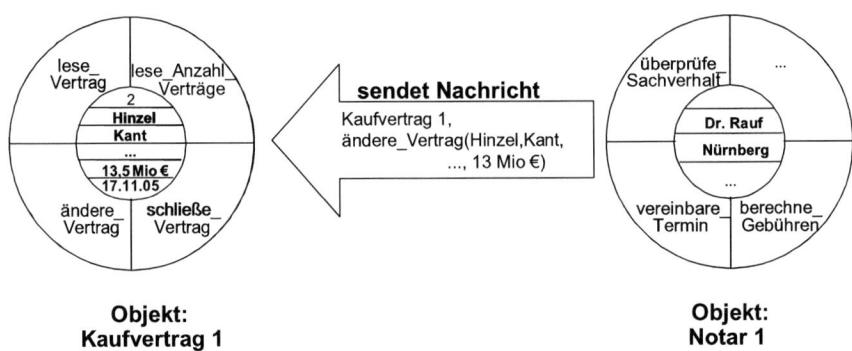

Abb. 2.43. Nachrichten zwischen Objekten

Beim Zustellen einer Nachricht an ein Objekt (*Message Passing*) wird überprüft, ob das Objekt über die Methode verfügt, deren Namen die Nachricht enthält. Falls nicht, erfolgt eine Ausnahmebehandlung oder die in der Klassenhierarchie nächst höhere Klasse wird überprüft. Der Sender einer Nachricht wird auch *Client*, der Empfänger *Server* genannt.

Ein zentrales Prinzip der objektorientierten Modellierung ist das Vererbungsprinzip. Mithilfe des Vererbungsmechanismus kann man leicht aus vorhandenen Klassen neue ableiten, die ohne explizite Angabe deren Attribute und Methoden erben. Zusätzlich können weitere Attribute und Methoden definiert werden, um die neue Klasse für spezielle Anforderungen einzurichten. Man spricht in diesem Zusammenhang auch von spezialisierter Klasse oder *Spezialisierung*. Umgekehrt wird die vererbende Klasse als *Generalisierung* der erbenden angesehen.

Die vererbenden Schemata nennt man *Oberklassen* (*Supertypes*), die erbenden *Unterklassen* (*Subtypes*). Geerbte Methoden werden zusammen mit neu definierten weitervererbt. Durch die Vererbungsbeziehungen zwischen den Klassen entsteht eine *Klassenhierarchie*.

Im Beispiel der Abb. 2.44 erbt die Unterklasse Kaufvertrag alle Attribute und Methoden der Klasse Vertrag und fügt das zusätzliche Attribut Kaufpreis als speziellen Bedarf der Unterklasse hinzu.

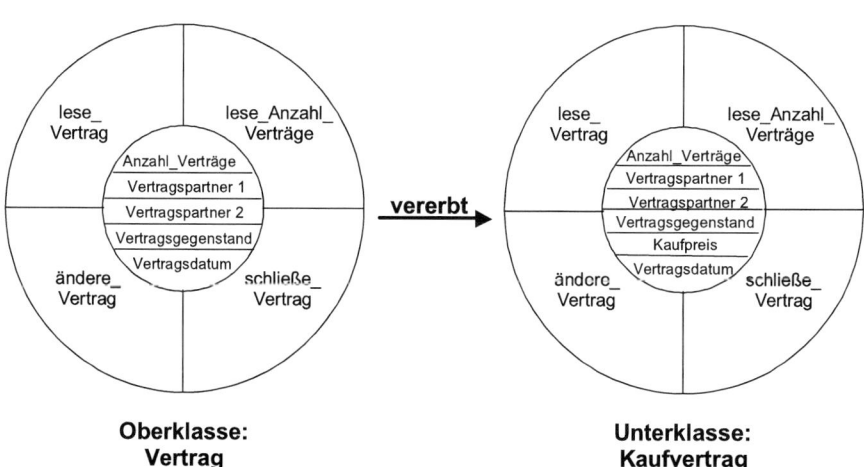

Abb. 2.44. Vererbung von Attributen und Methoden

In der Realität kommt es häufig vor, dass sich Objekte nicht eindeutig einer Oberklasse zuordnen lassen, sondern eigentlich zu mehreren Oberklassen gleichzeitig gehören.

So hat der Leasingvertrag in Abb. 2.45 sowohl Bestandteile der Klasse Kaufvertrag als auch der Klasse Mietvertrag. Es ist daher möglich, dass eine Klasse Attribute und Methoden von mehreren Oberklassen erbt. Dieses Prinzip wird als *Mehrfachvererbung* im Gegensatz zur *linearen Vererbung* bezeichnet.

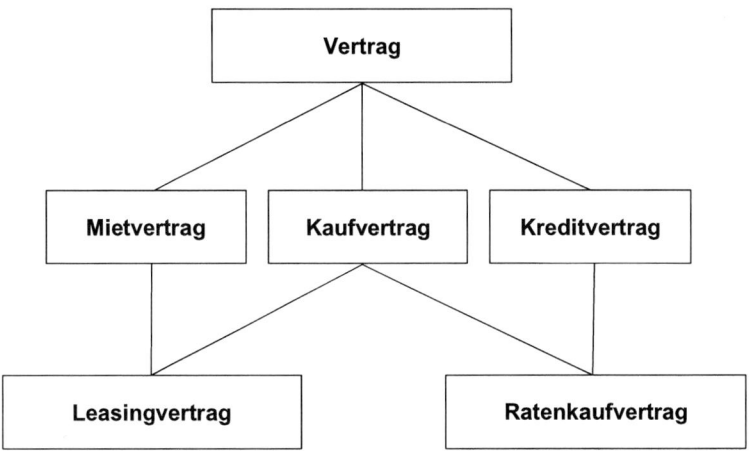

Abb. 2.45. Klassenhierarchie mit mehrfacher Vererbung

Bei der Vererbung besteht die Möglichkeit, eine ererbte Methode durch eine gleichlautende Methode mit gleicher Parametrierung neu zu definieren und dadurch zu überlagern (vgl. Abb. 2.46).

Beim Senden einer entsprechenden Nachricht an eine Instanz der Klasse Kaufvertrag wird nicht die geerbte Methode der Oberklasse Vertrag, sondern die überlagerte Methode der Unterklasse ausgeführt.

Polymorphismus bedeutet in diesem Zusammenhang, dass eine gleich lautende Nachricht von verschiedenen Empfängern ggf. unterschiedlich verarbeitet wird. Die Empfänger besitzen somit gegenüber dem Sender „viele Gesichter", sie verhalten sich polymorph.

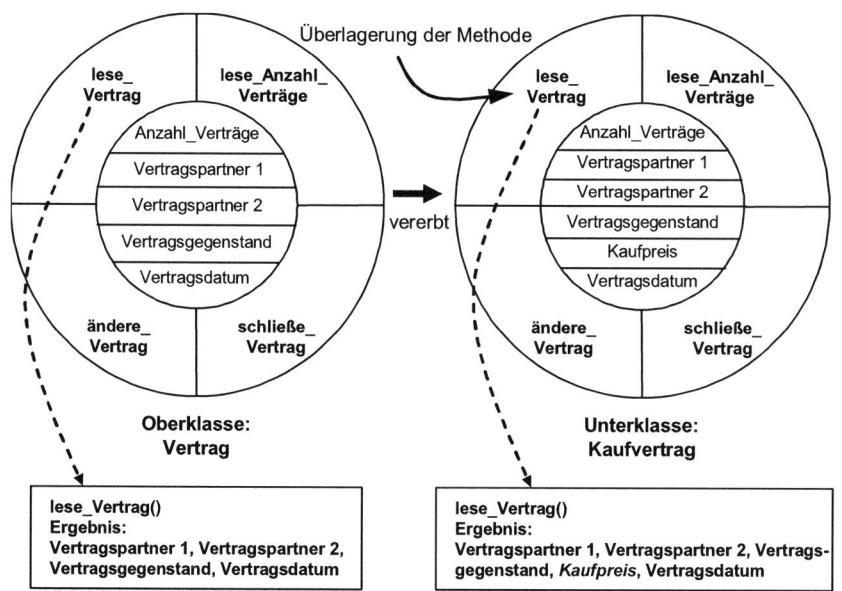

Abb. 2.46. Überlagerung von Methoden

2.5.2 Unified Modeling Language

Die *Unified Modeling Language (UML)* ist eine Familie von Diagrammtypen, die nahezu alle Aspekte objektorientierter Modellierung unterstützen. Sie kombiniert Datenmodellierung, Geschäftsprozessmodellierung, Objektmodellierung und Softwarekomponentenentwurf. UML ist ein Standard für die Visualisierung, Spezifikation, Konstruktion und Dokumentation objektorientierter Systeme. Sie ist insbesondere auch zur konzeptionellen Modellierung von relationalen Datenmodellen geeignet (vgl. Abschn. 2.2.2). Da die UML neben spezialisierten auch intuitive Modellierungsmethoden beinhaltet, eignet sie sich auch für Personen, die nicht Datenbank- oder Softwarespezialisten sind. Dies vereinfacht z. B. die Entwicklung von Geschäftsprozessmodellen in Zusammenarbeit mit der am Prozess beteiligten Fachabteilung. Je nach Projektfortschritt und gegebener Problemstellung kann unter verschiedenen Abstraktionsniveaus (vgl. Abb. 2.47) gewählt werden.

Ausgangspunkt einer Modellierung mit UML ist meist eine Zusammenstellung der Anwendungsfälle des betrachteten Systems als gemeinsame Diskussionsbasis für alle Beteiligten (z. B. Endbenutzer, Programmierer, Systementwickler, Systemadministratoren), um durch schrittweise Konkre-

tisierung ein statisches Modell mit Vererbungsstrukturen und ein dynamisches Modell der Objektinteraktion zu entwickeln. Hierfür stehen unterschiedliche Diagrammtypen zur Verfügung (vgl. Abb. 2.47). Bei dem statischen Modell kristallisieren die sog. Klassendiagramme die Datensicht
besonders heraus. Sie stellen eine Erweiterung der UML-Notation dar, die
in den Abschnitten 2.2.4 und 2.2.5 eingeführt wurde. Das dynamische Modell betont Methoden (Funktionen) und Prozesse, denen Daten als Verar-
beitungsobjekte zugeordnet sind.

Ein *Use Case* beschreibt auf hoher Abstraktionsebene eine typische Interaktion zwischen einem Akteur und einem System.

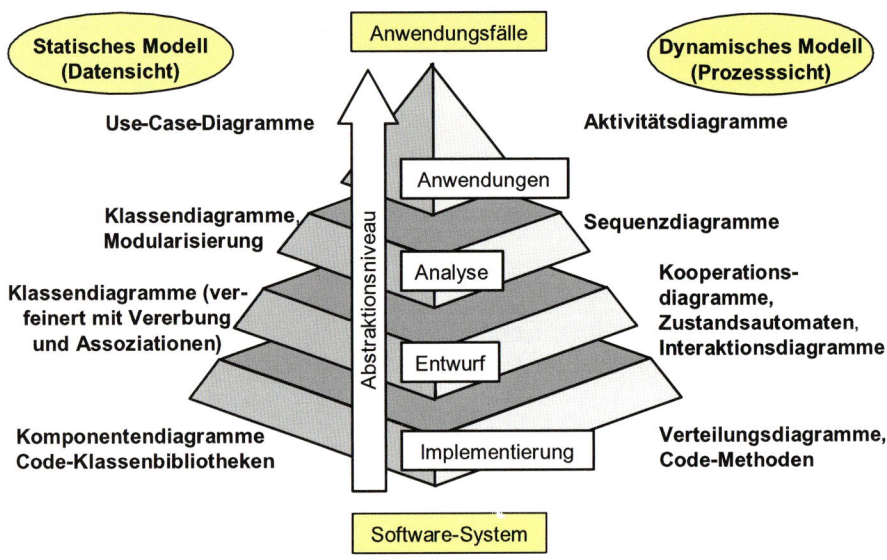

Abb. 2.47. Statisches und dynamisches Modell

Akteure können nicht nur Menschen, sondern auch andere Systeme, wie
z. B. automatisierte Maschinen oder Softwareagenten, sein. Handelt es sich
bei den Akteuren um Personen, so müssen diese nach ihrem Rollenverhal-
ten im Bezug auf das System und nicht gegenüber anderen Personen unterschieden werden.

Das *Use-Case-Diagramm* (vgl. Abb. 2.48) skizziert das Zusammenspiel
der Akteure. Es gibt auf hohem Abstraktionsniveau einen Überblick über
das System und seine Schnittstellen zur Umgebung.

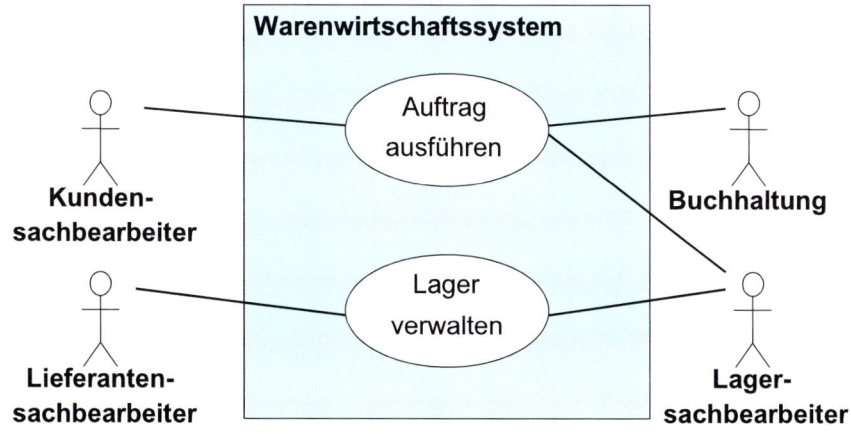

Abb. 2.48. Use-Case-Diagramm

Akteure werden – auch wenn es sich um externe Systeme handelt – als Strichmännchen eingetragen, die Use Cases als Ovale. Eine Linie zwischen Akteur und Use Case bedeutet, dass eine Kommunikation stattfindet.

In einem Use-Case-Diagramm werden Abhängigkeiten zwischen Use Cases durch zusätzliche Verbindungstypen *Include* und *Extend* dargestellt.

Der Verbindungstyp *Include* wird eingeführt, wenn zwei (oder mehr) Use Cases, z. B. „Lagerzugang aus Einkauf bearbeiten" und „Lagerzugang aus Produktion bearbeiten", ein gemeinsames Verhaltensmuster verwenden (z. B. „Ware einlagern"). Das gemeinsame Verhaltensmuster bildet einen gesonderten Use Case, der von den übergeordneten Use Cases über den Include-Verbindungstyp einbezogen wird (vgl. Abb. 2.49). Die *Include*-Beziehung erspart die mehrmalige (redundante) Beschreibung des gleichen Verhaltens.

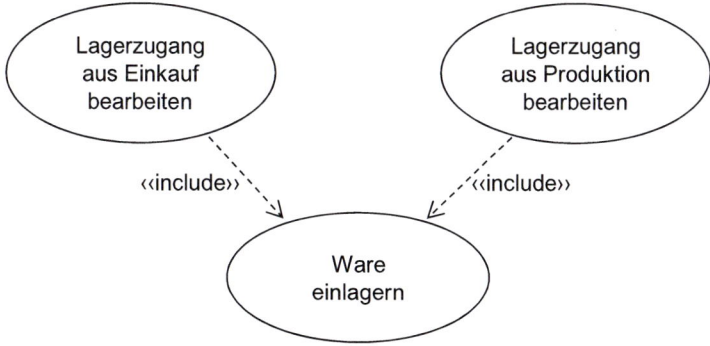

Abb. 2.49. Include-Beziehung

Der Verbindungstyp *Extend* dient der optionalen Einbettung zusätzlicher Verhaltensmuster in Anwendungsfälle. Eine *Extend*-Beziehung liegt z. B. vor, wenn im Rahmen einer Auftragsausführung unter bestimmten Bedingungen eine Nachlieferung vorzunehmen ist (vgl. Abb. 2.50).

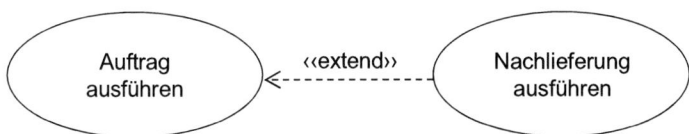

Abb. 2.50. Extend-Beziehung

Diese Beziehung ermöglicht es, einen variantenreichen Geschäftsprozess zunächst in vereinfachter Form zu spezifizieren und komplexe Sonderfälle in die Erweiterung zu verlagern.

Bei der objektorientierten Modellierung werden Objekte zu Klassen mit gleichen Attributen und Methoden zusammengefasst (vgl. Abschn. 2.5.1). Ähnlich dem Entity-Relationship-Ansatz kann man zwischen den Klassen Beziehungen definieren, die mithilfe von *Klassendiagrammen* dargestellt werden.

Eine Klasse wird als Rechteck mit Abschnitten für den Klassennamen, die Attribute und die Methoden gezeichnet (vgl. Abb. 2.51).

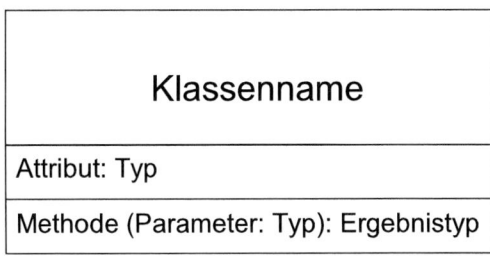

Abb. 2.51. Notation von Klassen in UML

Die Sichtbarkeit der Attribute und Methoden einer Klasse kann genauer spezifiziert werden, indem man dem Attribut- oder Methodennamen ein Kennzeichen voranstellt (vgl. Abb. 2.52).

+ (public)	Das Attribut/die Methode kann sowohl von Methoden der eigenen Klasse, als auch von Methoden fremder Klassen angesprochen werden.
# (protected)	Das Attribut/die Methode kann nur von Methoden der eigenen Klasse und der davon abgeleiteten Unterklassen angesprochen werden.
- (private)	Das Attribut/die Methode kann nur von Methoden der eigenen Klasse angesprochen werden

Abb. 2.52. Sichtbarkeit von Attributen und Methoden

Eine Generalisierung wird durch einen eigenen Kantentyp symbolisiert, der vom Spezialfall (Unterklasse) zur Verallgemeinerung (Oberklasse) führt (vgl. Abb. 2.53). Die Spezialisierung als umgekehrte Betrachtung der Generalisierung ist Basis eines zentralen Prinzips, der sog. Vererbung. Dieses besteht darin, dass bei Klassendiagrammen die Unterklasse zunächst sämtliche Datendefinitionen und auch alle Methodendefinitionen automatisch von der Oberklasse übernimmt. Dadurch wird der Modellierungsprozess und insbesondere die spätere Pflege der Modelle sowie auch der daraus abgeleiteten objektorientierten Datenbanken erheblich erleichtert.

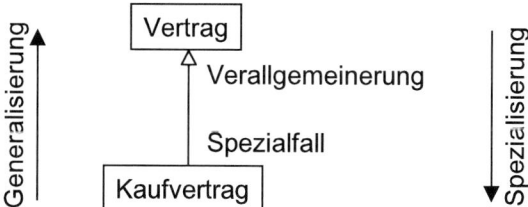

Abb. 2.53. Generalisierung

Eine zusammengehörende Gruppe extern sichtbarer Methoden einer Klasse kann zu einem Interface zusammengefasst werden (vgl. Abb. 2.54).
Die Nutzung eines Interface wird im Klassendiagramm als Kreis vermerkt, der mit der Klasse verbunden wird, die das Interface bietet. Eine (andere) Klasse, die dieses Interface nutzt, ist durch einen gestrichelten Pfeil mit dem Kreis zu verbinden.

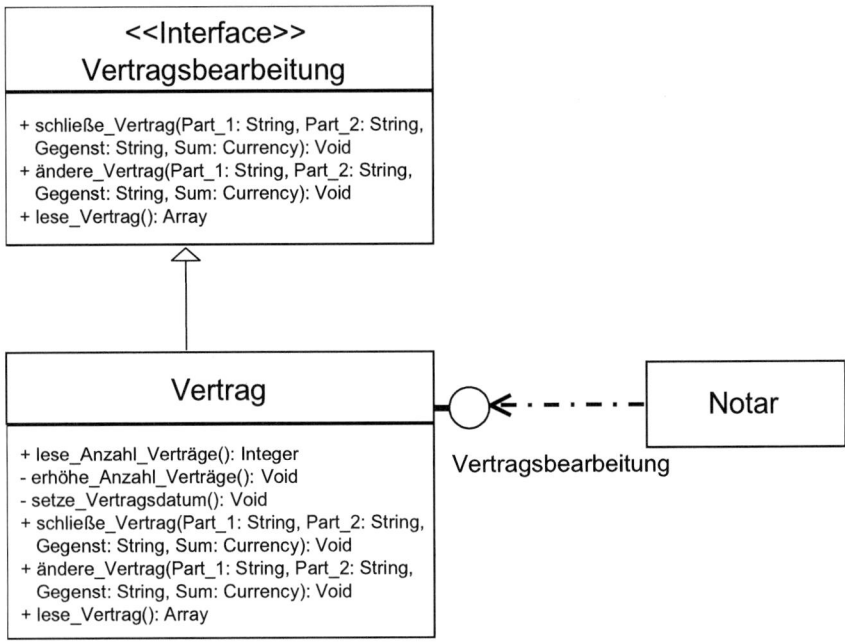

Abb. 2.54. Interface

Objekte (Instanzen einer Klasse) können ebenfalls in das Klassendiagramm aufgenommen werden. Die Darstellung ähnelt der einer Klasse, jedoch wird der Klassenname um den Objektnamen ergänzt und unterstrichen. Die Attribute werden mit ihren Werten aufgeführt und der Methodenabschnitt entfällt. Mithilfe eines gestrichelten Pfeils wird auf die Klasse verwiesen (vgl. Abb. 2.55).

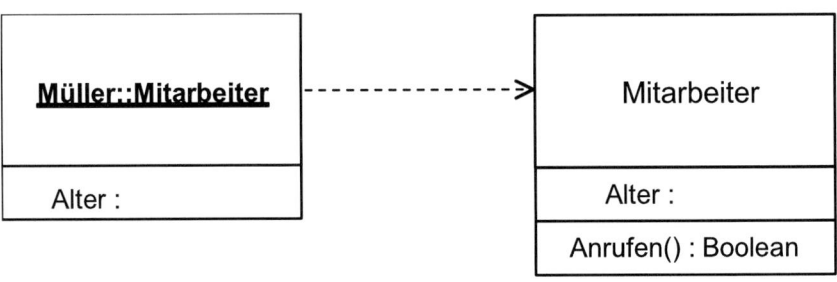

Abb. 2.55. Objekte im Klassendiagramm

Zwischen den Klassen des Klassendiagramms können Assoziationen, die mit den Beziehungen in einem Entity-Relationship-Diagramm vergleichbar sind, in Form von Verbindungskanten aufgeführt werden. Jedes

Kantenende kann mit einer Assoziationsrolle beschriftet werden. Die Kardinalität, die eine Klasse im Rahmen einer Assoziationsrolle einnimmt, ist durch eine Intervallangabe festzulegen (vgl. Abb. 2.56).

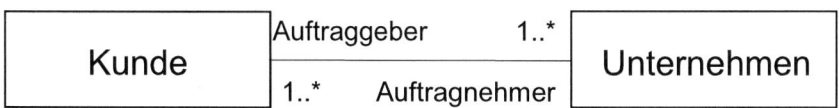

Abb. 2.56. Assoziationen im Klassendiagramm

Aggregationen sind durch einen eigenen Kantentyp gekennzeichnet, z. B. wenn ausgedrückt werden soll, dass eine Lieferung aus einem oder mehreren Artikeln besteht (vgl. Abb. 2.57).

Abb. 2.57. Aggregationen im Klassendiagramm

Beziehungen zwischen Klassen sind häufig mithilfe eines beschreibenden Attributs enger zu fassen. So ist z. B. die in Abb. 2.58 dargestellte Assoziation zwischen Bank und Kunden ohne weitere Qualifizierung eine n:m-Beziehung. Die entsprechende UML-Schreibweise ist 1..* zu 1..*. Durch Angabe des Attributs „Kontonummer" (so genannter Qualifier) kann die semantische Genauigkeit des Modells erhöht werden. Die Kardinalität der Assoziation reduziert sich.

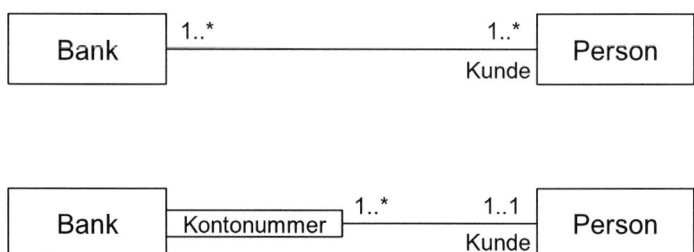

Abb. 2.58. Verwendung von Qualifiern

Dem Beispiel ist dann zu entnehmen, dass ein Kunde mehrere Konten bei einer Bank besitzen kann, aber einer Kontonummer immer genau ein Kunde zugeordnet ist.

UML-Diagrammtypen zur *Darstellung dynamischer Aspekte* sind z. B. das Aktivitätsdiagramm oder das Sequenzdiagramm bzw. der Zustandsautomat.

Aktivitätsdiagramme stellen eine Mischung verschiedener Darstellungstechniken dar. Grundlage sind unter anderem Zustandsdiagramme, Flussdiagramme und Petri-Netze. Sie sind für die Modellierung paralleler Prozesse und von Arbeitsabläufen (Workflow-Modellierung) besonders geeignet. Die Grundelemente der Aktivitätsdiagramme sind in Abb. 2.59 dargestellt.

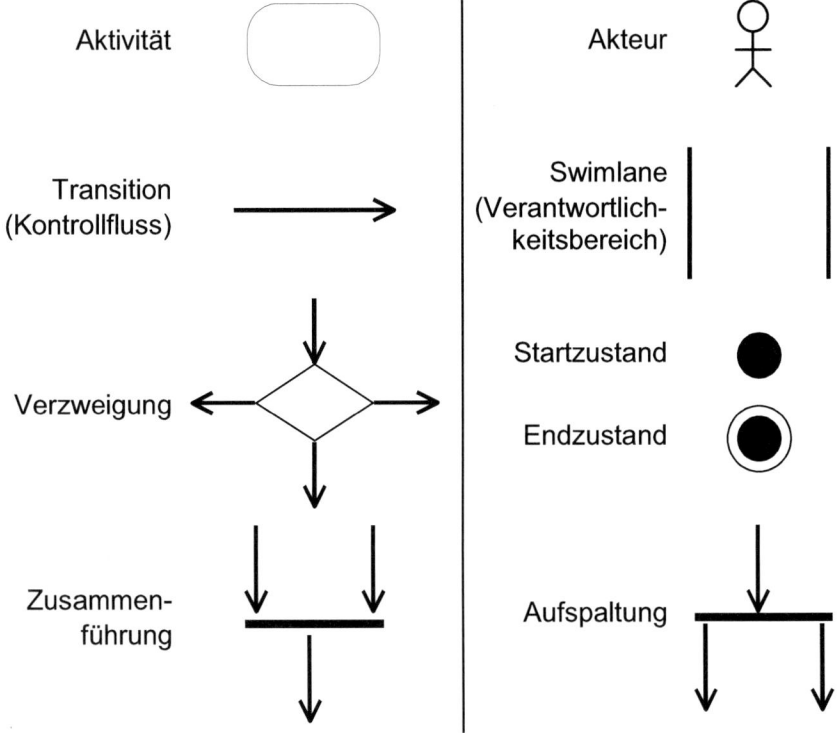

Abb. 2.59. Elemente eines Aktivitätsdiagramms

Eine Aktivität repräsentiert eine Tätigkeit oder Funktion, die ausgeführt wird. Nach dem Abschluss einer Aktivität führt eine Transition zu einer Folgeaktivität. Komplexe Transitionen besitzen mehrere vorhergehende

Aktivitäten oder mehrere Folgeaktivitäten. Sie werden mittels einer Synchronisationslinie zusammengeführt. Randbedingungen für eine Transition können in eckigen Klammern an den zugehörigen Pfeil angetragen werden. „Swimlanes" teilen ein Aktivitätsdiagramm so ein, dass die Funktionen, die sie abgrenzen, einzelnen Klasse zugeordnet werden können (vgl. Abb. 2.60).

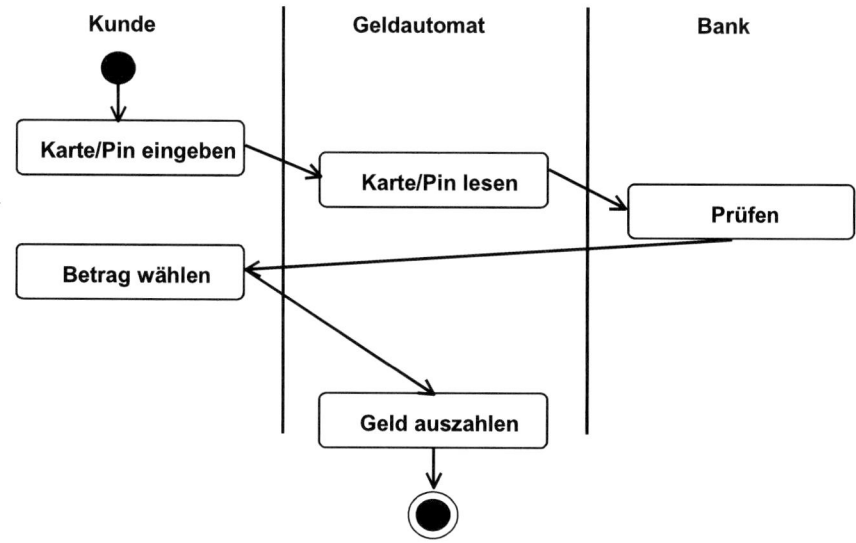

Abb. 2.60. Beispiel eines Aktivitätsdiagramms

Die UML erlaubt es, Aktivitätsdiagramme um Objektflüsse anzureichern und somit ihre Aussagekraft zu erhöhen. Aktivitäten und Objekte werden durch gestrichelte Linien verknüpft. Objekte repräsentieren oder enthalten oft Daten bzw. Informationen. Führt eine Linie von einem Objekt zu einer Aktivität, bedeutet dies, dass die Aktivität das Objekt benötigt. Eine Linie von einer Aktivität zu einem Objekt sagt aus, dass die Aktivität das Objekt erzeugt bzw. weitergibt. Abb. 2.61 zeigt das Aktivitätsdiagramm einer Schadensabwicklung, in dem die Objekte Schadensmeldung, Schadenakte, Kundenakte und Auszahlung verzeichnet sind. Die Objekte können z. B. in einer relationalen Datenbank (vgl. Abschn. 2.2) oder in einem Dokumenten-Management-System (vgl. Abschn. 3.3) verwaltet werden.

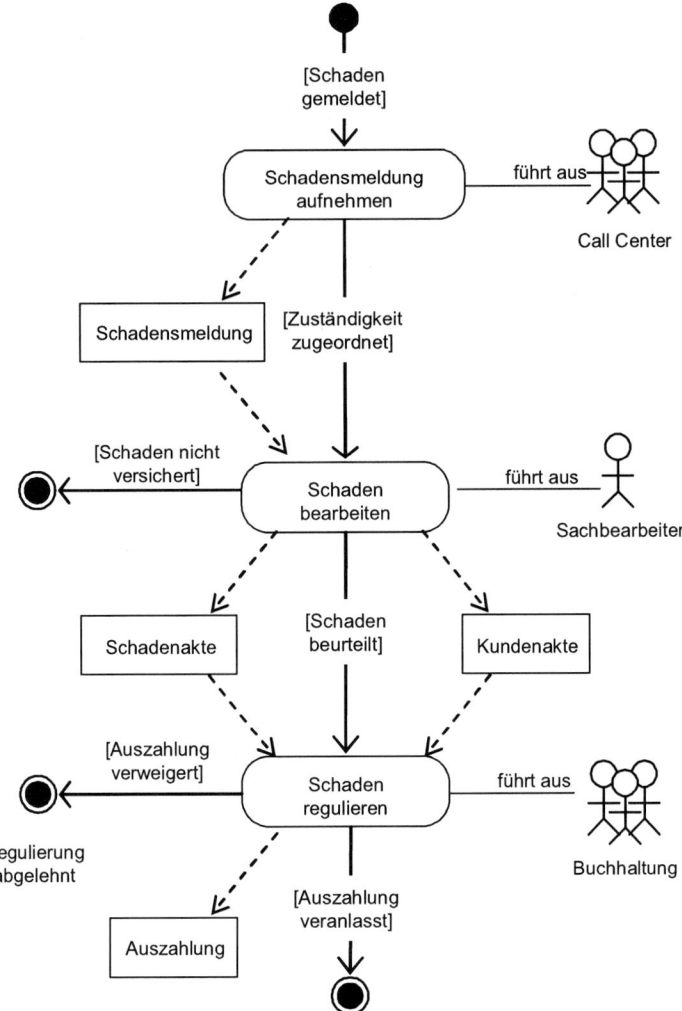

Abb. 2.61. Objektflüsse in Aktivitätsdiagrammen

Wird im Aktivitätsdiagramm der Fokus der Betrachtung von den Aktivitäten auf die Zuständigkeiten für deren Durchführung verlagert, verwendet man die so genannten Role-Activity-Diagramme (vgl. Abb. 2.62). Auch in diesem Diagrammtyp werden die Objektflüsse zwischen den Aktivitäten erfasst. Im Beispiel erhält die Produktion das Auftragsobjekt, das die Auftragsdaten enthält, von der Konstruktion und ist im weiteren Verlauf des Bearbeitungsprozesses für die Produktionsplanung sowie für die Erstellung der benötigten Werkzeuge und die Herstellung des Produkts verantwortlich.

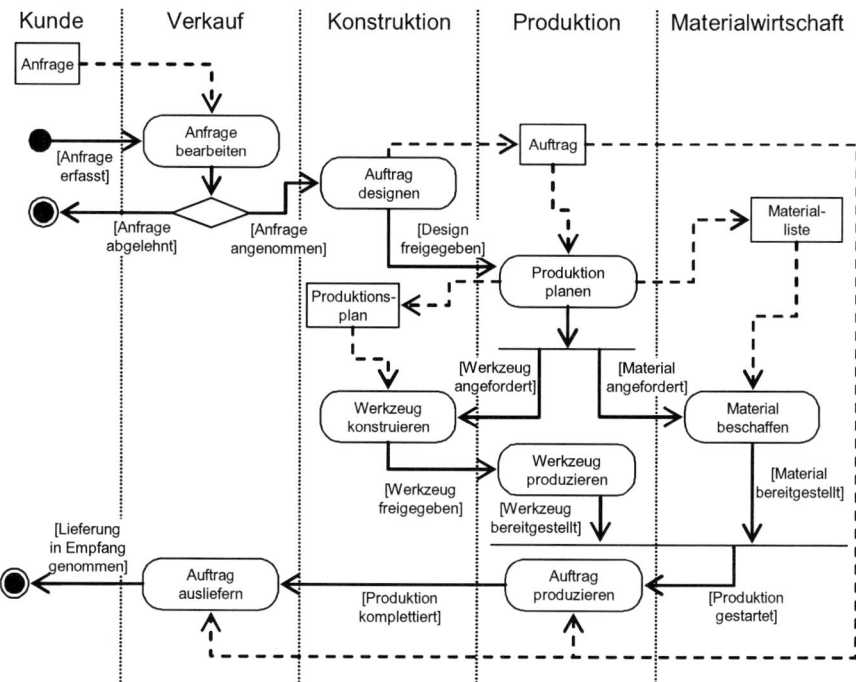

Abb. 2.62. Role-Activity-Diagramm

Sequenzdiagramme (vgl. Abb. 2.63) heben den zeitlichen Aspekt des dynamischen Verhaltens hervor. Sie besitzen zwei Dimensionen: die Vertikale repräsentiert die Zeit, in horizontaler Richtung werden die Objekte aufgeführt. Jedes Objekt besitzt eine gestrichelte Linie im Diagramm – die Lebenslinie. Diese Linie verkörpert die Existenz eines Objekts während einer bestimmten Zeit. Zusätzlich zeigt der Steuerungsfokus (ein schmales Rechteck, das die Lebenslinie überlagert) an, wann ein Objekt im zeitlichen Ablauf eines Programmes die Kontrolle besitzt, d. h. gerade aktiv ist. Am oberen Ende der Lebenslinie ist das Objektsymbol vermerkt.

Nachrichten, d. h. gerichtete Kanten vom Sender zum Empfänger, dienen zur Aktivierung von Methoden. Der Pfeil hat eine ausgefüllte Spitze und wird mit dem Namen der aktivierten Methode beschriftet. Der Rückgabewert einer Methode wird durch eine gerichtete Kante vom Empfänger zum Sender symbolisiert, deren Pfeilspitze nicht ausgefüllt ist.

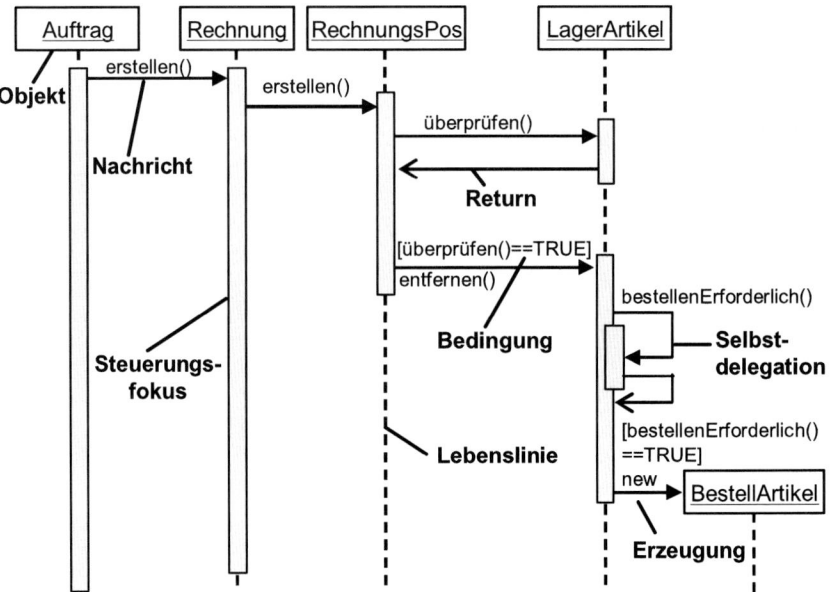

Abb. 2.63. Sequenzdiagramm

Ein *Zustandsautomat* (vgl. Abb. 2.64) beschreibt das dynamische Verhalten eines Objekts und besteht aus Zuständen und Zustandsübergängen (Transitionen).

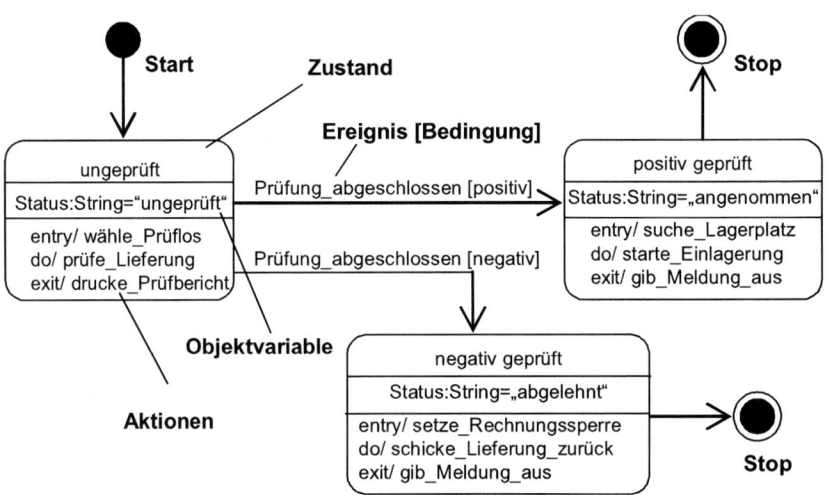

Abb. 2.64. Beispiel eines Zustandsautomaten für Objekte der Klasse „Lieferung"

Ein Zustand ist eine Zeitspanne, in der das Objekt auf ein Ereignis wartet. In diesen Zustand gelangt das Objekt durch ein vorhergehendes Ereignis. Ein Ereignis tritt immer zu einem bestimmten Zeitpunkt ein und besitzt keine Dauer. Das Objekt kann mehrere Zustände nacheinander durchlaufen.

Beginnend mit einem Startzustand, der durch einen ausgefüllten Kreis symbolisiert wird, sind die möglichen Zustände des Objekts durch Rechtecke und die Zustandsübergänge durch Pfeile zwischen den Zuständen dargestellt. Zustände besitzen einen Namen, der im oberen Drittel des zugeordneten Rechtecks vermerkt ist, sowie Attribute, die im mittleren Drittel deklariert werden, und Aktionen, die beim Eintreten des Zustands (*Entry*), während des Zustands (*Do*) und beim Verlassen des Zustands (*Exit*) auszuführen sind. Zustandsübergänge sind in der Regel an Ereignisse gebunden, die mit einer Bedingung, dem so genannten *Guard*, versehen werden können. Die Lebensdauer des Objekts endet mit dem Eintritt in einen Endzustand, der durch einen ausgefüllten und einen nicht ausgefüllten Kreis, die konzentrisch angeordnet sind, visualisiert wird.

3 Dokumenten- und Content Management

3.1 Dokumentenbeschreibung

Ein Dokument bildet eine Einheit aus Inhalt, Struktur und Layout. Der Inhalt enthält die Daten bzw. die zu vermittelnden Informationen, bei elektronischen Dokumenten zum Beispiel in Form von Text, Grafik, Bild oder Audio- und Video-Sequenzen (multimediale Dokumente). Die Struktur eines Dokuments spiegelt den Aufbau und die Abfolge der Informationen wider. Das Layout dient der Visualisierung dieser strukturierten Informationen. Elektronische Dokumente müssen sich dabei nicht auf eine physische Speicherungseinheit (z. B. eine Datei) beschränken. Ein Dokument kann aus mehreren Dateien bestehen, z. B. aus Text-, Video- und Bilddateien.

3.1.1 Beschreibung mit Auszeichnungssprachen

Zur automatisierten Erkennung und Verarbeitung von Dokumentinhalten und –bestandteilen gibt es eine Vielzahl von Ideen. Ein weit verbreiteter Ansatz ist, als relevant erachtete Elemente im Dokument zu markieren. Man spricht auch von der „Auszeichnung" (Markup) eines Dokumentes. Soll z. B. kenntlich gemacht werden, dass es sich bei einer bestimmten Passage einer Produktbeschreibung um technische Spezifikationen handelt, so werden der Beginn der Passage etwa mit <techspez> und das Ende der Passage mit </techspez> markiert. Diese Markierungen bezeichnet man auch als Tags. Innerhalb der Passage können weitere interessierende Elemente wie Gewicht, Länge oder Leistung gekennzeichnet werden. Das mit Tags versehene Dokument könnte dann auszugsweise so aussehen:

```
...Die Forschungs- und Entwicklungsabteilung unse-
res Unternehmens hat in dreijähriger Arbeit eine Rei-
he von Werkzeugmaschinen mit der Fähigkeit ausgestat-
tet, NC-Programme zu laden und auszuführen. Dies ist
ein weiterer Meilenstein in der langen Geschichte des
traditionsreichen Technologiebetriebs.
```

```
<produktbeschreibung>
Besonders viele Neuerungen sind bei der Drehbank
„Paula" zu finden. Sie bestehen aus ... Technische
Daten der Drehbank sind:
  <techspez>
    <gewicht>260 kg</gewicht>
    <laenge>300 cm</laenge>
    <leistung>3,17 kW</leistung>

  ...

  </techspez>
Der Verkaufspreis der Drehbank „Paula" hat sich trotz
der vielen Neuerungen nur um 8% erhöht. Er beinhaltet
neben der Maschine auch ein einführendes Schulungspa-
ket sowie ...
</produktbeschreibung>
Sämtliche Maschinen unseres Produktspektrums können
in allen Verkaufsniederlassungen im Probebetrieb be-
sichtigt werden. Zur Vereinbarung eines Termins...
```

Mithilfe der Auszeichnungselemente bzw. Tags ist es möglich, bestimmte Dokumentbestandteile bzw. benötigte Daten gezielt zu finden. Wie das Beispiel zeigt, wird durch die Anordnung der Tags auch eine gewisse Struktur des Dokuments deutlich. So ist die technische Spezifikation Teil der Produktbeschreibung, das Gewicht neben Länge und Leistung wiederum Teil der technischen Spezifikation. Tags werden auch verwendet, um das optische Erscheinungsbild von Dokumentbestandteilen zu beschreiben. So kann man z. B. Textpassagen markieren, die fett oder in Kursivschrift darzustellen sind. Die Auszeichnungssprache HTML für Dokumente, die in Form von Webpages über das Internet abrufbar sind, verwendet Auszeichnungselemente für diese unterschiedlichen Zwecke (vgl. Abschn. 3.1.2). Eine „bunte Mischung" von Struktur- und Visualisierungs-Tags in einem Dokument wird jedoch in verschiedener Hinsicht als ungünstig erachtet. Man propagiert heute eine strikte Trennung von Inhalt- und Darstellungskennzeichnungen. Der bekannteste Ansatz hierfür ist XML (vgl. Abschn. 3.1.3).

Um Dokumente einheitlich auszeichnen, d. h. mit Tags versehen zu können, muss zum einen vereinbart bzw. standardisiert sein, auf welche Art und Weise und mit welcher Syntax diese Markierungen zu erstellen sind. Die Standard Generalized Markup Language (SGML) ist ein ISO-Standard (International Organization for Standardization, ISO 8879) für eine derartige Beschreibung von Dokumenten. Zum anderen sind für einen bestimmten Dokumenttyp die dort verwendbaren Tags festzulegen. Dies erfolgt durch entsprechende SGML-Sprachelemente in einer so genannten

Document Type Definition (DTD). Ein SGML-Dokument setzt sich aus folgenden Bestandteilen zusammen:

- *SGML Declaration*
  Die SGML Declaration beschreibt formal die verwendeten Bestandteile des SGML-Standards für eine konkrete Anwendung. Sie wird in der Regel am Anfang eines Dokumentes angegeben. Sie präzisiert die für dieses Dokument verwendeten SGML-Eigenschaften und definiert u. a. welche Zeichen als Begrenzer der Markierungen dienen (z. B. „<", „</", „>"). Weiterhin legt die SGML Declaration den benutzten Zeichensatz fest (z. B. ASCII).

- *Document Type Definition*
  In einer DTD werden die strukturbildenden Auszeichnungselemente eines SGML-Dokuments definiert. Es wird angegeben, wie die Tags heißen und welche Verschachtelungsstruktur sich durch Anwendung dieser Tags ergibt. Eine DTD spiegelt den inneren Aufbau eines Dokumenttyps wider und beschreibt somit eine Klasse von Dokumenten, z. B. Auftrag, Rechnung, Bestellung usw. Diese Form der Dokumentenbeschreibung wird als deskriptives Markup bezeichnet, da sie Dokumentbestandteile kennzeichnet und nicht deren Manipulation oder Darstellung auf Ausgabenmedien spezifiziert.

- *Document Instance*
  Die Document Instance enthält den eigentlichen Inhalt des Dokuments sowie die darin eingefügten Auszeichnungselemente. Das obige Beispiel der Produktbeschreibung mit technischen Spezifikationen wäre ein Ausschnitt einer solchen Document Instance.

- *Document Layout*
  Die Visualisierung von Dokumenten, das so genannte Layout, wird durch getrennte Formatvorschriften festgelegt, die man Stylesheets nennt. Stylesheets ordnen jedem Auszeichnungselement einer DTD bestimmte Formatierungsanweisungen zu. Durch die Definition mehrerer Stylesheets für eine einzige DTD kann ein auf dieser Basis mit Auszeichnungselementen versehenes Dokument auf unterschiedlichen Medien ganz unterschiedlich dargestellt werden. So definiert man z. B. ein Stylesheet für die Ausgabe auf einem PDA mit einer kleinen Schriftgröße, während ein anderes Stylesheet dasselbe Dokument für den Ausdruck auf Papier mit einer sehr großen Schrift (z. B. für sehbehinderte Leser) aufbereitet.

3.1.2 Hypertext Markup Language

Die Hypertext Markup Language (HTML) ist eine auf SGML basierende Seitenbeschreibungssprache für die Erstellung von Hypertextdokumenten mit vorgegebenen, einfachen Formatierungsmöglichkeiten. Dabei ist die Menge der verwendbaren Auszeichnungselemente festgelegt und damit begrenzt. Die Bedeutung dieser Tags ist fest vorgegeben. Es besteht keine Möglichkeit, benutzerindividuell Erweiterungen zu definieren. Es können für HTML-Dokumente somit nur die in der jeweiligen vom World Wide Web Consortium (W3C) verabschiedeten Version von HTML vorhandenen Beschreibungselemente verwendet werden. Mithilfe von HTML sind Querverweise (*Hypertext Links*) innerhalb und zwischen verschiedenen Dokumenten einfügbar. Die Formatierung (Seite, Absatz, Zeichen) und die Codierung von Hypertext Links erfolgen mittels einer Kommandosprache, bei der die Befehle in Spitzklammern gesetzt werden. Ein Beispiel für einen HTML-Hypertext-Link ist:

```
<a href="Zieldokument.html">… Text …</a>
```

Das Attribut „href" des Anchor-Elements (`<a>...</a>`) legt fest, auf welches Dokument der Link verweist. Der Text innerhalb des Anchor-Elements wird dem Benutzer angezeigt und durch eine spezielle Formatierung (z. B. andere Textfarbe, unterstrichen) als Link gekennzeichnet.

Zur Erstellung von HTML-Dokumenten stehen HTML-Editoren zur Verfügung. Daneben bieten die gängigen WWW-Browser grafische HTML-Editoren an und viele Anwendungsprogramme besitzen HTML-Exportfilter. Durch das explosionsartige Wachstum des Internets bzw. des WWW hat sich diese Sprache zur Seitenbeschreibung als Standard durchgesetzt.

3.1.3 Extensible Markup Language

Die Extensible Markup Language (XML) ist eine Teilmenge von SGML, die sich mehr und mehr etabliert. Die spezifizierten und beschriebenen Datenobjekte (XML-Dokumente) sind zu SGML konform. Die wichtigste Gemeinsamkeit zwischen XML und SGML besteht in der Trennung von Struktur, Layout und Inhalt (vgl. Abb. 3.1).

Der bedeutendste Unterschied zwischen den beiden Metasprachen (Metasprache = Sprache zur Definition von Sprachen) ist die Komplexität von SGML, was allein am Umfang der Spezifikationen beider Sprachen deutlich wird: Die XML-Spezifikation umfasst ca. 30 Seiten, die SGML-Spezifikation ca. 500 Seiten. Komplexitätseinschränkungen, die die Flexibilität von XML im Vergleich zu SGML einengen, sind bei XML in vielen

Details zu finden. So ist es z. B. in SGML möglich, die Begrenzungszeichen für Tags zu definieren, während XML zwingend die „< ... >"-Notation vorschreibt. Da XML nicht so umfangreich ist, kann man es schneller erlernen. Darüber hinaus wird die Entwicklung von XML-fähigen Programmen für die Dokumentanalyse und -verarbeitung erleichtert.

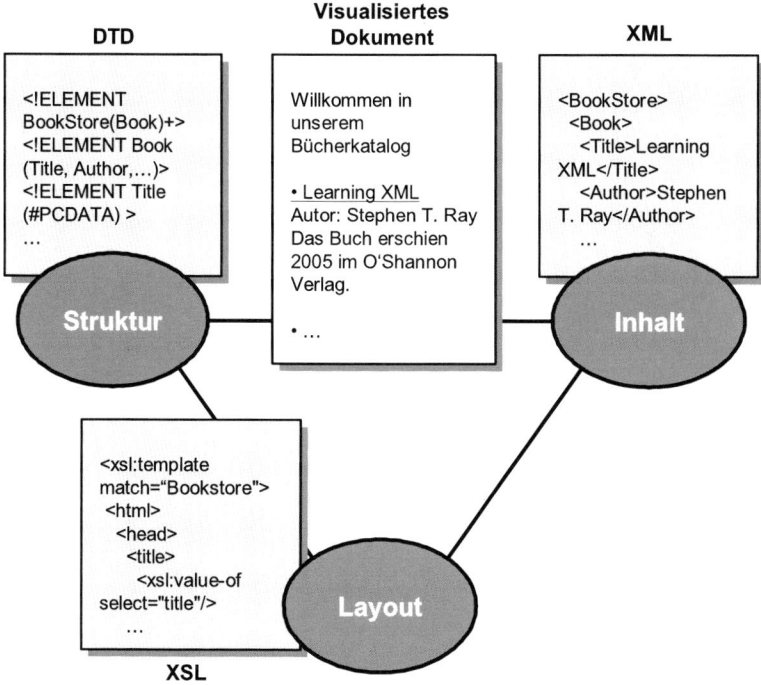

Abb. 3.1. Trennung von Struktur, Layout und Inhalt

Weitere Unterschiede bestehen z. B. darin, dass SGML in Bezug auf fehlende End-Tags relativ tolerant ist, während XML diese als zwingend notwendig vorschreibt. Dieser Unterschied wird bei so genannten leeren Elementen deutlich. Ein leeres Element ist z. B. der Zeilenumbruch „
" in HTML. XML schreibt in einem solchen Fall vor, entweder ein End-Tag („
</br>"), oder statt dessen einen Schrägstrich an das Ende des leeren Tags zu setzen („
").

Zudem unterscheidet XML im Gegensatz zu SGML zwischen Groß- und Kleinschreibung und alle Attributwerte müssen in Anführungszeichen gesetzt werden.

XML wurde u. a. entwickelt, um reich strukturierte Dokumente im World Wide Web verwenden zu können. Die Dokumente werden zunächst mithilfe so genannter *Parser* analysiert. Parser sind Programme, die die syntaktische Struktur der Dokumente überprüfen, die Inhaltselemente extrahieren und diese den Anwendungen (z. B. Browsern) zur Verfügung stellen.

Wichtige Deklarationen innerhalb der XML-DTD, die sich so weitgehend auch in SGML-DTDs wiederfinden, sind Elementtypdeklarationen und Entitydeklarationen.

Elementtypdeklarationen identifizieren ein Strukturelement und beschreiben dessen „inneren" Aufbau. Allgemein hat eine Elementtypdeklaration die Form `<!ELEMENT name inhalt>`. Die Angabe „inhalt" zeigt eine mögliche Unterstruktur in Form von weiteren Elementnamen, z. B.:

```
<!ELEMENT mail (head, body, (trailer)?)>
```

Durch diese Deklaration wird das Element `mail` beschrieben, das aus den Unterelementen `head`, `body` und `trailer` besteht. Jedem dieser Elemente müssen ebenfalls durch Elementtyp-Deklarationen Unterelemente zugewiesen werden, sofern es sich nicht um ein elementares XML-Element handelt (z. B. `#PCDATA`, P̲arseable C̲haracter D̲ata). Durch die Trennung der Elemente mit Kommata wird eine feste Reihenfolge und damit eine Dokumentstruktur vorgegeben. Das Element `trailer` ist durch ein Fragezeichen als optional gekennzeichnet. Im Rahmen der Elementtypdeklaration können noch weitere Strukturinformationen hinterlegt werden, z. B. ob ein Element mehrmals vorkommen kann („*"), oder ob zwischen Elementen eine Oder-Beziehung besteht („|"). Abb. 3.2 gibt einen Überblick.

Somit ist die Elementtypdeklaration

```
<!ELEMENT buch ((vorwort)?, inhaltsverzeichnis,
(kapitel)+, (anhang)*)>
```

so zu interpretieren, dass ein Element vom Typ `buch` ein oder kein Element vom Typ `vorwort` enthält. Darauf folgt ein Inhaltsverzeichnis, dem sich ein oder mehrere Kapitel anschließen. Das Buch endet ohne Anhang oder mit beliebig vielen Anhängen.

EMPTY	Das Element ist immer leer (z. B. Zeilenumbruch: ` </br>` bzw. ` `)
`ANY`	Es kann jeder beliebige Inhalt (Zeichenkette, weitere Elemente) enthalten sein
`(#PCDATA)`	Es kann lediglich eine Zeichenkette enthalten sein
`(el)`	Das Element `el` muss einmal enthalten sein
`(el)?`	Das Element `el` kann keinmal oder einmal enthalten sein
`(el)*`	Das Element `el` kann keinmal, einmal oder mehrmals enthalten sein
`(el)+`	Das Element `el` muss mindestens einmal, kann aber mehrmals enthalten sein
`(el1,el2)`	Die Elemente `el1` und `el2` müssen in dieser Reihenfolge enthalten sein
`(el1|el2)`	Entweder Element `el1` oder Element `el2` muss enthalten sein

Abb. 3.2. Inhaltsdeklarationen eines Elementtyps

Mit *Entitydeklarationen* können so genannte Entities definiert werden. Bei einem Entity handelt es sich hier um eine Bezeichnung, die bei der Verarbeitung des XML-Dokuments durch eine spezifizierte Zeichenkette ersetzt wird. So kann z. B. das Entity `Shipment` folgendermaßen definiert werden:

```
<!ENTITY Shipment "Freecourage & Groundvillage
Logistics">
```

In einem Dokument wird eine so genannte *Entity Reference* auf das Entity `Shipment` gesetzt. Entity References werden im Dokument von den Zeichen „&" und „;" umschlossen. Durch die Verwendung von „&Shipment;" in einem Dokument wird diese Entity Reference vom Parser durch die Zeichenkette „Freecourage & Groundvillage Logistics" ersetzt. Muss nun z. B. wegen eines Wechsels des Logistik-Partners in einer großen Menge von XML-Dokumenten die Bezeichnung des betreffenden Unternehmens geändert werden, ist hierzu lediglich eine Aktualisierung der Entitydeklaration erforderlich.

Eine grundlegende Neuerung von XML gegenüber SGML ist das Prinzip der *Wohlgeformtheit*. Bei einer Prüfung auf Wohlgeformtheit wird sichergestellt, dass das Dokument grundlegenden syntaktischen Anforderungen entspricht, die durch die XML-Spezifikation definiert sind. Dazu zählt z. B., dass es zu jedem öffnenden ein schließendes Tag gibt und die Schachtelung der Tags eine korrekte Baumstruktur ergibt. Ist ein Dokument nicht nur wohlgeformt, sondern auch konform zu den Vorgaben der zugeordneten DTD, so ist dieses Dokument *gültig*. Konformität zu einer DTD bedeutet, dass das Dokument nur Tags enthält, die in der DTD definiert sind, und dass die Reihenfolge bzw. Schachtelung der Tags den Vorgaben der DTD entspricht. Während also die Wohlgeformtheit eines XML-Dokuments sicherstellt, dass es von einem Anwendungssystem korrekt eingelesen werden kann, bestätigt die Gültigkeit die Einhaltung einer standardisierten inhaltlichen Struktur. Aufgrund der Unterscheidung zwischen wohlgeformten und gültigen Dokumenten wird bei XML zwischen validierenden Parsern, die die Gültigkeit überprüfen, und nicht-validierenden Parsern, die nur auf Wohlgeformtheit prüfen, unterschieden.

Abb. 3.4 zeigt ein einfaches XML-Beispiel, das auf der in Abb. 3.3 dargestellten DTD basiert.

```
<!ELEMENT cargo (container)+>
<!ELEMENT container (id,transaction_no,owner,(lot)+)>
<!ELEMENT lot (item,quantity,(notes)?)>
<!ATTLIST lot type (food|nonfood|hazardous) #REQUIRED)
<!ELEMENT id (#PCDATA)>
<!ELEMENT transaction_no (#PCDATA)>
<!ELEMENT owner (#PCDATA)>
<!ELEMENT item (#PCDATA)>
<!ELEMENT quantity (#PCDATA)>
<!ELEMENT notes (#PCDATA)>
<!ENTITY FCL "Freecourage & Groundvillage Logistics">
```

Abb. 3.3. Beispiel-DTD

Das Dokument besteht aus den folgenden Bestandteilen:

- *Zeichenketten*
  Der eigentliche Inhalt eines Dokuments (Content) besteht meist aus Zeichenketten (Text, Zahlen, Sonderzeichen). Multimediale Elemente werden in der Regel nicht direkt in das Dokument eingebunden, sondern nur der Verweis auf eine Medienquelle in Form einer Zeichenkette, die z. B. den Dateipfad benennt.

- *Tags*
  Tags dienen zur Auszeichnung der Elemente des Dokuments. So umschließen in Abb. 3.4 z. B. die Tags <item> und </item> die Bezeichnung der transportierten Ware.

```
<?xml version="1.0"?>
<!DOCTYPE cargo SYSTEM "cargo.dtd">
<cargo>
  <!-- Freight Covering Letter -->
  <container>
    <id>D-509AH</id>
    <transaction_no>2687640387</transaction_no>
    <owner>&FCL;</owner>
    <lot type="hazardous">
      <item>N2 Fertilizer, 40 lbs.</item>
      <quantity>340</quantity>
      <notes>keep temp below 104F</notes>
    </lot>
    <lot type="nonfood">
      <item>Sinjuan Textile Soft Goods, 120 lbs.</item>
      <quantity>80</quantity>
    </lot>
  </container>
  <container>
    ...
</cargo>
```

Abb. 3.4. Beispiel-Dokument

- *Attribute*

  Während Elemente wie „item" oder „quantity" Dokumentbestandteile kennzeichnen, können durch Attribute beschreibende Aussagen über die Bestandteile hinzugefügt werden. Ein Attribut ordnet einem Element oder einer Gruppe von Elementen eine Metainformation zu, die das oder die Elemente näher charakterisiert. In Abb. 3.4 enthält z. B. das Attribut „version", das dem Wurzelelement hinzugefügt wurde, die XML-Sprachversion des gesamten Dokuments. Das Inhaltselement „lot" der gelieferten Ware wird durch das Attribut „type" z. B. als Gefahrgut („hazardous") oder Sachgut („nonfood") klassifiziert.

- *Processing Instructions*

  Neben Zeichenketten und deren Auszeichnung sieht die XML-Syntax auch die Einbettung von Processing Instructions vor. Dies sind spezielle Anweisungen, die von den die XML-Dokumente verarbeitenden Programmen ausgewertet werden. Eine Processing Instruction fängt mit der Zeichenkette „<?" an und schließt mit „?>". Die am häufigsten anzutreffende Processing Instruction ist die „xml" Processing Instruction. Im Beispiel lautet sie <?xml version="1.0"?> und zeigt an, dass das Dokument auf den Richtlinien der Version 1.0 des XML-Standards basiert. Dadurch ist es z. B. möglich, dass eine Anwendung die Benutzer warnt, falls Dokumente verarbeitet werden sollen, deren Standard von der Anwendung nicht unterstützt wird.

- *Document Type Declarations*
  Sie dienen zur Spezifizierung von Informationen über ein Dokument, z. B. welches Element die Wurzel der syntaktischen Baumstruktur des Dokuments ist und nach welcher Document Type Definition (DTD) das Dokument aufgebaut wurde. Auf Grundlage der Document Type Declaration nimmt ein validierender Parser die Gültigkeitsprüfung gegen die referenzierte DTD vor. Die Document Type Declaration im Beispiel lautet `<!DOCTYPE cargo SYSTEM "cargo.dtd"...>`. Daraus ist ersichtlich, dass die Wurzel des Dokuments das cargo-Element ist und der Aufbau einer Dokument-Instanz den Vorgaben der DTD „cargo.dtd" genügen muss. Zusätzlich besteht in der Document Type Declaration die Möglichkeit, dokumentspezifische Entities zu definieren.

- *Entity References*
  Entity References werden bei der Verarbeitung des Dokuments zur Darstellung in einem XML-kompatiblen Browser durch die referenzierten Zeichen ersetzt. Die Beispiel-DTD definiert ein Entity „FCL", das eine ausführliche Firmenbezeichnung repräsentiert. Der XML-Code `<ShippingStatement>This container is shipped by &FCL; </ShippingStatement>` wird dem Benutzer als Zeichenkette „This container is shipped by Freecourage & Groundvillage Logistics" angezeigt.

- *Comments*
  Comments werden verwendet, um Informationen darzustellen, die technisch kein Bestandteil des Dokuments sind. Sie dienen in der Regel der Erläuterung des Inhalts. Kommentare beginnen mit `<!--` und enden mit `-->`. Sie werden von XML-Parsern und -Applikationen ignoriert.

Ein *XML-Schema ist* eine Alternative zur Definition von Auszeichnungssprachen und Dokumentstrukturen. Es kann eine DTD vollständig ersetzen. Folgende Defizite der DTDs sind Anlass für die Entwicklung der XML-Schema-Technologie:

- DTDs unterliegen einer anderen Syntax als XML-Dokumente. Somit erhöht sich der Lern- und Einarbeitungsaufwand für Personen, die DTDs entwickeln und mit den darauf basierenden XML-Dokumenten arbeiten.
- DTDs unterstützen nur eine sehr eingeschränkte Menge von Datentypen, wie z. B. `#PCDATA` für beliebige Zeichenketten. Die wichtige Funktion der XML-Technologie als Datenhaltungs- und Datenaustauschstandard macht die Erweiterung um eine differenzierte Datentypverwaltung unerlässlich.

- DTDs bieten keine Hilfsmittel, um den syntaktischen Aufbau von Elementen näher zu spezifizieren. So ist es z. B. nicht möglich, ein Element „Artikelnummer" zu definieren, das aus genau sieben Ziffern besteht. Die entsprechende Elementtyp-Deklaration würde hier den Datentyp #PCDATA vorsehen, so dass Buchstaben- und Ziffernfolgen beliebiger Länge als Inhalt dieses Elements zulässig wären.

XML-Schemata bieten u. a. die folgenden Möglichkeiten zur Definition von Auszeichnungssprachen:

- Schemata werden in der gleichen Syntax wie XML-Dokumente verfasst.
- XML-Schemata verfügen über 44 vordefinierte elementare Datentypen, z. B. string, boolean, decimal, float, duration, date, anyURI.
- Schema-Entwickler können eigene, von den vordefinierten Typen abgeleitete Datentypen erzeugen. So ist z. B. ein neuer Datentyp „ArtikelnummerType" denkbar, der vom elementaren Datentyp string abgeleitet ist:

```
<xsd:simpleType name="ArtikelnummerType">
    <xsd:restriction base="xsd:string">
        <xsd:pattern value="d{7}"/>
    </xsd:restriction>
</xsd:simpleType>
```

Die Elemente dieses Typs sind nach dem Muster „ddddddd" (d{7}) aufgebaut, wobei ein „d" eine Ziffer zwischen 0 und 9 repräsentiert.

- Mithilfe so genannter XML Namespaces können Elemente mehrerer XML-Schemata in einem XML-Dokument verwendet werden. Wie das folgende Beispiel zeigt, sind durch die Vergabe eines eindeutigen Präfixes für Elemente aus unterschiedlichen Schemata Namenskonflikte zu verhindern:

```
...
xmlns:emp="http://www.human-resources.com/employee"
xmlns:book="http://www.library.org/book"
...
<emp:id>4711</emp:id>
...
<book:id>14/GT/C5-3148</book:id>
...
```

Durch den XML-Code "xmlns:[namespace]=[url]" wird gekennzeichnet, dass zur Adressierung der Elemente des unter der URL hinterlegten Schemas im Folgenden das Präfix „[namespace]:" benutzt wird. Beide Schemata des Beispiels definieren ein Element id, das einen Mitarbeiter oder ein Buch eindeutig identifiziert. Dennoch können über die Präfixe `emp` und `book` beide Elemente in einem Dokument verwendet werden.

```
<?xml version="1.0"?>
<xsd:schema xmlns:xsd="http://www.w3.org/2001/XMLSchema"
     targetNamespace="http://www.duw.org/cargo"
     xmlns="http://www.duw.org/cargo">
  <xsd:element name="cargo">
    <xsd:complexType>
      <xsd:sequence>
        <xsd:element ref="container"
                     maxOccurs="unbounded"/>
      </xsd:sequence>
    </xsd:complexType>
  </xsd:element>
  <xsd:element name="container">
    <xsd:complexType>
      <xsd:sequence>
        <xsd:element ref="id"/>
        <xsd:element ref="transaction_no"/>
        <xsd:element ref="item" maxOccurs="unbounded"/>
        <xsd:element ref="owner"/>
      </xsd:sequence>
    </xsd:complexType>
  </xsd:element>
  <xsd:element name="item">
    <xsd:complexType>
      <xsd:sequence>
        <xsd:element ref="item_no"/>
        <xsd:element ref="item_name" minOccurs="0" />
      </xsd:sequence>
    </xsd:complexType>
  </xsd:element>
  <xsd:element name="id" type="xsd:string"/>
  <xsd:element name="transaction_no" type="xsd:string"/>
  <xsd:element name="owner" type="xsd:string"/>
  <xsd:element name="item_no" type="xsd:string"/>
  <xsd:element name="item_name" type="xsd:string"/>
</xsd:schema>
```

Abb. 3.5. XML-Schema-Definition

Im Folgenden wird am Beispiel eines Frachtbriefs aufgezeigt, wie ein XML-Schema aufgebaut ist und welche Verbesserungen im Vergleich zur DTD dadurch möglich sind (vgl. Abb. 3.5).

Alle XML-Schemata haben das `<schema>`-Element als Wurzelknoten. Dieses Element sowie die weiteren Elemente und Datentypen, die für die Definition eines Schemas benötigt werden (z. B. `element`, `complexType`, `sequence` und `string`) sind in dem Namespace `http://www.w3.org/2001/XMLSchema` definiert.

Die Angabe:

```
xmlns:xsd="http://www.w3.org/2001/XMLSchema"
```

bewirkt, dass den Elementen und Datentypen dieses Namespace bei ihrer Verwendung das Präfix „xsd" vorangestellt werden muss (z. B. `xsd:element`, `xsd:complexType`). Mit `targetNamespace="http://www.duw.org/cargo"` wird festgelegt, dass die in dieser xsd-Datei definierten Elemente und Datentypen über den Namespace `http://www.duw.org/cargo` adressiert werden.

Abb. 3.6 zeigt, wie ein XML-Dokument, das die Elemente und Datentypen des cargo-Schemas verwenden möchte, die entsprechende xsd-Datei über Attribute des Wurzelelements `<cargo>` referenziert.

```
<?xml version="1.0"?>
<cargo xmlns="http://www.duw.org/cargo"
   xmlns:xsi="http://www.w3.org/2001/XMLSchema-instance"
   xsi:schemaLocation=
       "http://www.duw.org/cargo/cargo.xsd">
```

Abb. 3.6. Referenzierung eines Schemas in einer XML-Datei

Ein weiterer Vorteil eines XML-Schema gegenüber einer DTD besteht in der Möglichkeit, durch die Verwendung der optionalen Attribute `minOccurs` und `maxOccurs` die Kardinalität von untergeordneten Elementen exakt einzugrenzen. DTDs unterstützen neben der Spezifikation eines Muss-Elements nur die (min,max)-Intervalle (0,1), (1,n) und (0,n) durch die Symbole „?",„+" und „*" (vgl. Abb. 3.2).

Zudem ist es in XML-Schemata möglich, weit reichende Restriktionen zu definieren. So besteht z. B. eine Artikelnummer stets aus drei Großbuchstaben, gefolgt von einem Bindestrich und vier Ziffern (z. B. „XYZ-0815"). Der entsprechende XML-Code ist in Abb. 3.7 dargestellt.

```
<xsd:simpleType name="item_noType">
  <xsd:restriction base="xsd:string">
    <xsd:pattern value="[A-Z]{1,3}-\d{1,4}"/>
  </xsd:restriction>
</xsd:simpleType>
```

Abb. 3.7. Inhaltsbeschränkung eines Elements

Somit kann in der xsd-Datei (vgl. Abb. 3.5) `item_noType` anstatt `string` als Typ des Elements `item_no` definiert werden. Die entsprechende Deklaration von `item_no` lautet dann `<xsd:element name="item_no" type="item_noType"/>`.

Die syntaktischen Vorgaben durch DTDs oder XML-Schemata stellen das Grundgerüst von XML-Dokumenten dar. Neben dieser XML-Kernspezifikation zählen eine Reihe von Sprachen zur erweiterten XML-Familie, z. B. die *Extensible Stylesheet Language* (XSL).

XSL ist eine Sprache zur Beschreibung von Formatanweisungen (Stylesheets) für XML-Dokumente. Aufgabe der Stylesheets ist es, die Darstellungsmerkmale für eine gegebene Klasse von XML-Dokumenten zu definieren. XSL vereinfacht so z. B. neben der Ausgabe eines XML-Dokuments auf unterschiedlichen Medien (z. B. Drucker, Browser oder PDA) auch die konsistente Veränderung des Layouts umfangreicher Präsentationen und Dokumentsammlungen.

Die Anwendung von XSL erfolgt mittels eines XSL Stylesheet Processors in zwei Phasen (vgl. Abb. 3.8).

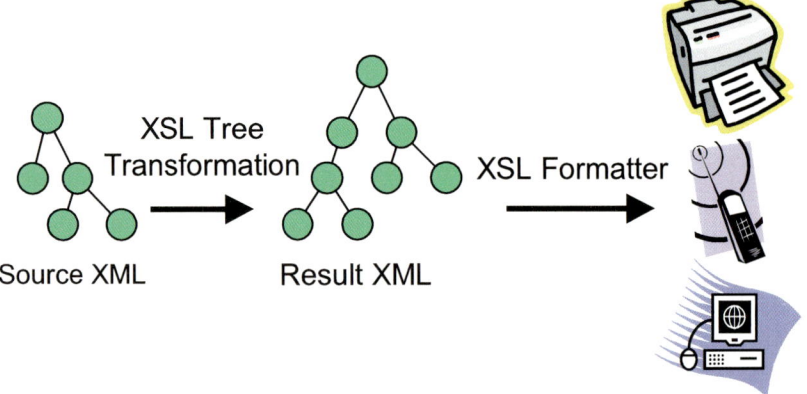

Abb. 3.8. XSL Stylesheet Processing

In der ersten Phase wird zunächst das angegebene XML-Dokument analysiert und die ursprüngliche Struktur entsprechend den im Stylesheet an-
gegebenen Anweisungen in eine neue Anordnung von XML-Elementen
überführt (XSL Tree Transformation). Dazu verfügt XSL über eine Sammlung von Befehlen zur Umwandlung von XML-Dokumenten in andere
XML-Dokumente. Die erzeugte Baumstruktur kann sich von der Struktur
des ursprünglichen Dokuments wesentlich unterscheiden, z. B. wenn bei
einer Transformation Tags eingefügt werden, die die Elemente des Ur-
sprungsdokuments tabellarisch anordnen. Die Elemente, mit denen die Tabellen definiert werden, bilden zusätzliche Knoten, die im ursprünglichen
Baum nicht enthalten waren. In der zweiten Phase wird der Ergebnisbaum
an den so genannten XSL Formatter übergeben, der die Präsentation entsprechend der im Stylesheet enthaltenen Formatierungsanweisungen vor-
nimmt.

3.1.4 XML-Anwendungsbeispiele

Auf der Basis von XML wurden eine Reihe von spezifischen standardisierten Auszeichnungssprachen definiert. Beispiele sind XHTML, NewsML,
VoxML und SMIL.

XHTML

Der aktuelle Zustand des World Wide Web stellt sich aus informations-
technischer Sicht als eine ungeordnete Ansammlung von HTML-Seiten
dar. Schlechter HTML-Stil, „tolerante" Browser und proprietäre Browser-
Erweiterungen des HTML-Standards haben dazu geführt, dass das WWW
extrem unstrukturiert ist. Die dadurch auftretenden Probleme sind vielfäl-
tig und erschweren z. B. das zielgerichtete Auffinden von Informationen
ganz erheblich. Die radikale Lösung, sämtliche HTML-Seiten durch wohl-
geformte XML-Seiten (vgl. Abschn. 3.1.3) zu ersetzen, ist in der Praxis
nicht realisierbar. Nicht zuletzt bietet die Vermischung von Layout und Inhalt in HTML auch Vorteile, die sich z. B. in der schnellen Erstellung einer Seite widerspiegeln. Die Intention von *XHTML* ist es, HTML an XML
„anzunähern" und dadurch sowohl die HTML-Nachteile weitgehend zu
vermeiden als auch dessen Vorteile zu erhalten. Abb. 3.9 zeigt ein rudimentäres XHTML-Dokument. Unterschiede zu HTML bestehen hier z. B.
darin, dass am Anfang des Dokuments auf die XHTML-DTD verwiesen
wird und der einzige Absatz im Body des Dokuments korrekt in ein öff-
nendes und ein schließendes <p>-Tag geklammert ist.

```
<!DOCTYPE html PUBLIC
  "-//W3C//DTD XHTML 1.0 STRICT//EN"
    "http://www.w3.org/TR/xhtml1/DTD/strict.dtd">
<html xmlns=
    "http://www.w3.org/TR/xhtml1/xhtml/strict">
  <head>
    <title>Demo-Dokument</title>
  </head>
  <body>
    <p>Dies ist ein Demo-Dokument.</p>
  </body>
</html>
```

Abb. 3.9. Rudimentäres XHTML-Dokument

XHTML-Dokumente erfüllen folgende Anforderungen:

- Sie basieren auf der XML-Syntax und können deshalb mit Standard-XML-Werkzeugen validiert, bearbeitet und präsentiert werden.
- Der Browser behandelt XHTML-Dokumente entsprechend des MIME-Types („Multipurpose Internet Mail Extension"), mit dem sie gekennzeichnet sind. Wird ein Dokument als Typ „text/html" an den Browser gesendet, so wird es wie ein HTML-Dokument dargestellt.
- XHTML-Dokumente können auch als Typ „text/xml" an den Browser gesendet werden. In diesem Fall müssen XML-konforme Stylesheets zur Verfügung stehen, nach deren Vorgaben der Browser die Dokumente präsentiert.

Die Unterschiede zu HTML liegen im Wesentlichen in folgenden Aspekten:

- Dokumente müssen wohlgeformt (well-defined) sein.
- Element- und Attributnamen werden in Kleinbuchstaben geschrieben.
- Leere Elemente müssen aus einem Start-Tag/End-Tag-Paar bestehen (z. B.
</br>). Alternativ ist auch eine verkürzende Schreibweise mit einem einzigen Tag möglich, wobei der Schrägstrich hinter die Elementbezeichnung gesetzt wird (z. B.
).
- Attributwerte müssen immer in Anführungszeichen gesetzt werden.
- Das head- und das body-Element dürfen nicht weggelassen werden.
- Das title-Element muss das erste Element im head-Element sein.

NewsML

Informationsinhalte, z. B. Nachrichten, Börsendaten, Wetterberichte oder Event-Informationen, sind wertvolle und stark nachgefragte Güter. Im E-Business hat sich eine Content-Industrie etabliert, die derartige Inhalte verkauft, austauscht und wiederverwertet. Mit *NewsML* steht eine XML-basierte Auszeichnungssprache zum einfachen Austausch von diesen Inhalten zur Verfügung. Die Ablage- und Bearbeitungssysteme der Anbieter und Nachfrager (Content-Management-Systeme, Dokumenten-Management-Systeme, Textverarbeitungssysteme) sind zum nahtlosen Content-Austausch in der Lage, sofern sie über NewsML-fähige Import- und Exportschnittstellen verfügen.

So ist es z. B. möglich, die von einer Nachrichtenagentur erzeugten Inhalte in Echtzeit auf einer Vielzahl angeschlossener Webseiten automatisch zu veröffentlichen. Als XML-basierter Standard ist NewsML layout-unabhängig und bietet daher alle Möglichkeiten für ein flexibles Publizieren auf unterschiedlichen Endgeräten. Abb. 3.10 zeigt ein Beispiel einer Dokumentenauszeichnung mit NewsML. Es enthält als eigentlichen Content die Nachricht „Hello World" als Headline.

```
<?xml version="1.0" encoding="ISO-8859-1" ?>
<!DOCTYPE NewsML PUBLIC
    "urn:newsml:iptc.org:20001006:NewsMLv1.0:1"
    "http://www.iptc.org/NewsML/DTD/NewsMLv1.0.dtd">
<NewsML>
    <NewsEnvelope>
        <DateAndTime>20050329T160500+0100</DateAndTime>
    </NewsEnvelope>
    <NewsItem>
        <Identification>
            <NewsIdentifier>
                <ProviderId>
                    www.wi2.uni-erlangen.de
                </ProviderId>
                <DateId>20050329</DateId>
                <NewsItemId>7584937</NewsItemId>
                <RevisionId PreviousRevision="3"
                    Update="N">4</RevisionId>
                <PublicIdentifier>
                    urn:newsml:www.wi2.uni-erlangen.de:
                    20050329:7584937:4
                </PublicIdentifier>
            </NewsIdentifier>
        </Identification>
```

```
<NewsManagement>
   <NewsItemType FormalName="News"/>
   <FirstCreated>
      20050326T140500+0100
   </FirstCreated>
   <ThisRevisionCreated>
      20050329T160500+0100
   </ThisRevisionCreated>
   <Status FormalName="Usable"/>
</NewsManagement>
<NewsComponent>
   <NewsLines>
      <HeadLine>Hello World</HeadLine>
   </NewsLines>
</NewsComponent>
  </NewsItem>
</NewsML>
```

Abb. 3.10. NewsML-Dokument

Gemäß der NewsML-DTD ist ein NewsML-Dokument aus einem NewsEnvelope und beliebig vielen NewsItems aufgebaut. NewsItems sind z. B. einzelne Artikel, die aus mehreren Abschnitten (Überschriften, Textkörper, Bilder usw.) zusammengesetzt sind. Jedes NewsItem ist mit Metainformationen über Autor, Versionsnummer, Veröffentlichungsstatus, Erstellungsdatum usw. versehen.

NewsML zeichnet sich durch folgende Vorteile aus:

- Die Plattformunabhängigkeit erlaubt eine flexible Content-Distribution.
- Die Unabhängigkeit von Distributionskanälen und Endgeräten ermöglicht ein Multichannel Publishing (Windowing).
- Das reichhaltige semantische Schema gestattet einen vielseitigen Einsatz.
- NewsML ist als Content-Archivierungsstandard im Rahmen des Dokumenten-Managements geeignet.
- Verweise auf multimediale News-Komponenten erlauben die Einbindung beliebiger Informationsarten (Bild, Grafik, Audio, Video).
- Das Update und die Aktualisierungsverfolgung von News werden erleichtert (Versionsmanagement).
- Die Gültigkeitsdauer, Aktualität und Priorität von News können im Dokument integriert übermittelt werden.

SMIL

Ziel der *Synchronized Multimedia Integration Language* (SMIL) ist die Bereitstellung von Konstrukten zur einfachen Steuerung des zeitlichen Ablaufs multimedialer Präsentationen. Dazu bietet SMIL die Möglichkeit, verschiedene Elemente wie Audio, Video, Text oder Grafik anzusteuern und diese in einer synchronisierten Präsentation zu verknüpfen. Zur Koordination definiert SMIL ein eigenes Zeitmodell und verschiedene Synchronisationselemente. Während beispielsweise das seq-Tag eine einfache sequenzielle Aneinanderreihung der Elemente bewirkt, ermöglicht das par-Tag, beliebig viele Objekte zu parallelisieren. Das begin-Attribut legt entweder einen Verzögerungswert oder ein Ereignis fest, zu dem das entsprechende Objekt gestartet werden soll. Abb. 3.11 und Abb. 3.12 zeigen beispielhaft einige Synchronisationssituationen.

```
<seq>
    <audio id="audio1" src="audio1" />
    <audio id="audio2" begin="3s" src="audio2" />
</seq>
```

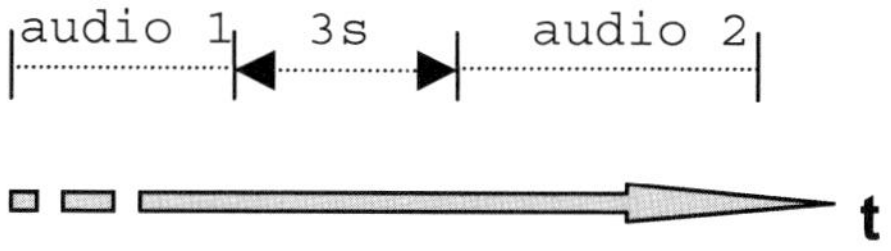

Abb. 3.11. Verwendung eines Verzögerungswerts innerhalb des „seq" Elements

```
<par>
    <audio id="audio1" begin="3s" />
    <img id ="image1" begin="id(audio1) (4s)" />
</par>
```

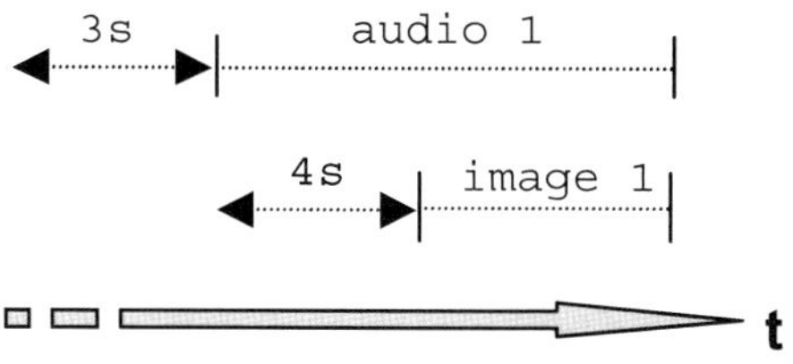

Abb. 3.12. Verwendung eines Ereignisses innerhalb des „par" Elements

3.1.5 XML-basierter Datenaustausch

Neben der inhaltlichen Auszeichnung von Dokumenten hat sich XML für die Definition von Sprachen etabliert, die den unternehmensübergreifenden Datenaustausch unterstützen und die EDI-Standards (Electronic Data Interchange) zumindest langfristig ablösen könnten. Unternehmen, deren Systeme miteinander vernetzt werden sollen, müssen sich im Vorfeld lediglich auf eine gemeinsame XML-DTD und die Semantik der in ihr definierten Elemente einigen (vgl. Abb. 3.13). Die auszutauschenden Daten werden dann in der Form von XML-Dokumenten übertragen.

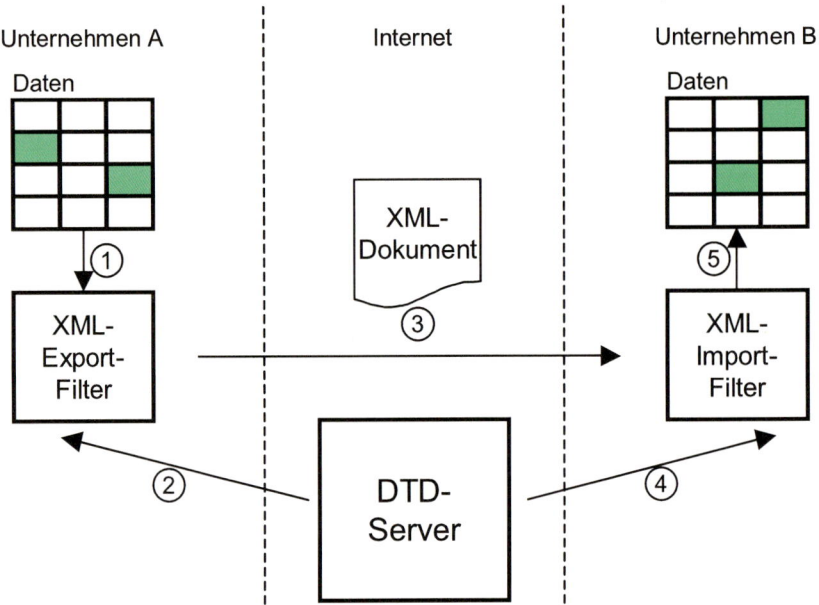

Abb. 3.13. Datenaustauschprozess

Die DTDs sind z. B. auf Servern über das Internet zugänglich. Die Schnittstellen der Systeme „nach außen" stellen XML-Import- und -Export-Filter dar, die Daten aus den Datenbanken ihrer Unternehmen extrahieren (1) und in ein nach den Vorgaben der DTD gültiges XML-Dokument verpacken (2, 3) bzw. die Daten aus einem XML-Dokument entnehmen (3, 4) und korrekt in den jeweiligen Unternehmensdatenbanken (5) abspeichern. Ein Beispiel für eine XML-Sprache zum unternehmensübergreifenden Datenaustausch ist BMEcat.

Sie wurde definiert, um die Übernahme von Daten aus Produktkatalogen von Lieferanten zu automatisieren. Abb. 3.14 zeigt einen Ausschnitt aus einem BMEcat-Dokument, das den Katalog eines PKW-Fahrwerkteile-Lieferanten „verpackt".

```xml
<?xml version="1.0" encoding="UTF-8"?>
<!DOCTYPE BMEcat SYSTEM "BMEcat.dtd">
<BMEcat>
 <Header>
   <Catalog>
      <Language>deutsch</Language>
      <Catalog_Id>XYFWT2005</Catalog_Id>
      <Catalog_Name>
        Fahrwerkstuning 2005
      </Catalog_Name>
   </Catalog>
   <Buyer>
     <Buyer_Id>TTW7684</Buyer_Id>
     <Buyer_Name>
       Turbo Tuning Werkstatt GbR
     </Buyer_Name>
   </Buyer>
   <Supplier>
     <Supplier_Id>TGN1347</Supplier_Id>
     <Supplier_Name>
       Tiefergehtsimmer AG
     </Supplier_Name>
   </Supplier>
 </Header>
 <T_New_Catalog>
    <Article>
     <Supplier_AId>327</Supplier_AId>
     <Article_Details>
       <Description_Short>
         Gasdruck-Stossdaempfer Classic
       </Description_Short>
     </Article_Details>
     <Article_Order_Details>
       <Order_Unit>2STCK</Order_Unit>
     </Article_Order_Details>
     <Article_Price_Details price_type="Netto">
       <Price_Amount>480</Price_Amount>
       <Price_Currency>EUR</Price_Currency>
     </Article_Price_Details>
    </Article>
 </T_New_Catalog>
</BMEcat>
```

Abb. 3.14. BMEcat-Beispiel

3.1.6 XML-basiertes Datenmanagement

Der Umgang mit großen XML-Dokumentenbeständen macht Lösungen zum effizienten Management dieser Dokumente und der enthaltenen Daten erforderlich. So müssen z. B. im XML-Format eingegangene Bestellungen abgespeichert und über Retrieval-Mechanismen dem Bestellwesen und der Fakturierung zur Verfügung gestellt werden. Da die unternehmensinterne Datenhaltung meist auf relationalen Datenbanken basiert, werden Mechanismen zum Im- und Export von XML-Dokumenten benötigt (vgl. Abschn. 3.1.5). Hierzu wird das relationale Datenbank-Management-System um einen XML-Parser erweitert, der XML-Dokumente durch das Table- oder das Object-Based-Mapping-Verfahren auf Relationen abbildet (vgl. Abb. 3.15).

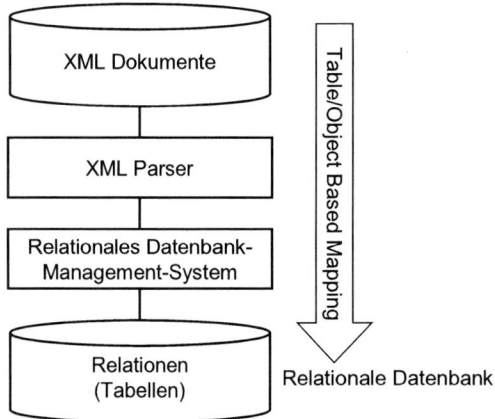

Abb. 3.15. Verwaltung von XML-Dokumenten in einer relationalen Datenbank

Beim Table Based Mapping wird die hierarchische inhaltliche Struktur des XML-Dokuments, z. B.

```
<Bestellung>
  <Artikel>
    <Bezeichnung>
      Drehbank
    </Bezeichnung>
  </Artikel>
</Bestellung>
```

auf die Hierarchie „Relation (Bestellung) → Tupel (Artikel) → Attribut (Bezeichnung) → Attributswert (Drehbank)" abgebildet. Abb. 3.16 stellt dieses Vorgehen schematisch dar. Da in einer Relation zwar alle Tupel eine eindeutige Identifikation, jedoch keinen gemeinsamen Bezeichner tragen, kann man das Element „B" in der Relation nicht abbilden. Es dient zur Trennung der Tupel. Auch können eventuelle Attribute der Inhaltselemente des XML-Dokuments nicht in die Relation übernommen werden.

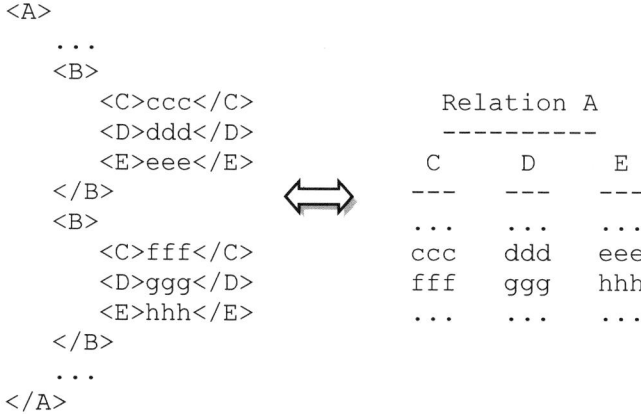

```
<A>
   ...
   <B>
      <C>ccc</C>              Relation A
      <D>ddd</D>              ----------
      <E>eee</E>              C      D      E
   </B>        ⟺            ---    ---    ---
   <B>                        ...    ...    ...
      <C>fff</C>              ccc    ddd    eee
      <D>ggg</D>              fff    ggg    hhh
      <E>hhh</E>              ...    ...    ...
   </B>
   ...
</A>
```

Abb. 3.16. Abbildungsverfahren Table Based Mapping

Das in Abb. 3.16 dargestellte Vorgehen kann demnach nicht für beliebige XML-Dokumente eingesetzt werden, da es eine bestimmte Struktur des zu importierenden Dokuments voraussetzt. So darf auch das Wurzelelement <A> keine Sequenz unterschiedlicher Elemente enthalten, da dies die einheitliche Attributierung der Relation durchbrechen würde.

Aufgrund der konzeptionellen Beschränkungen der relationalen Datenmodellierung ist auch die zulässige Tiefe der hierarchischen Staffelung der Dokumentelemente begrenzt. Wenn nicht für das Wurzelelement, sondern für jedes Inhaltselement der zweiten Hierarchieebene eine gesonderte Relation angelegt wird, können durch das Table Based Mapping bis zu vier Hierarchie-Ebenen abgebildet werden (vgl. Abb. 3.17). Jedes zu importierende XML-Dokument führt dann zur Erzeugung einer Menge von Relationen.

```
<Datenbank>
  <Relation_1>
    <Tupel>
      <Attribut_1>...</Attribut_1>
        ...
```

```
      <Attribut_n>...</Attribut_n>
     </Tupel>
      ...
   </Relation_1>
    ...
   <Relation_n>
     <Tupel>
       <Attribut_1>...</Attribut_1>
        ...
```

Abb. 3.17. Table Based Mapping bei vierstufiger Hierarchie

Um die Beschränkungen des Table Based Mapping zu umgehen, wird oft das aufwändigere Object Based Mapping eingesetzt. Hierbei bildet man die inhaltliche Struktur eines XML-Dokumenttyps auf eine Klassenhierarchie ab, die als Konstruktionsvorschrift für das Relationenmodell dient. Die Bezeichnungen und Ausprägungen der Objektattribute (vgl. Abschn. 2.5.1) nehmen hierbei die Bezeichnungen und Inhalte der Elemente des XML-Dokuments an. Durch die Verwendung von referenzierenden Eigenschaften (vgl. Abschn. 2.2.4) kann eine beliebig tief strukturierte DTD auf ein Relationenmodell abgebildet werden.

```
<Auftrag>
  <AuftragNr>3887</AuftragNr>
  <Kunde>Huber</Kunde>
  <Posten PostenNr="1">
    <Art>H602</Art>
    <Menge>10</Menge>
    <Preis>24.95</Preis>
  </Posten>
  <Posten PostenNr="2">
    <Art>N412</Art>
    <Menge>40</Menge>
    <Preis>19.95</Preis>
  </Posten>
</Auftrag>
```

Abb. 3.18. Beispieldokument zum Object Based Mapping

Um das in Abb. 3.18 dargestellte Beispieldokument mithilfe des Object Based Mapping auf eine relationale Datenbank abzubilden, muss zunächst eine entsprechende Klassenhierarchie erzeugt werden. Hierbei wird z. B. der DTD-Eintrag „<!ELEMENT Name (Vorname, Nachname)>" in eine Klassendefinition umgewandelt, aus der die SQL-Konstruktionsvorschrift für eine Relation abgeleitet werden kann (vgl. Abb. 3.19). Da der DTD-Eintrag die Elemente nicht als optional definiert, werden die Attribute der zu erzeugenden Relation mit dem Vermerk „NOT NULL" (nicht leer) versehen.

```
class Name {              ⟺    CREATE TABLE Name (
  String Vorname;                Vorname VARCHAR(15) NOT NULL,
  String Nachname;               Nachname VARCHAR(25) NOT NULL
}                                )
```

Abb. 3.19. Abbildungsverfahren Object Based Mapping

Auf diese Weise wird aus den in der DTD enthaltenen Strukturinformationen ein Relationenmodell erzeugt, das den Inhalt der XML-Dokumentinstanz aufnehmen kann. Um z. B. den Inhalt des in Abb. 3.18 dargestellten Beispieldokuments in die so erzeugten Relationen zu übertragen, werden für jeden zu erstellenden Datensatz Instanzen der abgeleiteten Klassen gebildet (vgl. Abb. 3.20).

```
object Auftrag {
  auftragnr = 3887;
  kunde = "Huber";
  posten = {pointers to Posten objects};
}


object Posten {          object Posten {
  postennr = 1;            postennr = 2;
  art = "H602";            art = "N412";
  menge = 10;              menge = 40;
  preis = 24.95;           preis = 19.95;
}                        }
```

Abb. 3.20. Objekt-Repräsentation des Beispieldokuments

Die hierarchische Verschachtelung der Inhaltselemente des XML-Dokuments wird in der Objekt-Repräsentation über Zeiger (Pointer) abgebildet. Die Zeiger werden bei der Abbildung auf das Relationenmodell in referenzierende Attribute (Fremdschlüssel) umgewandelt, so dass im gegebenen Beispiel das folgende Relationenmodell entsteht:

Auftrag	AuftragNr	Kunde
	3887	Huber
	…	…
	…	…

Posten	PostenNr	AuftragNr	Art	Menge	Preis
	1	3887	H602	10	24.95
	2	3887	N412	40	19.95
	…	…	…	…	…

Abb. 3.21. Relationenmodell des Beispieldokuments

Durch das Table- bzw. das Object-Based-Mapping-Verfahren werden die in XML-Dokumenten enthaltenen Daten der Abfrage und Manipulation z. B. mithilfe von SQL-Befehlen zugänglich. Nachteilig bei beiden Verfahren ist der hohe Verarbeitungsaufwand beim Im- und Export von XML-Dokumenten, der Verlust des XML-Dokuments als Einheit inkl. aller Kommentare, Processing Instructions und Entity-Referenzen sowie die Ineffizienz beim Management vieler verschiedener XML-Dokumenttypen.

Daher wird oft die „native" Speicherung von XML-Dokumenten im ursprünglichen Dateiformat vorgezogen. Um die Daten auch ohne relationales DBMS der Abfrage und Manipulation zugänglich zu machen, wird das relationale DBMS durch ein XML-DBMS ersetzt (vgl. Abb. 3.22). Der aufwändige Im- und Export von XML-Dokumenten entfällt. Auf die gespeicherten Dokumente kann über spezielle XML-Abfragesprachen zugegriffen werden (z. B. XQuery).

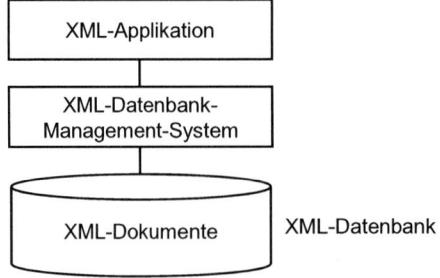

Abb. 3.22. Verwaltung von XML-Dokumenten in einer XML-Datenbank

3.2 Content Management

3.2.1 Medienprodukte

Unter *Content* versteht man im engeren Sinne die redaktionell erzeugten oder ausgewählten Informationselemente, die meist gebündelt vertrieben werden. Einzelne Informationselemente sind an eine Informationsart (z. B. Text, Grafik, Bild, Audio, Video) gebunden (vgl. Abb. 3.23). Eine digitale Bearbeitung und Übermittlung ist bei allen Informationsarten möglich. Werden physische Trägermedien wie Papier verwendet, kommen nur statische Informationsarten (Text, Grafik, Bild) in Frage, nicht aber dynamische Informationsarten, die eine zeitliche Dimension aufweisen (z. B. animierte Grafik, Audio und Video).

Mehrere Informationselemente werden zu logischen Einheiten gebündelt, z. B. eine Nachricht mit einem Foto und einer Grafik. Die Elemente sind flexibel wiederverwendbar und mit anderen Elementen kombinierbar. So kann das Foto eines Politikers auch anderen Meldungen, die diesen Politiker betreffen, beigefügt werden.

Wie Abb. 3.23 zeigt, lassen sich verschiedene logische Einheiten zu einer ökonomischen Einheit zusammenfassen, dem *Medienprodukt*. Dieses wird oft auf einem Markt angeboten und verkauft. Durch die Möglichkeit der flexiblen Kombination von logischen Einheiten lassen sich unterschiedliche Medienprodukte generieren.

Für eine effiziente Handhabung insbesondere unter dem Gesichtspunkt der Verwertung in unterschiedlichen Medienprodukten und Zielmedien trennt man auf allen Aggregationsebenen die Dimensionen Struktur, Inhalt und Layout (vgl. Abschn. 3.1).

Strukturinformationen beschreiben den Aufbau eines Dokuments (Definition der Einzelbestandteile und ihrer Abfolge bzw. Verschachtelung). Presseinformationen eines Unternehmens umfassen z. B. Titel, Datum, Kurzzusammenfassung, Detailinformationen und Ansprechpartner. Zu unterscheiden ist zwischen der Makrostruktur, die den Aufbau logischer und ökonomischer Einheiten beschreibt, und der Mikrostruktur, die den Aufbau einzelner Informationselemente definiert.

Der eigentliche *Inhalt* des Medienprodukts kann als die konkrete Ausprägung der in der Strukturdefinition abstrakt beschriebenen Informationselemente verstanden werden. Im Beispiel der Presseinformation wären dies der konkrete Titel einer einzelnen Meldung und der Wortlaut ihrer Kurzzusammenfassung.

Layoutinformationen beschreiben, wie die Inhalte (i. d. R. unter Bezug auf ihre Struktur) im Medienprodukt dargestellt werden. Layoutinformationen müssen sich auf das beim Rezipienten verwendete Ausgabemedium beziehen. Eine Presseinformation wird z. B. auf der Website des Unternehmens anders dargestellt als in einer E-Mail an die Nachrichtenagenturen. Stylesheets geben für jedes Ausgabemedium und jede Art von Informationselement ein standardisiertes Layout vor (vgl. Abschn. 3.1.3).

Ökonomische Einheit / Medienprodukt
(z. B. Online-Magazin)

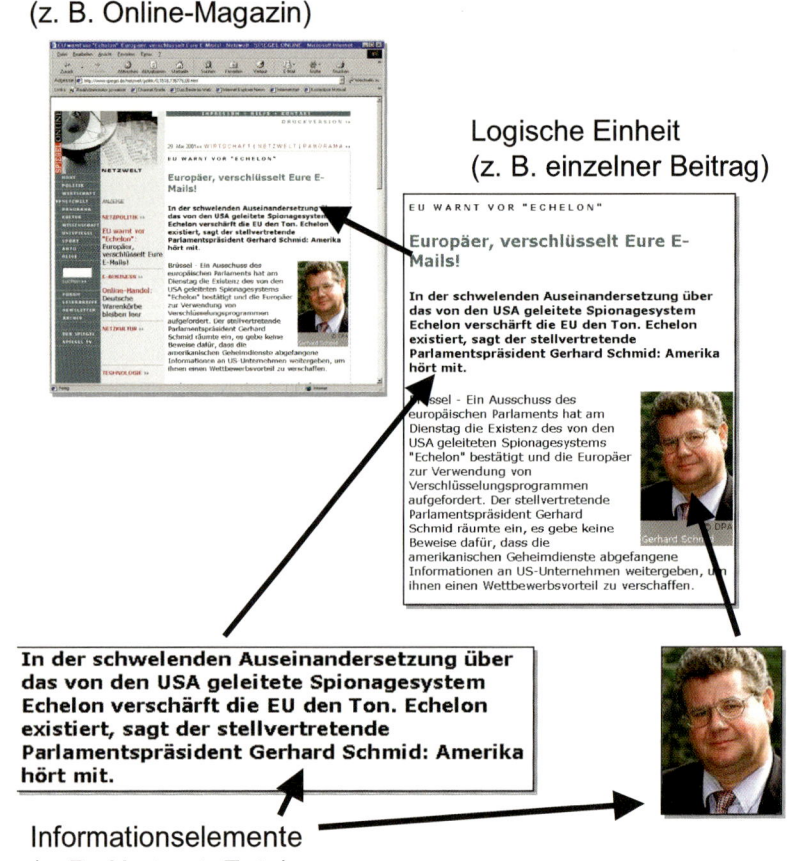

Logische Einheit
(z. B. einzelner Beitrag)

Informationselemente
(z. B. Abstract, Foto)

Abb. 3.23. Struktur von Medienprodukten

Die Trennung von Inhalt, Struktur und Layout ermöglicht einerseits die einfache Wiederverwendung von Inhalten, die nur einmal erfasst werden müssen („Single Source Multiple Media"), andererseits ist auch durch eine gezielte Änderung der entsprechenden Stylesheets das äußere Erscheinungsbild der Medienprodukte leicht änderbar.

3.2.2 Content Life Cycle

Ein Referenzmodell für das Content Management ist der Content Life Cycle, ein stark idealisiertes Prozessmodell für die Bereitstellung von Inhalten (vgl. Abb. 3.24).

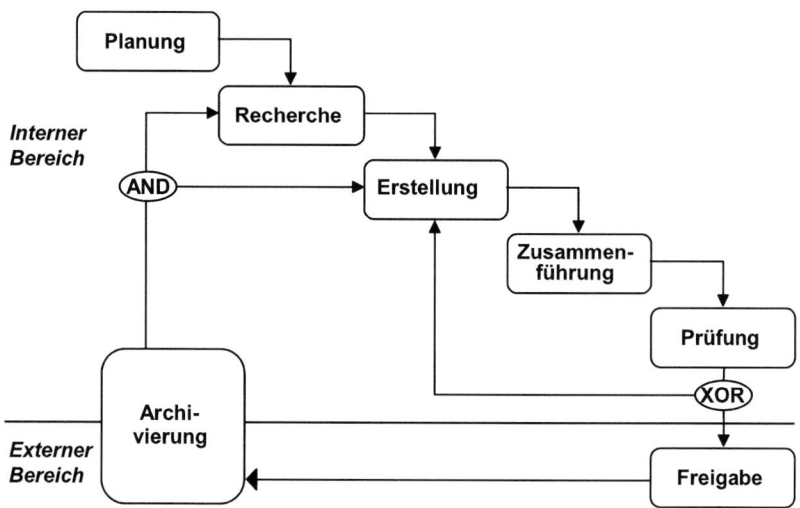

Abb. 3.24. Content Life Cycle

Das Beispiel eines Onlineanbieters von Nachrichteninhalten verdeutlicht das Konzept des Content Life Cycle: Die Redaktionskonferenz unter der Leitung des Content Managers bestimmt, dass in der nächsten Woche das Thema „ökologischer Landbau" zu vertiefen ist (*Planung*). Einer der Redakteure wird beauftragt, entsprechende Inhalte bereitzustellen. Dazu durchsucht er interne und externe Archive nach relevanten Informationen und führt Gespräche mit Experten (*Recherche*). Aus den gesammelten Informationen schreibt er einen Artikel (*Erstellung*) und ergänzt diesen mit Bildern und Grafiken aus dem Redaktionsarchiv (*Zusammenführung*). Der Content Manager kontrolliert den fertigen Beitrag (*Prüfung*) und genehmigt die Veröffentlichung (*Freigabe*). Anschließend ist der Artikel z. B. im Internet für die Rezipienten zugänglich. Nach Ablauf einer bestimmten Frist wird der Beitrag ins Archiv verlagert, wo er für zukünftige redaktionelle Recherchen und für interessierte Rezipienten weiterhin zur Verfügung steht (*Archivierung*).

Das skizzierte Modell des Content Life Cycle trifft einige vereinfachende Annahmen, die in dieser idealen Form in der Praxis, insbesondere bei Online-Anbietern, oft nicht vorliegen:

- Die Inhalte werden redaktionell zusammengeführt.
  Diese Annahme trifft für klassische Printmedien zu. Bei Onlinediensten haben die Kunden dagegen immer häufiger die Möglichkeit, personalisierten Content selbst auszuwählen bzw. passend zu ihrem Interessenprofil abzurufen.

- Alle Inhalte werden selbst erzeugt.
  Die unveränderte Weitergabe fremd bezogenen Contents ist in dem Modell ebenso wenig vorgesehen wie die Einbindung von Diskussionsbeiträgen der Rezipienten. Auch die Integration z. B. von Werbeanzeigen in die Medienprodukte ist nicht berücksichtigt.

- Alle Inhalte durchlaufen den gleichen Zyklus.
  In der Praxis sind verschiedene Prozesse für unterschiedlich umfangreiche Arten von Content nötig, z. B. für aktuelle Nachrichten und Hintergrundreportagen.

- Die Prüfung der Inhalte ist einstufig.
  Eine einzige Prüfung als letzte Stufe vor der Veröffentlichung ist in der Praxis eher selten. Zeitnähere Prüfungen, z. B. durch Lektorate und Redaktion, machen es möglich, Fehler früher zu erkennen und einfacher zu beseitigen.

Zudem trifft der Content Life Cycle keine Aussage bezüglich des Zeitpunkts, an dem das Layout der Inhalte festgelegt wird. Bei der *layoutorientierten Vorgehensweise* wird das Layout bereits vor der Erfassung der Inhalte definiert. Die Inhalteerzeuger fügen die Texte und Bilder dann in die vorbereitete Dokumentstruktur ein. Zum Beispiel kann die Redaktionskonferenz einer Zeitung nach Auswertung der Nachrichtenlage die Themen auswählen, die in der nächsten Ausgabe zu behandeln sind. Die Gestalter entwerfen die einzelnen Seiten unter Verwendung von Platzhaltern für Texte und Bilder. Anschließend geben die Redakteure die Texte ihrer Beiträge direkt in die für sie vorgesehenen Bereiche der Seiten ein. Dadurch kennen die Redakteure bereits bei der Texterstellung den hierfür vorgesehenen Umfang und nachträgliche layoutbedingte Kürzungen oder auch Verlängerungen von Beiträgen werden weitgehend vermieden.

Ein solches Verfahren eignet sich für Medienprodukte auf einem definierten Zielmedium mit physischen Platzbeschränkungen, bei dem die äußere Erscheinungsform sehr wichtig ist und ein hoher Zeitdruck herrscht.

Es ist deswegen u. a. im Bereich von Tageszeitungen und Zeitschriften anzutreffen.

Bei der *contentorientierten Vorgehensweise* werden zunächst die Inhalte festgelegt, recherchiert und erstellt. Anschließend erzeugt man das Layout manuell oder automatisch. Dieses Verfahren stellt höhere Anforderungen an die Erfassung der Inhalte, da für die Layoutgenerierung auch Informationen über die Struktur der Inhalte aufgenommen werden müssen. In der Redaktion eines Online-Nachrichtendienstes erfassen die Redakteure z. B. ihre Texte in einer Maske, die Felder für Titel, Untertitel, Kurzzusammenfassung und Beitragstext vorsieht. Auf das Layout des Textes können sie dabei keinen Einfluss nehmen. Die in der Maske erfassten Inhalte werden mithilfe eines XML-Konverters in ein XML-Dokument überführt. Nachdem der Redaktionsleiter den Beitrag – u. U. nach mehreren Korrekturschleifen zur Qualitätssicherung – freigegeben hat, erzeugt das Content-Management-System automatisch nach den Vorgaben eines von einem Grafiker oder Layouter erstellten XSL-Stylesheets (vgl. Abschn. 3.1.3) z. B. eine fertig formatierte und verlinkte XHTML-Seite und stellt sie den Rezipienten zum Abruf bereit (vgl. Abb. 3.25).

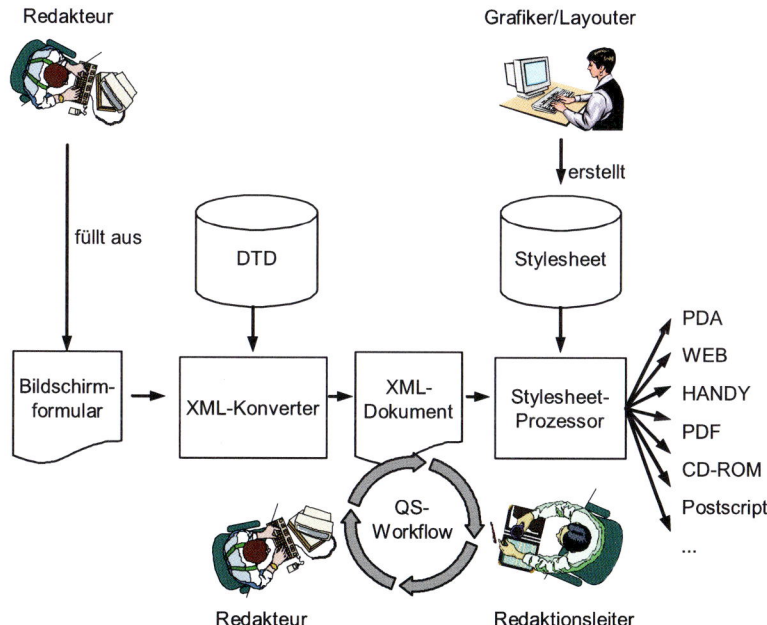

Abb. 3.25. Erstellungsprozess von Medienprodukten

Die contentorientierte Vorgehensweise bietet sich für die Erzeugung von Inhalten an, die in verschiedenen Medienprodukten auf unterschiedlichen Zielmedien verwendet werden sollen. Das Layout kann hier flexibel an die Bedingungen des jeweiligen Produkts angepasst werden, so dass eine Mehrfachverwendung leicht möglich ist.

3.2.3 Content-Management-Systeme

Content-Management-Systeme (CMS) sind IV-Systeme zur Unterstützung des Content Managements. Sie bieten i. Allg. Funktionalitäten für dispositive Aufgaben (z. B. Inhalteplanung, Prozesskontrolle), operative Aktivitäten (z. B. Erfassung, Bearbeitung und Publikation von Inhalten) sowie unterstützende Tätigkeiten (z. B. Systemadministration).

Mit dem Einsatz von CMS sollen sowohl die Kosten des Content Managements gesenkt als auch die Qualität der bereitgestellten Inhalte erhöht werden. Kostensenkungen können durch eine Steigerung der Effizienz und Kontrollierbarkeit der Bereitstellungsprozesse sowie durch eine Verkürzung der Durchlaufzeit erreicht werden. Sowohl inhaltliche als auch formale Qualitätsverbesserungen sind durch definierte Abläufe und eine Unterstützung vor allem des Layoutprozesses und der Pflege des bereitgestellten Contents (z. B. Versionsmanagement) erzielbar.

Eine wesentliche Aufgabe des CMS ist die *Speicherung* aller Inhalte, Metadaten und Steuerungsinformationen. Aufgrund des arbeitsteiligen Erstellungsprozesses ist eine Zugriffsverwaltung nötig, die Inkonsistenzen verhindert, wenn verschiedene Nutzer gleichzeitige Inhalten bearbeiten. Die Informationselemente oder -bündel werden dazu entweder während der Manipulation durch einen Nutzer für den Schreibzugriff durch andere Nutzer gesperrt oder die zu überarbeitenden Inhalte werden auf den Rechner des Nutzers geladen („Check Out") und sind erst nach dem Hochladen der geänderten Version („Check In") wieder für andere Nutzer bearbeitbar.

Man speichert verschiedene Versionen und Varianten von Content. *Versionen* definieren den Zustand von Inhalten zu bestimmten Zeitpunkten. Neue Versionen können dabei nach jeder Änderung angelegt werden, um ein Zurücksetzen der Objekte auf einen definierten früheren Stand zu ermöglichen. *Varianten* sind verschiedene Formen des gleichen Inhalts, z. B. aussagengleiche Texte in unterschiedlichen Sprachen oder Bilder in verschiedenen Auflösungen.

Insbesondere bei Onlineprodukten sind häufig Verweise auf andere Informationselemente zu verwalten, deren Konsistenz auch bei einer Änderung, Verschiebung oder Archivierung der Inhalte zu sichern ist.

Auf die archivierten Inhalte kann über Kataloge, Indizes, Volltextsuche oder den einzelnen Informationselementen zugeordnete Metadaten zugegriffen werden.

Das CMS verwaltet Benutzer und ihre Zugriffsrechte im so genannten *Benutzermanagement*. Meist werden Benutzern bestimmte Rollen zugewiesen, die mit spezifischen Berechtigungen verknüpft sind. Diese Rechte können sich auf Operationen (z. B. Lesen, Bearbeiten, Freischalten) und Objekte (z. B. Beitrag, Grafik, Seitenlayout) beziehen. Alle Zugriffe werden protokolliert, um die Bearbeitungsschritte später nachvollziehen zu können.

Im Rahmen der regelmäßigen *inhaltlichen Planung* wird im CMS hinterlegt, welche Mitarbeiter Beiträge zu bestimmten Themen zu verfassen haben. Für die spätere *Kontrolle* sind z. B. maximale Textlängen und Termine festgehalten.

Im Rahmen einer layoutorientierten Erstellung können die Beiträge bereits im Zielmedium platziert und angeordnet werden (vgl. Abschn. 3.2.2). Redaktionssysteme für Printmedien unterstützen z. B. die Positionierung von Beiträgen auf verschiedenen Abstraktionsebenen wie Heft- oder Blattspiegel. Bei einer contentorientierten Erstellung sind entsprechende Funktionen nicht nötig.

Planung, Kontrolle und auch Steuerung der Bereitstellungsprozesse werden durch ein *Workflow-Management-System* unterstützt. Die relevanten Prozesse und ihre Verzweigungen sind in einem Workflowmodell definiert und die enthaltenen Aktivitäten bestimmten Bearbeitern zugeordnet. Das Workflow-Management-System steuert den Ablauf, indem es die anstehenden Aufgaben an die zuständigen Mitarbeiter verteilt und die benötigten Daten und Dokumente bereitstellt.

Bei der Unterstützung der *Recherche* steht der Zugriff auf interne und externe Archive, auf Dienste von Bild- und Nachrichtenagenturen sowie auf das WWW im Vordergrund. Für komplexere Rechercheprozesse wie bei Interviews oder dem Reportereinsatz stehen teilweise spezialisierte Werkzeuge zur Verfügung, wie z. B. elektronische Fragebogen.

Editoren dienen der *Erzeugung und Pflege* von Inhalten für verschiedene Informationsarten. Oft ist eine Vorschaufunktion enthalten, die bereits bei der Erstellung von Informationselementen einen Eindruck von deren Erscheinungsbild im Zielmedium vermittelt.

Die *Bündelung von Informationselementen* erfolgt über mehrere Stufen. So werden z. B. Texte und Bilder zunächst zu Beiträgen kombiniert und diese anschließend den Rubriken einer Zeitschrift zugeordnet oder in die Navigationshierarchie eines Online-Angebots eingegliedert. Die Bündelung geschieht meist über Referenzen anstelle eines „Zusammenkopierens"

der einzelnen Bestandteile, um Redundanzen und Inkonsistenzen zu vermeiden.

Die *Gestaltung des Layouts* erfolgt zielmedienorientiert. Wenn dieses
nicht bereits bei der Planung im Rahmen eines layoutorientierten Vorge-
hens festgelegt ist, wird den zielmedienneutral produzierten Inhalten das
Layout am Ende des Produktionsprozesses zugeordnet. In diesem Fall ist
eine Vorschau für die Redakteure nur eingeschränkt möglich und bei einer
Verwendung der Inhalte in verschiedenen Medienprodukten und unterschiedlichen Zielmedien auch wenig sinnvoll.

Wichtig sind Schnittstellen zu Systemen, die nichtredaktionellen Content wie Werbeanzeigen verwalten, da auch dieser beim Layout des Medienprodukts zu berücksichtigen ist.

Korrekturfunktionen werden meist durch Anmerkungen realisiert, die
ein Inhaltemanager dem geprüften Dokument beifügt, ohne dieses selbst
zu ändern. Das Einpflegen der Korrekturen bleibt dem Autor des Dokuments vorbehalten. Fällt die Prüfung positiv aus, wird das Dokument zur
Veröffentlichung freigegeben.

In welcher Form die *Distribution* unterstützt werden kann, hängt vom
Zielmedium ab. Vor allem bei über das WWW abrufbaren Inhalten ist eine
enge Verbindung zwischen Redaktion und Distribution gegeben, da frei-
gegebene Inhalte praktisch ohne Zeitverlust veröffentlicht werden.

Eine der Distributionsvarianten ist der Verkauf von Inhalten an andere
Unternehmen zur weiteren Verbreitung (*Syndication*). CMS unterstützen
das dazu notwendige Management von Kunden- und Syndication-
Beziehungen und bieten auftragsbezogene Exportmechanismen.

Bei der Architektur von Content-Management-Systemen lassen sich aus
technischer Sicht die Komponenten Editorial System, Content Repository
und Publishing System unterscheiden (vgl. Abb. 3.26).

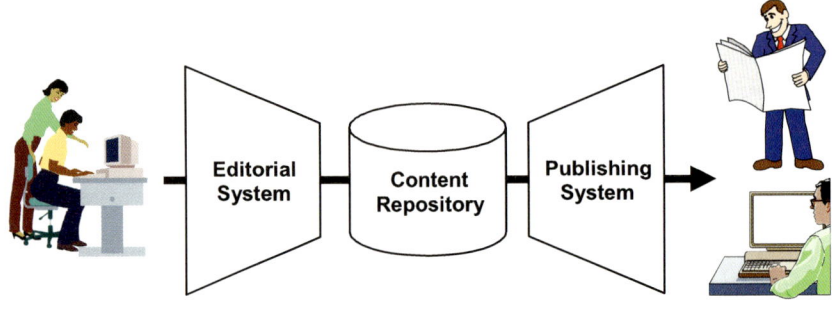

Abb. 3.26. Hauptkomponenten eines CMS

Redakteure und andere Mitarbeiter planen, erzeugen, bearbeiten und gestalten Inhalte mithilfe des Editorial System. Das Content Repository dient der Speicherung der Inhalte. Das Publishing System bietet die Inhalte entweder direkt den Rezipienten an (z. B. bei WWW-Angeboten) oder bereitet ihre Übertragung bzw. Vervielfältigung vor (z. B. bei Printmedien oder digitalen Datenträgern).

Das *Editorial System* umfasst Werkzeuge zur Erzeugung und Bearbeitung (Authoring) sowie zur Verwaltung von Content. Für das Authoring werden in der Regel Standardeditoren für Objekte der unterschiedlichen Informationsarten in das System eingebunden (vgl. Abb. 3.27). So kann dem Content Repository z. B. mit Formatierungsanweisungen versehener Text (*Richtext*) hinzugefügt werden, der mit einem Standard-Textverarbeitungsprogramm erzeugt wurde. Um den Aufwand des Redakteurs beim Einpflegen neuer oder bearbeiteter Inhalte gering zu halten, ist der eingebundene Editor mit einer direkten Schnittstelle zum CMS versehen. Der Content-Verwaltung dienen Funktionen zum schreibenden und lesenden Zugriff auf das Content Repository, Indexierungs- und Retrievalmechanismen sowie Werkzeuge zur Bündelung des Contents zu logischen und ökonomischen Einheiten.

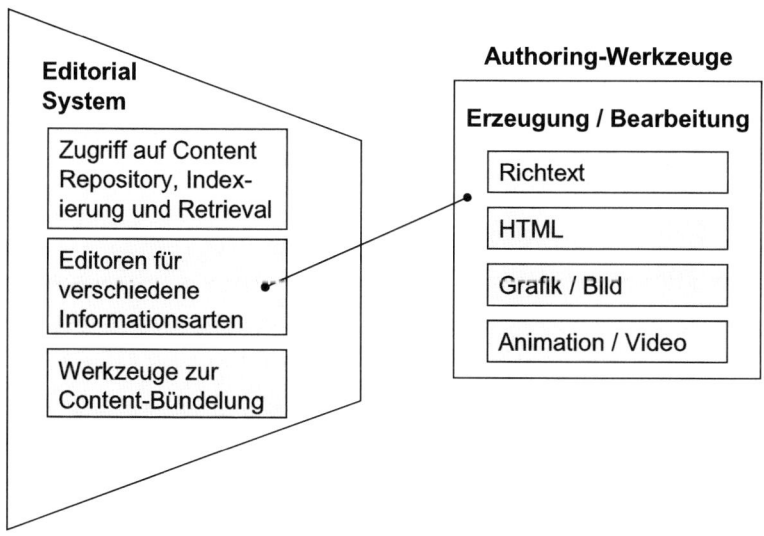

Abb. 3.27. Authoring im Editorial System

Für das *Content Repository* sind drei Aspekte wesentlich:

* *Trennung von Layout und Inhalt*
  Die Speicherung der Inhalte und ihrer Struktur getrennt vom Layout
  wird häufig als konstituierendes Merkmal von CMS angesehen. Die Datenhaltung muss eine flexible Mehrfachverwendung des Contents in unterschiedlichen Zielmedien (Cross Media Publishing) ohne technische
  Hindernisse erlauben. Werden Layout und Inhalt getrennt gespeichert
  (vgl. Abb. 3.28), ist zur Publikation des Contents auf verschiedenen
  Zielmedien nur die Auswahl der entsprechenden Templates und Stylesheets (Layoutvorlagen) erforderlich. Darüber hinaus ist es im Online-
  Bereich üblich, bestehende Inhalte im Zuge einer grundlegenden Überarbeitung der Website in geändertem Design und mit anderen Navigati-
  onsstrukturen zu präsentieren. Bei getrennter Speicherung von Inhalt
  und Layout ist hier lediglich eine Anpassung der Layoutvorlagen nötig.

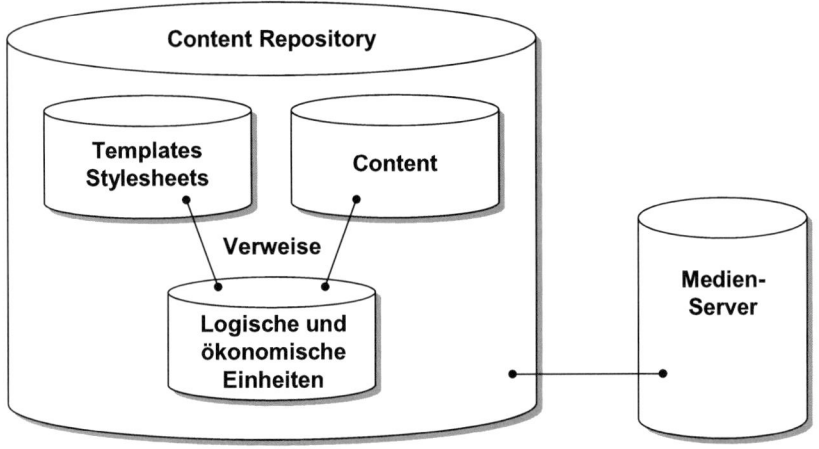

Abb. 3.28. Datenorganisation im Content Repository

* *Abbildung von Makro- und Mikrostrukturen*
  Es ist sinnvoll, die Makrostrukturen von logischen und ökonomischen
  Einheiten durch Verweise abzubilden, anstatt die Inhalte immer wieder
  zu duplizieren und zu neuen Einheiten zusammenzufügen. Hinsichtlich
  der Mikrostruktur eines Informationselements ist zwischen einer layoutorientierten und einer semantischen Strukturierung zu unterscheiden
  (vgl. Abb. 3.29). Erstere legt den Schwerpunkt auf eine möglichst opti-

male Aufbereitung der Dokumente für die menschliche Wahrnehmung, entspricht aber nicht der angestrebten Trennung von Inhalt, Struktur und Layout. Die semantische Strukturierung macht dagegen keine Angaben über das Aussehen der Inhalte, sondern ergänzt z. B. Fließtext durch begriffliche Aussagen, die einzelne Textbestandteile kennzeichnen (z. B. als Überschrift). Hier gewinnt das XML-Format sowohl für den Datenaustausch als auch als Speicherformat immer mehr an Bedeutung (vgl. Abschn. 3.1.3).

HTML: Inhalt und Layout

```
[...]

<html>
<head>
<meta http-equiv=Content-Type
content="text/html; charset=windows-
1252">
<title>Europäer, verschlüsselt Eure E-
Mails</title>
</head>
<body lang=DE>
<div class=Section1>
<p class=MsoNormal><b>Europäer,
verschlüsselt Eure E-Mails!</b></p>
<p class=MsoNormal> </p>
<p class=MsoNormal><i><span style='font-
size:11.0pt'>In der schwelenden
Auseinandersetzung über das von den USA
geleitete Spionagesystem Echelon
verschärft die EU den Ton. Echelon
existiert, sagt der stellvertretende
Parlamentspräsident Gerhard Schmid:
Amerika hört mit.</span></i></p>
<p class=MsoNormal> </p>
<p class=MsoNormal><b><i>Brüssel.</i></b>

[...]
```

XML: Inhalt und Struktur

```
[...]

<title>Europäer, verschlüsselt Eure E-
Mails!</title>

<abstract>In der schwelenden
Auseinandersetzung über das von den USA
geleitete Spionagesystem Echelon
verschärft die EU den Ton. Echelon
existiert, sagt der stellvertretende
Parlamentspräsident Gerhard Schmid:
Amerika hört mit.</abstract>

<body>
<place>Brüssel</place>
<para>Ein Ausschuss des europäischen
Parlaments hat am Dienstag die Existenz
des von den USA geleiteten
Spionagesystems "Echelon" bestätigt und
die Europäer zur Verwendung von
Verschlüsselungsprogrammen aufgefordert.
Der stellvertretende Parlamentspräsident
<person>Gerhard Schmid</person> räumte
ein, es gebe keine Beweise dafür,
[...]</para>
</body>

[...]
```

Abb. 3.29. Layoutorientierte und semantische Mikrostruktur

- *Einbindung dynamischer Informationsarten*
  Gerade im Online-Bereich werden dynamische Informationsarten wie Audio- und Videosequenzen immer bedeutsamer. Wegen ihres großen Datenvolumens und der schlechten Strukturierbarkeit stößt eine Speicherung in den meist auf Text und Bild ausgelegten Datenbanken von CMS auf Schwierigkeiten. Eine Lösung ist entweder die Erweiterung bestehender Datenbankmodelle (z. B. durch objektorientierte Konzepte) oder die Einbindung dedizierter Medien-Server für dynamische Informationsarten (vgl. Abb. 3.28).

Die Funktionen des *Publishing Systems* sind stark vom Zielmedium abhängig. Bei Online-Produkten hat das Publishing System die Aufgabe, den Content auf einem für die Rezipienten zugänglichen Server bereitzustellen. Dabei sind zwei wesentliche Aspekte zu berücksichtigen: Die Umsetzung von Struktur in Layout und der Zeitpunkt der Erzeugung von Dokumenten.

Da für im WWW angebotene Inhalte kaum physische Restriktionen (z. B. Seitengrenzen) vorliegen, ist eine automatische Erzeugung z. B. von HTML-Seiten relativ problemlos. Hilfsmittel sind dabei Templates und Stylesheets.

Wird z. B. vom Besucher eines Online-Angebots durch Anklicken eines Web Links eine logische oder ökonomische Einheit ausgewählt, so wertet das Publishing System die zugehörigen Verweise aus, ruft die vorhandenen Content-Elemente sowie evtl. Stylesheets und Templates ab und liefert die entsprechenden HTML-Seiten (vgl. Abb. 3.30).

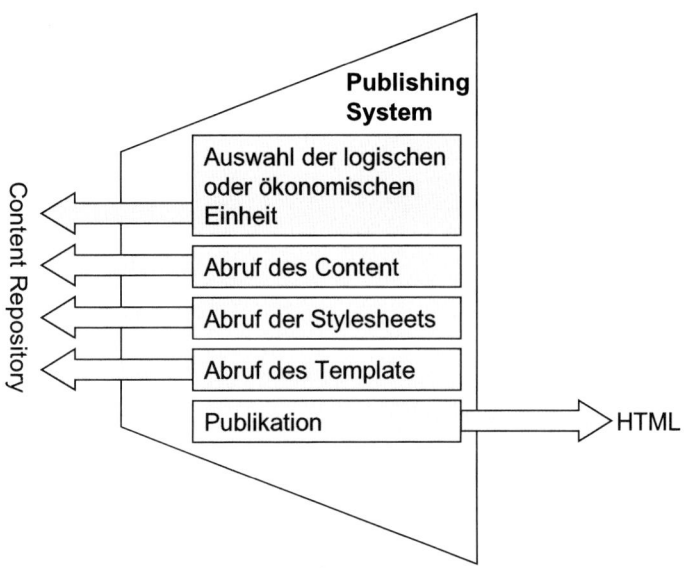

Abb. 3.30. Publishing System

Templates kann man als Gerüst von Platzhaltern verstehen, die je nach Content mit Informationselementen gefüllt werden (vgl. Abb. 3.31). Templates werden meist durch Skripte auf Serverseite realisiert, die HTML erzeugen oder in HTML-Seiten eingebettet sind.

Während man Templates eher zur Abbildung der Makrostruktur verwendet, werden für die Verarbeitung der Mikrostrukturen *Stylesheets* eingesetzt. Diese können auf einer feingranularen Ebene durch eine regelbasierte Transformation z. B. aus semantischen XML-Auszeichnungen layoutorientierte HTML-Tags erzeugen (vgl. Abschn. 3.1.3).

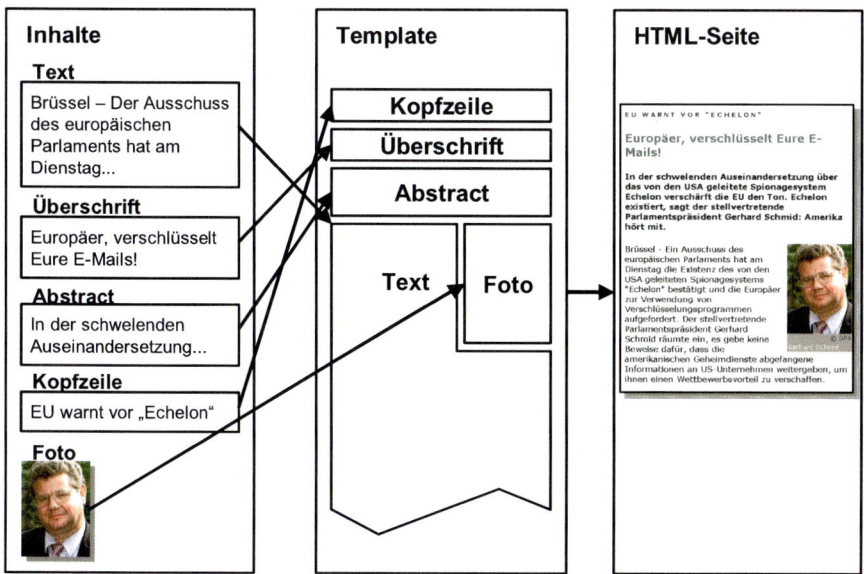

Abb. 3.31. Template-Mechanismus

Online-Produkte, z. B. im HTML-Format, können statisch oder dynamisch generiert werden (vgl. Abb. 3.32). Bei der statischen Seitengenerierung erzeugt das Publishing System zu festgelegten Zeitpunkten vollständig verlinkte HTML-Dokumente und überträgt sie gesammelt auf einen Webserver, der sie als unveränderliche HTML-Seiten zur Verfügung stellt. Vorteile sind niedrige Anforderungen an die Hardware und eine unkomplizierte Verbindung mit beliebigen Webservern.

Wenn Inhalte häufig erneuert oder geändert werden, eine zeitnahe Veröffentlichung nötig ist oder personalisierte Medienprodukte anzubieten sind, ist eine statische Erzeugung meist nicht möglich. Hier generiert man die HTML-Seiten erst beim Abruf durch den Rezipienten dynamisch aus dem Content Repository. Diese Variante stellt höhere Anforderungen an die Server-Hardware (Prozessorleistung und Arbeitsspeicherkapazität).

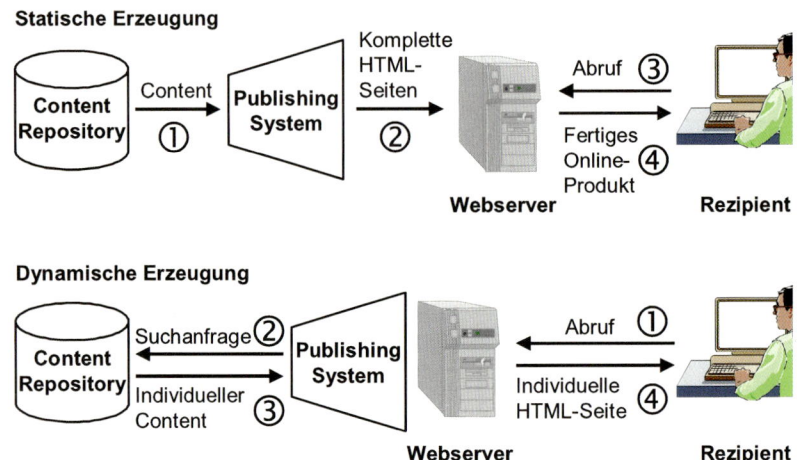

Abb. 3.32. Statische und dynamische Erzeugung von HTML-Seiten

3.3 Dokumenten-Management-Systeme

3.3.1 Systemkonzept

Unter Dokumenten-Management-Systemen (DMS) werden IV-Systeme zur strukturierten Erzeugung, Ablage, Verwaltung und Wiederverwendung von elektronischen Dokumenten verstanden. Aufgrund des großen Speicherbedarfs kommen hierbei überwiegend optische Speichermedien zum Einsatz (optische Archivierung). Unter elektronischem Dokumenten-Management kann dabei einerseits die elektronische Verarbeitung von ursprünglich papiergebundenen Dokumenten (z. B. Text, Bilder) verstanden werden, andererseits aber auch die Verarbeitung von rein elektronischen Dokumenten (z. B. mit Video- und Audiosequenzen). Typische Dokumente in einer Büroumgebung sind z. B. Verträge, Handbücher, Briefe und Kurzmitteilungen. Durch ein strukturiertes Dokumenten-Management werden u. a. folgende Funktionen unterstützt:

- *Zugangskontrolle*: Wer besitzt ein bestimmtes Dokument? Welche Rechte haben die Anwender?
- *Status Reporting*: Wer hat im Moment ein bestimmtes Dokument?
- *Versionskontrolle*: Welche Version ist die aktuelle?

- *Speichermanagement*: Welche rechtlichen Anforderungen sind zu erfüllen? Welche Unternehmensvorschriften gibt es?
- *Disaster Recovery*: Wie und wo werden Backup-Kopien vorgehalten? Welche Backup-Prozeduren stehen zur Verfügung?

Bei vernetzten Anwendungen können Dokumente simultan genutzt werden. Besondere Bedeutung haben DMS in Workflow-Management-Systemen, in denen sie zur Reduzierung bzw. Substitution von Papierdokumenten führen und damit zu einer Beschleunigung der Vorgangsbearbeitung beitragen.

Ein Dokumenten-Management-System besteht aus einer Komponente zur Indexierung der Dokumente, einer elektronischen Ablage sowie Retrieval-Mechanismen zum Wiederauffinden der Dokumente.

Wie Abb. 3.33 zeigt, können die einzelnen Komponenten eines Dokumenten-Management-Systems auf verschiedene Systeme verteilt sein.

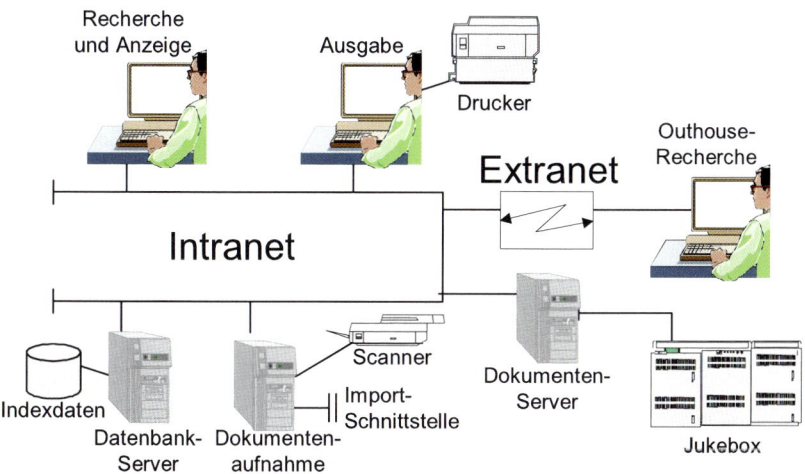

Abb. 3.33. Beispielkonfiguration eines Dokumenten-Management-Systems

So gibt es z. B. spezielle Rechner, an die Hochleistungsscanner zur elektronischen Erfassung von Papierdokumenten angeschlossen sind. Werden Dokumente als Dateien z. B. auf Datenträger oder über Kommunikationsnetze geliefert, so sind die betreffenden Dateiformate durch spezielle Programme einzulesen und in die Speicherungsform des Dokumenten-Management-Systems umzuwandeln (Import-Schnittstelle). Ein Datenbankserver administriert die Suchinformationen. Ein Dokumentenserver mit großen Speichermedien verwaltet die digitalen Abbilder der Dokumente. Die technische Speicherung der elektronischen Dokumente erfolgt meist auf optischen Platten in einer Jukebox. Eine Jukebox ist ein Magazin, in dem die Datenträger (z. B. CD-ROM oder DVD) wie in einem Regallager abgelegt und automatisch zu einer Bearbeitungsstation (Lesen, Beschreiben) transportiert werden. Sind gesetzliche Bestimmungen zur Archivierung von Belegen zu beachten, so dürfen diese Platten nur einmal beschreibbar sein. Der Zugriff auf Suchinformationen und die Dokumente selbst ist über das lokale Netzwerk im Unternehmen (z. B. Intranet) oder von außen über das öffentliche Internet oder ein Extranet für eine geschlossene Benutzergruppe möglich.

Die Erfassung und Ablage von Papierdokumenten, elektronischen Dokumenten und Daten aus administrativen Anwendungssystemen vollziehen sich in mehreren Schritten (vgl. Abb. 3.34).

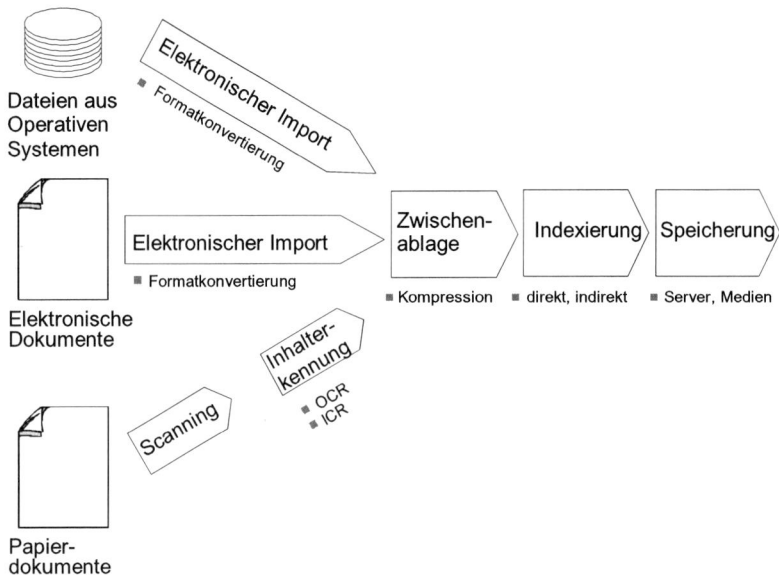

Abb. 3.34. Elektronischer Ablagevorgang

Die Überführung von Papierdokumenten in die elektronische Ablage bezeichnet man als *Imaging*. Durch das Scannen des Dokuments wird dabei ein elektronisches Abbild in der Form eines Rasters von Bildpunkten erzeugt. Man spricht auch von einem Bitmap-Format oder einer Bitmap-Datei. Je nach Auflösung des Rasters (Anzahl der horizontalen und vertikalen Bildpunkte) und der Information je Rasterpunkt (schwarz/weiß, Graustufe oder Farbnuance) entsteht ein mehr oder weniger hoher Speicherbedarf. Bei hohem Speichervolumen wendet man häufig Kompressionsverfahren an, die dieses durch technische „Tricks" ohne bzw. mit geringem Informationsverlust reduzieren. Das gerasterte Abbild des Dokuments kann automatisiert inhaltlich analysiert werden. Man versucht z. B. Texte zu erkennen, indem man Zeichenmuster mit gespeicherten Referenzzeichen (OCR=Optical Character Recognition) oder Eigenschaften der gescannten Zeichen mit Referenzeigenschaften (ICR = Intelligent Character Recognition) vergleicht.

Zum gezielten Wiederauffinden von Dokumenten ist eine Beschreibung mit Deskriptoren bzw. Indizes üblich. Die Indexierung kann manuell oder automatisch erfolgen und direkt vorgenommen oder in Geschäftsprozesse eingebunden werden (vgl. Abb. 3.35). Bei der direkten Indexierung ist eine spezielle Stelle oder Abteilung der Unternehmensorganisation für die erstmalige elektronische Erfassung der eingehenden Dokumente sowie für die Vergabe von Deskriptoren zuständig. Bei der Einbettung in Geschäftsprozesse übernimmt der jeweils für die ersten Bearbeitungsschritte des Dokuments zuständige Sachbearbeiter diese Aufgabe mit. Man spricht dann auch von indirekter Indexierung. Vorteil der ersten, zentralisierten Lösung ist, dass eine einheitliche Indexierung (Verwendung gleicher Deskriptoren für Dokumente gleichen Inhaltstyps) leichter zu gewährleisten ist. Bei der zweiten, dezentralisierten Lösung spart man die separate Indexierungsstelle.

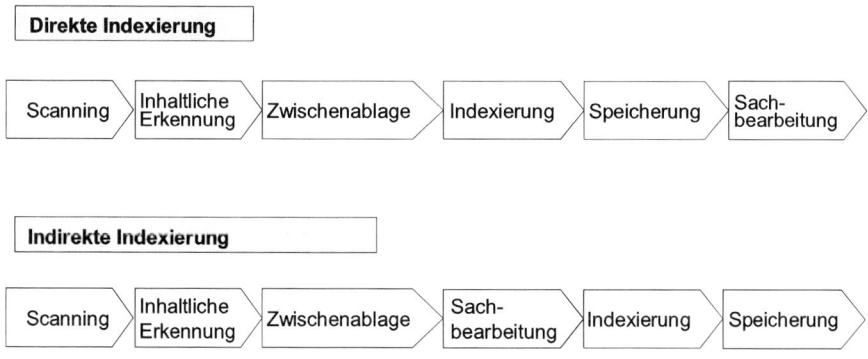

Abb. 3.35. Direkte und indirekte Indexierung

Dokumenten-Management-Systeme können viele Versionen eines Dokuments verwalten, so dass die Bearbeitungshistorie zurückverfolgt und auf ältere Versionen des Dokuments zurückgegriffen werden kann.

Damit bei der Bearbeitung von Dokumenten keine Inkonsistenzen auftreten, müssen die Systeme gewährleisten, dass immer nur ein Bearbeiter gleichzeitig ein Dokument verändern kann. Setzten zwei Bearbeiter parallel auf dem gleichen Versionsstand auf und fügten der Ablage die geänderten Dokumente als neue Versionen hinzu, würden in der aktuellen Version nur die Änderungen sichtbar, die derjenige vornahm, der seine Version als letzter abspeicherte. Um dies zu verhindern, erfolgt der Zugriff auf Dokumente wie bei Content-Management-Systemen über den so genannten Check-Out-/Check-In-Mechanismus. Um ein Dokument auf einem Arbeitsplatzrechner zu bearbeiten, muss es „ausgecheckt" werden. Das heißt, dass es auf den Rechner transferiert und gleichzeitig im System gesperrt wird. Ein gesperrtes Dokument kann noch geöffnet werden, es kann jedoch niemand außer demjenigen, der es ausgecheckt hat, eine neue Version des Dokuments hinzufügen. Erst nachdem der Sperrende das Dokument wieder eingecheckt hat, steht es für ein erneutes Check Out durch Andere zur Verfügung.

3.3.2 Dokumentenretrieval

Im Internet wie in den Intranets und lokalen Dokumentensammlungen innerhalb eines Unternehmens besteht das Hauptproblem bei der Informationsbeschaffung oftmals nicht mehr im Nichtvorhandensein einer Information, sondern in deren Auffindbarkeit. Moderne Suchverfahren müssen möglichst exakte Ergebnisse liefern, viele Dateiformate berücksichtigen und dabei effizient bleiben, um die Antwortzeiten im akzeptablen Rahmen zu halten. Neue Anforderungen ergeben sich auch durch die zunehmende Medienvielfalt in Dokumentensammlungen. Mit steigenden Übertragungsraten der inner- und außerbetrieblichen Kommunikationsnetze, insbesondere auch im Internet, wächst der Bedarf an Lösungen zum Retrieval multimedialer Inhalte, unter anderem zur Unterstützung neuer Geschäftsmodelle (Netvideotheken, Webmusic, E-Paper usw.).

Grundlagen

Zur Bewertung der Güte eines Suchergebnisses existieren zwei Maßzahlen:

- *Precision* ist der Anteil der relevanten gefundenen Dokumente (N_{relgef}) von den insgesamt gefundenen (N_{gef}):
  Precision = N_{relgef} / N_{gef}
- *Recall* ist der Anteil der relevanten gefundenen Dokumente von allen relevanten (gefundenen und nicht gefundenen) Dokumenten ($N_{relgesamt}$):
  Recall = $N_{relgef} / N_{relgesamt}$

Das generelle Ziel jeder Suchmaschine ist es, Precision und Recall zu maximieren. Zwischen beiden Maßzahlen besteht hierbei ein Zielkonflikt bzw. eine Trade-Off-Beziehung. D. h., in der Regel muss eine starke Erhöhung des Recall mit einer Präzisionsminderung erkauft werden und umgekehrt.

Meist arbeiten Dokumentenretrievalsysteme nach dem Prinzip des Kriterienvergleichs. Kriterien sind hierbei die für die Suche relevanten Merkmale eines Dokuments. Sie werden von einem Extraktor ermittelt, der für jedes Dokument diese suchrelevanten Features ermittelt und abspeichert. Auch anspruchsvolle Suchfunktionen (z. B. das Auffinden ähnlicher Bilder) sind dadurch vom Prinzip her sehr effizient auszuführen. Anhand der extrahierten Kriterien wird von jedem gespeicherten Dokument ein Profil erstellt. Eine Suchanfrage repräsentiert ein Wunschprofil, das mit den gespeicherten Profilen verglichen wird. Bei der auf Volltextsuche gerichteten Indexierung werden dabei häufige Füllwörter weggelassen, bei einer Gesichtersuche in einer Bilddatenbank bestimmte Gesichtsmerkmale berücksichtigt.

Neben einer solchen inhalteorientieren Suche können sich Suchkriterien auch auf die mit dem Dokument verknüpften Metainformationen beziehen. Metainformationen (Informationen über Informationen) werden vom Dokumenten-Management-System im Dialog mit dem Benutzer erfasst oder liegen ohnehin vor (z. B. Dateiname, Dateigröße, Dateityp, Erstellungsdatum). Automatisch erzeugte Metainformationen sind z. B. die Spieldauer eines Audio- oder Videoclips, die erkannte Sprache in der ein Text verfasst ist, eine Prüfsumme usw.

Textretrieval

Beim Textretrieval werden vom Benutzer Suchbegriffe eingegeben. Die eingesetzten Retrievalalgorithmen beziehen neben dem Inhalt oft auch Metainformationen mit ein. Ist z. B. ein gesuchtes Schlagwort nicht nur im Dokument selbst, sondern auch in dessen Metainformationen enthalten, kann dieses Dokument als besonders relevant eingestuft werden. Typische Metainformationen von Textdokumenten sind neben den Dateiattributen der Autor, das Erstellungsdatum, die Gültigkeitsdauer, Angaben zu Verwertungsrechten, Verweise auf andere Dokumente, Schlagworte, Landessprache und Zusammenfassung (Abstract). Abb. 3.36 zeigt, welche Architektur Suchmaschinen zum Textretrieval im Internet prinzipiell aufweisen.

Bevor die Suchmaschine Ergebnisse liefern kann, muss zunächst möglichst das gesamte World Wide Web indexiert werden. Die Aufgabe des *URL-Servers* besteht darin, die im aktuellen Indexierungslauf bereits erfassten Seiten zu verwalten und daraus abzuleiten, welche Seiten noch zu indexieren sind. Dazu startet der URL-Server *Crawler*, die die Seiten von den Servern abrufen und sie an den *Parser* weitergeben.

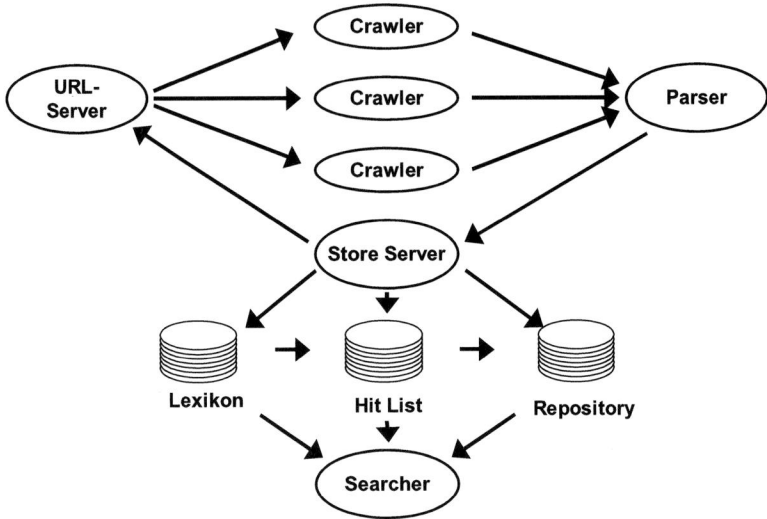

Abb. 3.36. Architektur von Suchmaschinen

Um den Zeitraum, den ein Indexierungslauf beansprucht, möglichst gering zu halten, wird eine große Zahl von Crawlern parallel auf unterschiedliche Adressbereiche des Internet angesetzt. Der Parser „verschlankt" die Dokumente, indem er Informationen ausfiltert, die in einer Seite enthalten sind, aber nicht zum redaktionellen Inhalt der Seite gehören (z. B. Skripte, Werbebanner). Die so aufbereiteten Seiten werden an den *Store Server* weitergegeben, der die für die Indexierung relevanten Informationen aus dem verschlankten Dokument extrahiert. Dazu zählen z. B. Links auf andere Seiten, neue, der Suchmaschine noch nicht bekannte Wörter und die Anzahl des Vorkommens bestimmter Wörter auf einer aktuell betrachteten Seite. Zudem verwaltet der Store Server die drei zentralen Datenbanken der Suchmaschine: das *Lexikon*, die *Hit List* und das *Repository*. Das Lexikon enthält außer Füllwörtern (in, an, auf usw.) alle Wörter, die in den indexierten Seiten vorkommen. Jedes Wort des Lexikons verweist auf genau einen Datensatz in der Hit-List-Datenbank. Dieser besteht aus einer Liste von Referenzen auf alle im Repository abgespeicherten Seiten, in denen das auf den Hit-List-Datensatz verweisende Wort enthalten ist. Die Seiten werden entweder komplett oder nur in einer zusammengefassten Variante im Repository abgelegt. Der *Searcher* stellt das Front End dar, über das die Benutzer ihre Suchanfragen an die Suchmaschine stellen können.

Suchmaschinen setzen bei der Volltextsuche eine Fülle von Methoden ein, die dazu dienen, Recall und Precision kombiniert zu maximieren. Es kann hierbei zwischen recall-orientierten und precision-orientierten Methoden unterschieden werden. *Recall-orientierte Methoden* zielen darauf ab, ein umfassendes (ggf. vorläufiges) Suchergebnis zu erzielen, das möglichst alle relevanten Dokumente enthält. Beispiele für recall-orientierte Ansätze sind:

- Thesaurus
- Rechtschreibkorrektur
- Fuzzysuche
- Wortstamm-Deduktion
- Komposita-Zerlegung

Diese Ansätze zielen darauf ab, den vom Benutzer eingegebenen Suchausdruck zu modifizieren. Durch Hinzufügen von Synonymen aus einem Thesaurus und Rechtschreibkorrekturen, durch Verallgemeinerungen mithilfe „unscharfer" Begriffe (Fuzzysuche), durch Zurückführen eingegebener Wörter auf den Wortstamm oder die Zerlegung zusammengesetzter Ausdrücke in mehrere einzelne Begriffe wird die Treffermenge auf eine Vielzahl weiterer potenziell relevanter Dokumente ausgeweitet.

Um in einer großen Treffermenge die „Spreu vom Weizen" zu trennen, werden *precision-orientierte Methoden* eingesetzt. Hierbei separiert man mithilfe von Ranking-Algorithmen oder durch die Auswertung boolescher Suchausdrücke besonders relevante von weniger relevanten Dokumenten. Weniger relevante Dokumente werden zur Erhöhung der Precision (und zu Lasten des Recall) aus der Treffermenge aussortiert. Precision-orientierte Methoden sind z. B.:

- Boolesche Suche
- Simple-Match-Algorithmus
- Weighted-Match-Algorithmus
- Vektorraum-Modell
- TF-IDF-Algorithmus

Die Besonderheit der *booleschen Suche* besteht in besonders aussagekräftigen Suchausdrücken. Ein boolescher Suchausdruck ermöglicht es, präzisere Treffermengen zu ermitteln. Suchbegriffe werden hierbei durch logische Operatoren (AND, AND NOT usw.) und Klammern verknüpft. Dies eignet sich besonders für die Präzisierung der Suche nach mehrdeutigen Begriffen. Mithilfe des „AND NOT"-Operators können hierbei unerwünschte Kontexte des gesuchten Begriffs aus der Treffermenge ausgeklammert werden. So soll z. B. „apple AND NOT computer" Dokumente ausgrenzen, in denen mit dem Begriff „Apple" ein Computerunternehmen gemeint ist, d. h. in denen voraussichtlich auch das Wort „Computer" vorkommt.

Bei dem *Simple-Match-Algorithmus* geht man von einem vollständig indexierten Datenbestand aus. D. h., alle Wörter (ggf. außer Füllwörter), die im Dokumentenbestand vorkommen, sind sortiert in einem Lexikon (lex) abgespeichert. Die Anzahl der Wörter im Lexikon sei n. Im Simple-Match-Algorithmus wird jedes Dokument durch einen n-stelligen binären Vektor repräsentiert. Dieser Vektor hat eine „1" an der i-ten Stelle, wenn das i-te Wort des Lexikons im Dokument vorkommt. Anderenfalls ist der Wert des Vektors an dieser Stelle „0". Eine Suchanfrage (ret) wird nach dem gleichen Schema ebenfalls auf einen n-stelligen Vektor abgebildet. Die Gewichtung eines Dokuments ergibt sich aus der Summe der „1"-Übereinstimmungen zwischen Dokumenten- und Suchanfragen-Vektor.

Zur Illustration dient das folgende Beispiel. Das Lexikon enthält die Wörter „factors", „help", „human", „information", „operation", „retrieval" und „systems". Die Suchanfrage lautet „human factors in information retrieval systems". Der Datenbestand besteht aus drei indexierten Dokumenten. Dokument 1 enthält die Wörter „human", „factors", „information" und „retrieval", Dokument 2 die Wörter „human", „factors", „help", „systems" und Dokument 3 die Wörter „factors", „operation" und „systems". Formal dargestellt bedeutet das:

lex = (factors, help, human, information, operation, retrieval, systems)
ret = „human factors in information retrieval systems" =   (1011011)
doc1 = (human, factors, information, retrieval) =   (1011010)
doc2 = (human, factors, help, systems) =   (1110001)
doc3 = (factors, operation, systems) =   (1000101)

Daraus ergeben sich die Gewichte 4 (doc1), 3 (doc2) und 2 (doc3). Die Dokumente werden dem Benutzer also in der Reihenfolge doc1, doc2, doc3 angezeigt.

Der *Weighted-Match-Algorithmus* ist eine Erweiterung des Simple-Match-Algorithmus und gewichtet Wörter, die in Dokumenten bzw. der Suchanfrage vorkommen, z. B. mit ihrer Häufigkeit.

Beispiel:

lex = (factors, help, human, information, operation, retrieval, systems)
ret = „human factors in information retrieval systems" =   (1011011)
doc1 =   (2053030)
doc2 =   (2450001)
doc3 =   (7000202)

Lexikon und Suchanfrage sind die gleichen wie im Simple-Match-Beispiel. Die erste Stelle des Vektors für doc1 drückt aus, dass das Wort „factors" zweimal im Dokument vorkommt. Entsprechend kommt „human" fünfmal, „information" dreimal und „retrieval" dreimal vor. Die Vektoren für doc2 und doc3 werden analog gebildet. Das „Gesamtgewicht" eines Dokuments ergibt sich aus dem Vektorprodukt von Dokument- und Recherche-Vektor. D. h., man bildet zur Errechnung des Gewichts von doc1 die Summe der Produkte „1. Stelle von doc1 mal 1. Stelle von ret", „2. Stelle von doc1 mal 2. Stelle von ret" usw. Im Beispiel ergeben sich folgende Gewichte: 13 (doc1), 8 (doc2), 9 (doc3). Das Ranking ist demzufolge doc1, doc3, doc2.

Das *Vektorraum-Modell* baut auf dem Weighted-Match-Algorithmus auf und hat das Ziel, die Gewichte der Dokumente auf einen Wert im Intervall [0,1] abzubilden. Man spricht von „normalisieren". Zur Messung des normalisierten „Abstands" zwischen Recherche und Dokument wird der Winkel zwischen den betreffenden Vektoren im n-dimensionalen Vektorraum herangezogen. Das Gewicht des Dokuments ist der Kosinus des Winkels zwischen Recherche- und Dokumentenvektor. Bei völliger Übereinstimmung erhält man den Wert 1 (Winkel = 0 Grad), bei völliger Nichtübereinstimmung den Wert 0 (Winkel = 90 Grad).

Die *TF-IDF-Gewichtung* (Term Frequency/Inverse Document Frequency) stellt einen Ansatz dar, nicht nur die Häufigkeit eines gesuchten Wortes zu bewerten, sondern auch die Relevanz des Wortvorkommens. Man geht davon aus, dass Wörter, die häufig in einem Dokument und selten in anderen Dokumenten vorkommen, die Relevanz dieses Dokuments bei der Suche nach den betreffenden Wörtern erhöhen. Es sei N die Anzahl der Dokumente im Datenbestand und DF(t) die Anzahl der Dokumente, in denen der Suchterm t vorkommt. Die Inverse Document Frequency IDF ist dann definiert als:

$$IDF = \log(N/DF(t))$$

Beispiele für die Inverse Document Frequency bei N=10.000 Dokumenten im Datenbestand sind:

$DF(t) = 10.000 \Rightarrow IDF = \log (10.000/10.000) = 0$
$DF(t) = 5.000 \Rightarrow IDF = \log(10.000/5.000) = 0,301$
$DF(t) = 20 \Rightarrow IDF = \log(10.000/20) = 2,699$
$DF(t) = 1 \Rightarrow IDF = \log(10.000/1) = 4$

Die IDF besagt somit z. B., dass ein Wort, das in jedem Dokument vorkommt, keine Relevanz hat (IDF = 0). Die Term Frequency TF(t) ist die Häufigkeit von Term t in einem Dokument. Das Produkt TF(t) x IDF stellt ein gutes Maß für die Gewichtung von Term t in einem Dokument dar und kann somit gut für das Ranking der Suchergebnisse verwendet werden.

Bildretrieval

Beim Bildretrieval kommen als relevante Features für die Mustersuche z. B. die räumliche Verteilung von Formen und Farben, die Farbzahl, der Kontrast oder bestimmte Texturen in Frage. Durch Verfahren der Bildanalyse können diese inhaltlichen Merkmale zu komplexeren Features verdichtet werden, z. B. zu Gesichtsmerkmalen abgebildeter Personen.

Die gewonnenen Features stehen für die Mustersuche zur Verfügung. Typische Anwendungen der vergleichenden Mustersuche sind das Auffinden „ähnlicher Bilder", das von vielen Webdiensten angeboten wird, oder die Identifikation von Personen anhand vorhandenen Bildmaterials, z. B. im Rahmen kriminalistischer Ermittlungen oder bei Zugangskontrollsystemen (Gesicht, Fingerabdruck).

Typische Metasuchkriterien sind die Dateigröße, die Bildgröße, der Dateiname und der Dateityp. Weitere Metainformationen (Schlagworte, Verwertungsrechte) sind z. B. bei der Recherche in professionellen Bilddatenbanken verfügbar.

Audioretrieval

Die vergleichende Mustersuche dient beim Audioretrieval z. B. dem Auffinden eines aufgezeichneten Dialogs anhand eines Gesprächsausschnitts. Der Ausschnitt kann hierbei vom Suchenden gesprochen werden. Zur Suche nach einem Musikstück können Teile daraus gesummt oder gepfiffen werden (Query by Humming). Auch die Ermittlung verschiedener Einspielungen desselben Musikstücks, sei es von unterschiedlichen Interpreten oder unter verschiedenen Bedingungen (Live vs. Studio) zählt zur vergleichenden Mustersuche (Akustischer Fingerabdruck).

Möglich ist auch die Suche nach Audiodokumenten mit bestimmten akustischen Eigenschaften, wie z. B. einer gewünschten durchschnittlichen Lautstärke oder einem benutzerdefinierten Schwingungsmuster. Die Suche nach einem bestimmten Text setzt die Analyse des Audiodokuments durch einen spezialisierten Extraktor (Spracherkennungssystem) voraus, das die erkannten gesprochenen Worte indiziert und einer Volltextsuche zur Verfügung stellt.

Videoretrieval

Am anspruchsvollsten ist das Extrahieren aussagekräftiger Features bei Videodokumenten. Zwar können sämtliche beim Bildretrieval eingesetzten Extraktoren auch auf Video(-standbilder) angewendet werden, z. B. zur Gesichtserkennung. Hierbei wird jedoch der sich aus Bilderfolgen ergebende Informationsgehalt ignoriert. Um hier Features zu erkennen, sind aufwändige Verfahren zur Verfolgung identifizierter Objekte, zur Analyse von Bewegungsabläufen und zur dreidimensionalen Durchdringung des Videomaterials notwendig. Gegenüber der Analyse und Aufbereitung grafischer und akustischer Informationen ist die Analyse von Videosequenzen damit ungleich komplexer. Anwendungsunabhängige Extraktoren zur Featuregewinnung aus Videosequenzen beschränken sich daher auf die Gewinnung rudimentärer Kriterien wie der Farbverteilung, der Schnittfrequenz usw. Für einzelne Anwendungen existieren hingegen hoch spezialisierte Featureextraktoren, z. B. um in Satellitenvideoaufnahmen ähnliche Wetterentwicklungen entdecken zu können. Neben der Definition gesuchter Objekte kann auch deren Bewegung in eine Suchanfrage einbezogen werden. Aufgrund der Komplexität, Rechenintensität und eher geringen Toleranz gegenüber unterschiedlicher Aufbereitung des Bildmaterials sind entsprechende Anwendungen eher im professionellen und weniger im privaten Bereich zu finden.

Zu den Metadaten umfangreicher Videosequenzen gehören oftmals inhaltliche Zusammenfassungen im Videoformat (Kurztrailer) oder Bilddokumente in Form von Key Frames, die dem Suchenden schnell einen Eindruck vom Inhalt vermitteln. Key Frames sind Sammlungen von Standbildern (Stills) aus einem Videodokument, die an repräsentativen Stellen (z. B. nach jedem Schnitt) aus dem Videostrom abgegriffen werden.

Multimediale Dokumente

Durch Kombination und Verknüpfung von verschiedenen Informationsarten (Text, Bild, Grafik, Audio, Video usw.) erhält man hoch komplexe und multimediale Dokumente. Am bedeutendsten sind audiovisuelle Dokumente in Form von Film- und Fernsehaufzeichnungen aller Art sowie Dokumente, die Texte und Grafiken verbinden. Gewisse Bedeutung hat auch die gemeinsame Präsentation von Grafiken und Audioströmen. Die kombinierte Stimulation der visuellen und auditiven menschlichen Sinne erlaubt einen höchst effizienten Informations- und Wissenstransfer. Die hohe Akzeptanz multimedialer Dokumente und ihr häufiger Einsatz zur Wissensspeicherung und Informationsvermittlung erklärt sich jedoch nicht nur durch diese Effizienz, sondern auch durch den vom Adressaten empfundenen Unterhaltungswert.

Für das Retrieval multimedialer Dokumente können neben Textsuchen in den verfügbaren Metainformationen die jeweils spezifischen Mustersuchverfahren der kombinierten Informationsarten dienen. Es sind jedoch auch Extraktoren möglich, die suchrelevante Features durch die Kombination und integrierte Analyse der verschiedenen Informationsarten eines multimedialen Dokuments gewinnen. Hierbei werden Synergien erzielt. Z. B. lassen sich bei der Spracherkennung die gewonnenen Informationen durch die Analyse von Lippenbewegungen verfeinern. Die semantische Interpretation von Geräuschen verbessert sich durch visuelle Analyse der auslösenden Vorgänge. Als Grafiken eingebettete Schriftzüge kann man als Besonderheiten in Textdokumenten erkennen. Eine lange Liste weiterer Beispiele ließe sich anführen.

4 Wissensmanagement

4.1 Wissensbeschreibung

4.1.1 Semantik

Entscheidend für den Wert gespeicherten Wissens ist die semantische Abstimmung zwischen dem Wissenslieferanten und dem Wissensnachfrager bzw. dem speichernden und dem wieder auslesenden technischen System. Um semantische Konflikte zu vermeiden und so die Wiederverwendbarkeit abgelegten Wissens sicherstellen zu können, ist ein Konsens auf insgesamt drei Ebenen notwendig. Dies lässt sich anhand des Dialogs zweier Kommunikationspartner illustrieren. Um sich zu verstehen, müssen diese

- dieselben Symbole verwenden (z. B.: beide kennen das Wort „Müller")
- die Symbole denselben Konzepten zuordnen (z. B.: beide identifizieren „Müller" als „Person")
- den Konzepten dieselbe Bedeutung beimessen (z. B.: beide betrachten „Personen" als lebende, intelligente Wesen, die in der Regel über einen Namen, einen Wohnort usw. verfügen)

Symbole dienen der Referenzierung von Beschreibungsgegenständen. So können zur Referenzierung eines Apfels verschiedene Symbole („Apfel", „Apple", „42") verwendet werden (vgl. Abb. 4.1).

Konsens-ebene	Konsens-risiko	Beispiel	Konsens-werkzeug
Symbole	Inkompatibles Vokabular	"APFEL" ≠ "APPLE"	Terminologien
Zuordnung	Inkonsistente Zuordnung zu Konzepten	"APPLE" → "FRUCHT" "APPLE" → "UNTERNEHMEN"	Semantische Schemata
Konzepte	Inkonsistente Bedeutung (semantische Analyse)	"UNTERNEHMEN" = physisches Objekt, ... "UNTERNEHMEN" = rechtliches Gebilde, ...	Ontologien

Abb. 4.1. Semantische Konflikte

Entscheidend ist, dass den kommunizierenden Systemen (Anwendungen, Softwareagenten, Benutzern) die vom jeweils anderen System verwendeten Symbole bekannt sind. Wissen, das unter Verwendung von nicht bekannten Symbolen formuliert wurde, kann nicht genutzt werden. Aufgrund des inkompatiblen Vokabulars entsteht ein rein sprachlicher Konflikt, der mithilfe gemeinsamer Terminologien vermieden wird.

Um gespeichertes Wissen ebenso zu interpretieren wie es gemeint ist, muss das auslesende System (Rechner oder Mensch) über dieselbe Zuordnung zwischen Symbol und Konzept verfügen, da sonst semantische Inkonsistenzen entstehen. Ein Konzept ist hierbei die semantische Kategorie des gemeinten Beschreibungsgegenstands. So mag z. B. den kommunizierenden Systemen das Symbol „Apple" zwar bekannt sein (= kompatibles Vokabular), aufgrund von Inkonsistenzen auf der Zuordnungsebene wird es jedoch von dem System A als Frucht und von dem System B als Unternehmen behandelt. Als Integrationswerkzeug zur Vermeidung solcher Konflikte dienen semantische Schemata. Diese ordnen Symbole den zugehörigen Konzepten zu (z. B. unternehmen[apple]).

Auch wenn bekannte Symbole dem richtigen Konzept zugeordnet wurden sind semantische Konflikte nicht ausgeschlossen. Sie treten auf, wenn die referenzierten Konzepte inhaltlich unterschiedlich interpretiert werden. Ordnen z. B. kommunizierende Systeme dem Symbol „apple" das Konzept „unternehmen" zu, haben jedoch unterschiedliche Vorstellungen von der Bedeutung dieses Konzepts, so entsteht semantische Inkonsistenz. So kann man unter einem Unternehmen zum einen das formale Konstrukt einer Rechtsform (GmbH, AG, KG usw.), zum anderen aber auch das körperliche Erscheinungsbild (Gebäude mit Adresse usw.) verstehen. Zur Festlegung von Konzeptdefinitionen werden die so genannten Ontologien eingesetzt.

Terminologien

Mithilfe einer Terminologie einigen sich die auf Wissensebene kooperierenden Systeme willkürlich auf eine Menge von Symbolen. Diese Vorgehensweise eignet sich für geschlossene Anwendungen, z. B. ein System kommunizierender Softwareagenten, die sich nicht mit der Außenwelt, jedoch untereinander verständigen müssen. Ein Beispiel für eine Terminologie wäre z. B. die Kennzeichnung von Ordertypen in einem Wertpapierhandelssystem mit den Symbolen „limit-order", „market-order", „stop-loss", „stop-buy" und „eisberg".

Die Nachteile liegen auf der Hand. Da die proprietäre Terminologie nur innerhalb der Systemgrenzen bekannt ist, z. B. nur den Anwendungskomponenten des Wertpapierhandelssystems und dessen Benutzern, kann kein

Wissensaustausch über Systemgrenzen hinweg erfolgen. Auch muss die systemweite Norm für jede Einführung eines neuen oder Änderung eines vorhandenen Symbols aktualisiert und neu publiziert werden. Hierdurch wird den Teilnehmern ein komplexes Versionsmanagement abverlangt, das zu terminologischen Inkompatibilitäten und somit Reibungsverlusten beim Wissenstransfer führen kann.

Eine Terminologie definiert somit nur eine Norm auf der Symbolebene. Für den Rechner bleibt die Semantik vollständig intransparent. Sowohl eine Zuordnung der Symbole zu Konzepten als auch eine semantische Analyse der Konzepte zur Interpretation der Symbole findet auf terminologischer Ebene nicht statt. Je nach Informationsstand der Entwickler und Benutzer über die terminologische Norm sind diese mehr oder weniger stark Fehlurteilen bei der Zuordnung und Interpretation der Symbole ausgeliefert. Dem kann durch zusammen mit der Terminologie veröffentlichte Begleittexte zu den Symbolen begegnet werden. Semantische Schemata und Ontologien sind die maschinenlesbare Entsprechung dieser Begleittexte.

Semantische Schemata

Ein semantisches Schema stellt die systemweit einheitliche Zuordnung von Symbolen zu Konzepten sicher. Es zählt eine Menge von Konzepten auf und definiert diese inhaltlich in natürlicher Sprache. Wird z. B. das Symbol „Maurer" dem systemweit akzeptierten Konzept „Person" zugeordnet, so ist sichergestellt, dass die Konzeptinstanz (konkrete Person) „Maurer" vom System nicht wie ein Beruf behandelt wird.

Semantische Schemata können auch dazu dienen, terminologisch inkompatible Systeme zur Zusammenarbeit zu bewegen. Einigen sich zwei Systeme mit unterschiedlichen Terminologien auf ein gemeinsames semantisches Schema und ordnen sie ihre jeweilig verwendeten Symbole den dort definierten Konzepten eindeutig zu, so können Symbole von einer der beiden Terminologien durch ein Dolmetschersystem problemlos in die andere Terminologie übersetzt werden. Voraussetzung hierfür ist, dass hinter den jeweilig verwendeten unterschiedlichen Symbolen zumindest vergleichbare semantische Konzepte stehen.

Semantische Schemata sind aufgrund ihres nicht proprietären Charakters von großer Bedeutung für die Interoperabilität und Integration in verteilten Systemen. Die weite Verbreitung der Auszeichnungsmetasprache XML (vgl. Abschn. 3.1.3) erklärt sich in erster Linie durch ihre Eignung für die Definition semantischer Schemata. XML-Anwendungen wie der Austausch von Nachrichtenartikeln (NewsML, vgl. Abschn. 3.1.4) oder der Methodenaufruf zwischen verteilten Objekten (SOAP: Simple Object

Access Protocol) sind allein möglich durch die Einigung der Betreiber proprietärer Systeme auf eine nicht proprietäre konzeptionelle Norm. XML-DTDs und XML-Schemata können semantische Schemata maschinenlesbar abbilden.

Ein weiteres Anwendungsbeispiel für semantische Schemata ist die Auszeichnung von HTML- oder XHTML-Seiten mit Metainformationen. So garantiert das Dublin Core Meta Data Element Set, dass alle Web Sites, deren Seiten nach diesem Standard ausgezeichnet sind, für den Ersteller einer Seite das Attribut „DC.CREATOR" verwenden und dass das Attribut „DC.TITLE" den Titel des Dokuments enthält. Abb. 4.2 zeigt ausgewählte Elemente des Dublin-Core-Standards.

Terminologie	Semantik
DC.TITLE	Titel der Quelle. Der vom Verfasser, Urheber oder Verleger vergebene Name der Ressource.
DC.CREATOR	Person(en) oder Organisation(en), die den intellektuellen Inhalt verantworten. Das sind z. B. Autoren bei Textdokumenten und Künstler oder Fotografen bei grafischen Dokumenten.
DC.SUBJECT	Thema, Schlagwort, Stichwort. Das Thema der Ressource bzw. Stichwörter oder Phrasen, die den Inhalt beschreiben. Das Element kann Daten nach einer Klassifikation oder Begriffe aus anerkannten Thesauri enthalten.
DC.PUBLISHER	Einrichtung, die verantwortet, dass diese Ressource in dieser Form zur Verfügung steht. Das kann z. B. ein Verleger, ein Herausgeber, eine Universität oder ein Unternehmen sein.
DC.DATE	Datum, an dem die Ressource in der gegenwärtigen Form zugänglich gemacht wurde.
DC.TYPE	Art der Ressource. Arten sind z. B. Homepage, Roman, Gedicht, Arbeitsbericht, technischer Bericht, Essay, Wörterbuch.
DC.FORMAT	Datentechnisches Format der Ressource. Beispiele hierfür sind Text/HTML, ASCII, Postscript-Datei, ausführbare Anwendung, JPEG-Bilddatei usw. Das Format bietet die erforderlichen Informationen, die es Menschen oder Maschinen ermöglichen, über die Verarbeitung der kodierten Daten zu entscheiden (z. B. welche Hard- und Software benötigt werden, um diese Ressource anzuzeigen bzw. auszuführen).
DC.LANGUAGE	Sprache, in der der Inhalt der Ressource verfasst wurde.
DC.RELATION	Darstellung von Verbindungen zu anderen eigenständigen Ressourcen. Beispiele sind Bilder in einem Dokument, Kapitel eines Buches oder Einzelstücke einer Sammlung.
DC.RIGHTS	Link (URL oder andere passende URI) zu einem Urhebervermerk, ein „Rights-Management"-Hinweis über die rechtlichen Bedingungen oder ggf. zu einem Server, der solche Informationen dynamisch erzeugt.

Abb. 4.2. Elemente des Dublin Core Meta Data Element Set

Ohne Standardisierung sind hier Attribute wie „Name", „Heading", „Title", „Titel", „Beschriftung" usw. denkbar, die nur schwer oder gar nicht maschinell interpretiert bzw. nicht auf dieselbe Semantik abgebildet werden könnten.

Ein semantisches Schema definiert somit eine Norm auf der Zuordnungsebene. Für den Rechner bleibt der semantische Hintergrund größtenteils intransparent. Ihm erschließt sich lediglich die semantische Identität von Symbolen, die demselben Konzept zugeordnet werden. Eine Interpretation der referenzierten Konzepte durch den Rechner ist nicht möglich, da das semantische Schema die Bedeutung der enthaltenen Konzepte lediglich in für Menschen verständlichem Klartext definiert.

Ontologien

Ontologien bilden die Bedeutung der Betrachtungsgegenstände maschinenlesbar ab. Genau wie bei semantischen Schemata werden einem Problemkontext (der Domäne) Begriffe entnommen, um ihre Semantik zu beschreiben. Hierbei wird – ähnlich der Logik von Klasse und Objekt in der objektorientierten Programmierung – von der Instanz (z. B. „Herr Maurer") abstrahiert, und ein generelles Konzept definiert, z. B. das einer Person. Eine Ontologie definiert Metawissen. Sie trifft keine Aussagen über konkrete Zustände der Domäne sondern liefert die Begriffe und beschreibt die Rahmenbedingungen für deren Formulierung. Zur Abbildung *konkreten* Wissens werden die durch die Ontologie definierten Konzepte mithilfe ihrer Bezeichner („Symbole") instanziiert und verknüpft. Die logische Aussage „vorgesetzter_von(person[maurer], person[meier])" bedient sich z. B. des Symbols „person", um über die Instanzen „maurer" und „meier" eine konkrete Aussage zu treffen.

Das eigentlich Besondere im Vergleich zu semantischen Schemata ist hierbei, dass sich die Bedeutung der verknüpften Symbole nicht nur dem Betrachter, sondern auch dem Rechner erschließt. Ein semantisches Schema erlaubt lediglich die Feststellung der semantischen Identität der Konzeptinstanzen „maurer" und „meier", die beide dem Konzept „person" zugeordnet sind. Mithilfe der in der Ontologie hinterlegten Konzeptdefinition ist darüber hinaus z. B. feststellbar, ob das Vorhandensein einer Beziehung vorgesetzter_von zwischen Personen plausibel ist.

Dies wird erreicht, indem die Ontologie zulässige semantische *Relationen* definiert und deren Verwendungsmöglichkeiten über zusätzliche *Axiome* eingrenzt. Die Bedeutung eines Konzepts erschließt sich dem Rechner durch die Analyse der zulässigen Beziehungen zwischen den Konzepten. Eine solche über Beziehungen dargestellte Konzeptdefinition kann beliebig komplex sein und sich dem tatsächlichen Wesen des Beschreibungsge-

genstands bzw. der menschlichen Vorstellung mehr oder weniger annä-
hern. Abb. 4.3 zeigt einen Ausschnitt aus einer Ontologie, die unter anderem die Bedeutung des Konzepts „Unternehmen" über die Zusammenhänge mit anderen Konzepten definiert.

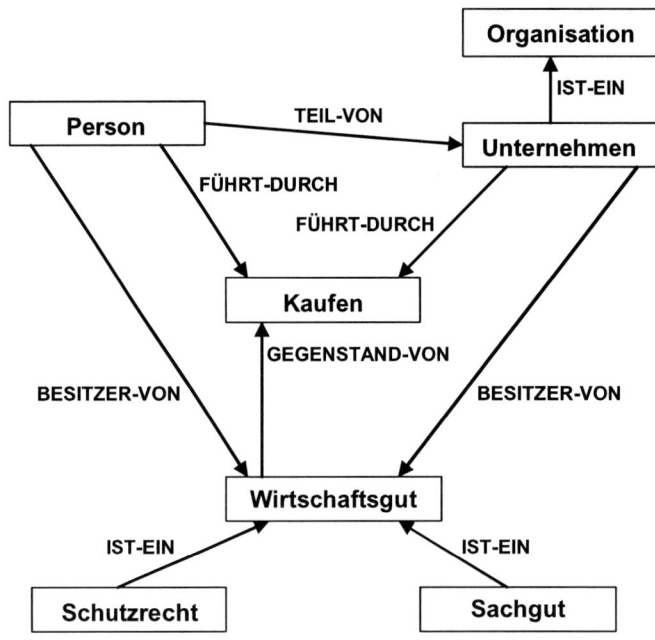

Abb. 4.3. Ausschnitt aus einer Ontologie

Im Rahmen des dargestellten vereinfachten Ausschnitts aus einer Ontologie sind Unternehmen Organisationen, die Wirtschaftsgüter kaufen oder
besitzen und denen Personen angehören. Wird einem Rechner nun ein
Symbol präsentiert, das sich als Instanz des Konzepts „unternehmen"
ausweist (z. B. „unternehmen[mercer]"), so kann er das Symbol entsprechend den in der Ontologie hinterlegten Eigenschaften des Konzepts
„unternehmen" interpretieren. Inhaltliche Widersprüche (z. B. die Information, das Unternehmen Mercer sei eine Person und habe den Nachna-
men Müller) können so vom Rechner entdeckt werden.

Steht dem Ersteller und dem Nutzer einer Information dieselbe Ontologie zur Verfügung, so sind solche Widersprüche von vornherein vermeid-
bar. Eine wichtige Anwendung von Ontologien ist es, die semantisch konsistente Kommunikation zwischen auf Wissensebene kooperierenden
intelligenten Systemen zu ermöglichen. Gemeinsame Ontologien stellen

sicher, dass eine Information vom Empfänger ebenso interpretiert wird wie sie vom Absender gemeint war.

Der Begriff Ontologie bezeichnet ursprünglich den Zweig der Philosophie, der die Essenz, das eigentliche und grundlegende Wesen existierender Dinge zu ergründen sucht. In der Informatik sind Ontologien daher mit dem Anspruch verbunden, absolute und daher anwendungsunabhängige Konzeptdefinitionen abzubilden. Erst eine Ontologie, die Konzepte unabhängig vom Verwendungskontext ihrer Instanzen definiert, garantiert die absolute Übertragbarkeit und Wiederverwendbarkeit des mit ihrer Hilfe formulierten Wissens. Darüber hinaus soll eine Ontologie ein so exaktes Weltbild abgeben, dass unter Anwendung der Ontologie kein Wissen formuliert werden kann, das den natürlichen Gegebenheiten dieses Weltbilds widerspricht. Um dies zu erreichen, werden Ontologien mit „Naturgesetzen" (Axiomen) ausgestattet, die der Verifizierung des mithilfe der Ontologie formulierten Wissens dienen.

Folgende Typen von Ontologien sind zu unterscheiden:

- *Domain Ontologies* definieren die Bedeutung der in einer bestimmten Domäne (z. B. „E-Business") relevanten Konzepte. Sie sind in der Praxis am häufigsten anzutreffen.
- *Task Ontologies* betrachten lediglich Vorgänge, Funktionen und Aufgaben als relevante Konzepte und definieren diese über Beziehungen. Sie sind bedeutsam für Ansätze des intelligenten maschinellen Problemlösens.
- *World Ontologies* verfolgen den Anspruch, eine allumfassende maschinenlesbare Weltdefinition abzugeben, indem alle bis zu einer gewählten Abstraktionsebene hinauf denkbaren Konzepte zueinander in Beziehung gesetzt werden. World Ontologies sind der Grundlagenforschung zuzuordnen.

Alle Ontologien weisen die folgenden Bestandteile auf:

- *Konzepte* sind die Elemente der Ontologie. Sie werden über Relationen miteinander verknüpft. Um sie adressieren zu können, werden sie mit Symbolen versehen.
- *Relationen* stellen die Beziehungen der Konzepte zueinander dar. Es wird zwischen strukturbildenden und nicht strukturbildenden Relationen unterschieden. Die strukturbildenden Relationen sind für die Abbildung der Konzeptsemantik von besonderer Bedeutung. Sie bringen die jeder Ontologie inhärente Konzepthierarchie zum Ausdruck (..., ein Fahrzeug ist ein tangibler Gegenstand, ein Wasserfahrzeug ist ein Fahrzeug, ein Öltanker ist ein Wasserfahrzeug, ...). In Abb. 4.3 sind die strukturbildenden Relationen als „IST-EIN"-Beziehungen dargestellt. Alle ande-

ren Relationen sind nicht strukturbildend. Sie charakterisieren das Konzept und statten es mit Eigenschaften aus (BESITZER-VON, GEGENSTAND-VON, ...).

- *Axiome* sind allgemein gültige Aussagen, die als Nebenbedingungen dienen. Sie sind die Naturgesetze des durch die Ontologie beschriebenen Weltbilds. Sie beinhalten Restriktionen, die durch Relationen allein nicht ausgedrückt werden können. Oft beschränken sie die Anwendbarkeit von Relationen, indem sie z. B. festlegen, dass eine von der Ontologie definierte Relation nur dann zwischen zwei Konzeptinstanzen bestehen darf, wenn auch eine bestimmte andere existiert.

Wichtige Merkmale von Ontologien sind:

- Eine Ontologie definiert eine Norm auf der Bedeutungsebene.
- Die Semantik erschließt sich dem Rechner so weit, wie vom Entwickler der Ontologie vorgesehen. Der Rechner ist in der Lage, Informationen durch eigenständige Interpretation von Daten zu gewinnen.
- Eine Ontologie enthält Metawissen, nie instanzielles Wissen. Sie liefert ein Weltbild mit Gegenständen (Konzepten) und Naturgesetzen (Axiomen), ohne Aussagen über Zustände zu treffen.
- Im eigentlichen Sinne sind Ontologien anwendungsunabhängig. Aus pragmatischen Gründen werden beim Ontology Design jedoch oftmals Zugeständnisse gemacht, um spezifischen Einsatzzwecken gerecht zu werden.

Die Erstellung einer Ontologie geschieht in drei Schritten (vgl. Abb. 4.4). Im ersten Schritt erfolgt die Konzeptualisierung der Domäne. Hierbei werden die zu modellierenden Begriffe einer Beschreibung des Problemkontexts entnommen und die Bedeutung mithilfe von Visualisierungswerkzeugen, Tabellen und Textverarbeitungssystemen dargestellt. Der zweite Schritt umfasst die formale Modellierung der Ontologie mithilfe spezieller, meist XML-basierter Beschreibungssprachen. Hierbei werden die zu modellierenden Konzepte definiert, die zugehörigen Symbole ausgewählt sowie die semantischen Relationen und Axiome spezifiziert. Durch einen Integritätstest kann die Ontologie auf Widersprüche und Unvollständigkeit untersucht werden. Ontologie-Editoren erleichtern die Erstellung, Verifizierung und Verwaltung der erzeugten Ontologien. Im dritten Schritt wird die Ontologie in die Softwareumgebung integriert und in das von der Anwendung benötigte Repräsentationsformat konvertiert (z. B. OIL: Ontology Inference Layer, OWL: Ontology Web Language, RDF: Resource Description Framework).

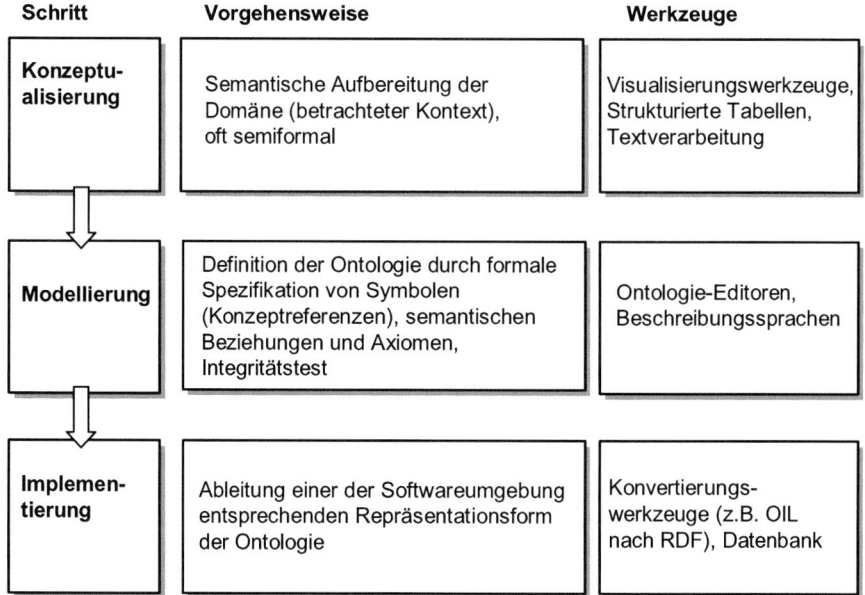

Schritt	Vorgehensweise	Werkzeuge
Konzeptu-alisierung	Semantische Aufbereitung der Domäne (betrachteter Kontext), oft semiformal	Visualisierungswerkzeuge, Strukturierte Tabellen, Textverarbeitung
Modellierung	Definition der Ontologie durch formale Spezifikation von Symbolen (Konzeptreferenzen), semantischen Beziehungen und Axiomen, Integritätstest	Ontologie-Editoren, Beschreibungssprachen
Implemen-tierung	Ableitung einer der Softwareumgebung entsprechenden Repräsentationsform der Ontologie	Konvertierungs-werkzeuge (z.B. OIL nach RDF), Datenbank

Abb. 4.4. Erstellung einer Ontologie

Wird der Kontext des Begriffs „Dienstleistungsunternehmen" als zu beschreibende Domäne gewählt, kann bei der Erstellung der entsprechenden Ontologie z. B. von der folgenden Aussagensammlung ausgegangen werden:

„Ein Unternehmen ist eine Organisationsform, die sich aus Wirtschaftsgütern und Mitarbeitern zusammensetzt. Mitarbeiter sind Personen, die bei einem Unternehmen angestellt sind. Unternehmen und Personen können Güter besitzen. Güter sind Sachgüter oder immaterielle Güter. Dienstleistungsunternehmen erzeugen immaterielle Güter."

Auf der Grundlage dieser Domänenbeschreibung werden im Rahmen der Konzeptualisierung z. B. die Begriffe „Unternehmen", „Organisation", „Wirtschaftsgut", „Mitarbeiter", „Person", „Gut", „Sachgut" und „Immaterielles Gut" als zu modellierende Konzepte ausgewählt. Abb. 4.5 zeigt die von diesen Begriffen aufgespannte Domäne. Die maschinenlesbare Modellierung einer Ontologie setzt voraus, dass alle zu modellierenden Begriffe

in eine strukturbildende Hierarchie von „IST-EIN"-Beziehungen eingebettet sind, an deren Spitze ein abstraktes Konzept steht (hier „T" für
Thing).

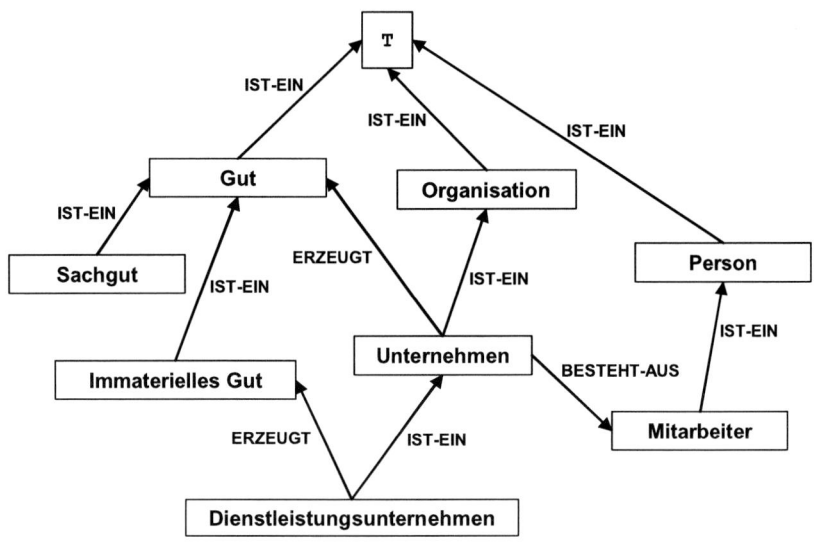

Abb. 4.5. Visualisierung einer Beispiel-Domäne

Die Visualisierung ist um Axiome zu ergänzen, die im Rahmen der
Konzeptualisierung in verbaler Form beschrieben werden können, z. B.
„Ein immaterielles Gut kann nicht gleichzeitig ein Sachgut sein".
Die Konzeptualisierung der Domäne dient nun als Vorschrift zur formalen Modellierung der Ontologie mithilfe einer Beschreibungssprache oder
eines Ontologie-Editors. Hierbei werden auch die Axiome in logische
Ausdrücke umgewandelt. Liegt die Ontologie in maschinenlesbarer Form
vor (vgl. Abb. 4.6), kann sie einem automatischen Integritätstest unterzo-
gen werden. Fehlt z. B. im formalen Modell die „IST-EIN"-Beziehung
zwischen „Dienstleistungsunternehmen" und „Unternehmen", so ergibt
sich beim Integritätstest ein Widerspruch: Dienstleistungsunternehmen erzeugen zwar immaterielle Güter, sind aber keine Unternehmen, obwohl
Unternehmen Güter erzeugen und immaterielle Güter auch Güter sind. Das
sog. „Reasoner-Programm" zieht daher die Schlussfolgerung, dass zwischen „Dienstleistungsunternehmen" und „Unternehmen" eine „IST-
EIN"-Relation hinzuzufügen ist.

```
<?xml version="1.0" encoding="ISO-8859-1" ?>
<!DOCTYPE rdf:RDF>
<rdf:RDF xmlns:rdf=http://www.w3.org/1999/02/22-rdf-syntax-ns#
         xmlns:a="http://www.w3.org/2000/01/rdf-schema#">
  <a:Class rdf:about="file:/WDuW.daml#Dienstleistungsunternehmen">
    <a:subClassOf rdf:resource="file:/WDuW.daml#Unternehmen" />
  </a:Class>
  <a:Class rdf:about="file:/WDuW.daml#Gut" />
  <a:Class rdf:about="file:/WDuW.daml#Immaterielles Gut„>
    <a:subClassOf rdf:resource="file:/WDuW.daml#Gut" />
  </a:Class>
  ...
```

Abb. 4.6. Ausschnitt aus einer Ontologie im RDF-Format

4.1.2 Semantic Web

Durch die semantische Anreicherung von Web-Inhalten entsteht ein ver-
teiltes Wissensnetzwerk, das sog. *Semantic Web*. Das Retrieval von Webseiten basiert nicht mehr nur auf Suchbegriffen, die *in* der Seite vorkommen, sondern auch auf Aussagen *über* die Seite. Im World Wide Web
verfügbare Inhalte („Ressourcen") werden hierbei semantischen Kategorien zugeordnet (z. B. „<person>Max Müller</person>") oder durch
semantische Relationen miteinander verknüpft (z. B. „Max Müller"
ist_student_an „Universität Erlangen-Nürnberg"). Das Semantic Web stellt instanzielles Wissen dar. Sofern eine Ontologie verfügbar ist, in der die verwendeten semantischen Kategorien definiert sind, ist
auch ein Rückschluss auf nicht explizit formuliertes Wissen möglich. Ist
z. B. der semantischen Auszeichnung eines Artikels zu entnehmen, dass er
sich mit „Jazz" befasst, so kann über die in der Ontologie hinterlegte IST-
EIN-Beziehung darauf geschlossen werden, dass es sich bei „Jazz" um eine „Musikrichtung" handelt. Der Recall (vgl. Abschn. 3.3.2) einer semantischen Suchanfrage nach Musikrichtungen wird erhöht.

Neben der Auszeichnung von Ressourcen mittels semantischer Kategorien ist ihre Verknüpfung durch semantische Relationen eine wichtige
Grundlage des Semantic Web. Mithilfe der XML-basierten Auszeichnungssprache RDF (Resource Description Framework) können semantische Links zwischen Web-Ressourcen erstellt werden, z. B. zwischen einer
Veröffentlichung und ihrem Autor. Dies ermöglicht die semantische Suche
mit Anfragen der Art „Wer ist Autor des Buchs XY?".

Die Definition semantischer Relationen erfolgt in RDF mithilfe sog. SPO-Tripels (Subjekt, Prädikat, Objekt). Subjekt und Objekt sind Web-Ressourcen, die mittels ihres URI (Uniform Resource Identifier) adressiert werden. Das „Prädikat" stellt die Beziehung zwischen diesen Web-Ressourcen her. Es verweist auf den Speicherort einer Beschreibung der verwendeten semantischen Kategorie. Abb. 4.7 zeigt ein Beispiel einer solchen Relation.

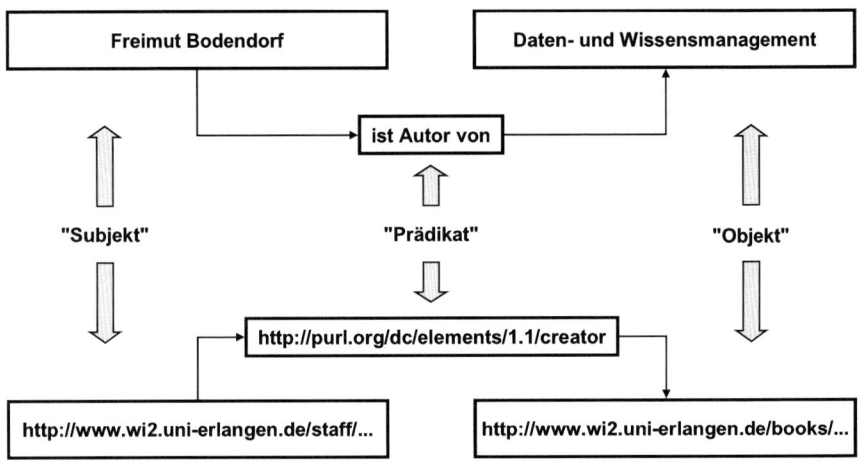

Abb. 4.7. Semantische Relation zwischen Web-Ressourcen

Abb. 4.8 zeigt ein XML-Dokument nach dem RDF-Standard, das die in Abb. 4.7 skizzierte semantische Relation enthält.

```
<rdf:RDF xmlns:rdf="http://www.w3.org/1999/02/22-rdf-syntax-ns#"
         xmlns:dc="http://purl.org/dc/elements/1.1/">
  <rdf:Description rdf:about="http://www.wi2.uni-erlangen.de/books/...">
    <dc:creator rdf:resource="http://www.wi2.uni-erlangen.de/staff/..."/>
  </rdf:Description>
</rdf:RDF>
```

Abb. 4.8. RDF-Dokument

Um ein SPO-Tripel in RDF zu definieren, muss zunächst das XML-Schema des Resource Description Frameworks referenziert werden. Es wird mit dem Namespace „RDF" versehen, so dass dem RDF-Schema entnommene Elementnamen das Präfix „rdf:" erhalten (vgl. Abschn. 3.1.3). Um die semantischen Kategorien des Dublin Core Metadata Element Set zu verwenden (vgl. Abschn. 4.1.1), wird dieses ebenfalls über einen Namespace referenziert („DC").

Das RDF-Inhaltselement „Description" enthält das zu beschreibende SPO-Tripel. Das Attribut „resource" verweist auf das Subjekt des Tripels, hier auf die Homepage des Autors. Das Objekt des Tripels wird als Attribut „about" hinzugefügt. Es enthält im gegebenen Beispiel den URI, der auf eine Beschreibung des Buchs verweist. Um eine Web-Ressource als Autor zu deklarieren, wird das Inhaltselement „creator" des Dublin-Core-Standards verwendet.

Die semantische Auszeichnung von Web-Inhalten ermöglicht eine Vielzahl von Anwendungen. Neben der semantischen Suche ist auch die Wissensgewinnung mittels Data-Mining-Methoden (vgl. Abschn. 2.4.3) ein breites Anwendungsfeld. Die semantisch angereicherte Präsentation von Web-Links (z. B. „Dieser Link führt zu einem übergeordneten Thema") erleichtert die Navigation in einem verteilten Wissensbestand. Die Ergänzung der verwendeten semantischen Schemata um formale Konzeptspezifikationen (Ontologien) ermöglicht eine selbstständige Interpretation und Klassifizierung der betrachteten Web-Inhalte durch den Browser.

4.2 Prozess des Wissensmanagements

Wissensmanagement ist als ein Prozess anzusehen, der in sechs Kernprozessaktivitäten unterteilbar ist (vgl. Abb. 4.9). Die Aktivitäten *Wissensziele formulieren* und *Wissen identifizieren* stoßen den eigentlichen Prozess an und kontrollieren seine Dynamik. Der innere Kreislauf zeigt die operative Seite des Wissensmanagements mit den Aktivitäten *Wissen entwickeln, Wissen speichern, Wissen verteilen* und *Wissen anwenden*.

Viele Wissensprobleme entstehen, weil die Organisation einer oder mehrerer dieser Kernprozessaktivitäten zu wenig Beachtung schenkt und somit den Wissenskreislauf stört. Die einzelnen Aktivitäten stehen in einem wechselseitigen Verhältnis zueinander und dürfen nicht isoliert betrachtet werden.

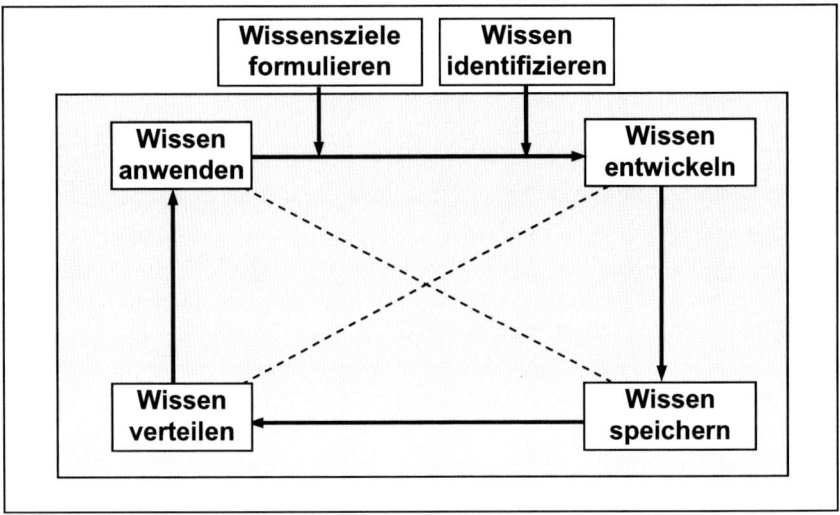

Abb. 4.9. Kernprozess des Wissensmanagements

4.2.1 Formulierung von Wissenszielen

Der Wissensmanagement-Prozess beginnt mit der Definition von Wissenszielen, die sich aus den Unternehmenszielen ableiten. Dabei steuern die
Wissensziele die Aktivitäten des Wissensmanagements, um existierende
und entstehende Bedürfnisse an Wissen zu erfüllen, vorhandenes Wissen
optimal zu nutzen und in neue Produkte, Prozesse und Geschäftsfelder
umzusetzen. Zugleich sind die Wissensziele unabdingbare Voraussetzung,
um den Erfolg bzw. Misserfolg überprüfbar zu machen. Die Betrachtung
der Wissenszielsetzung geschieht auf der normativen, strategischen und
operativen Zielebene:

- *Normative Wissensziele* beziehen sich auf die grundlegende unterneh-
  menspolitische Vision sowie auf unternehmenskulturelle Aspekte, wie
  z. B. bei der Definition einer „wissensbewussten Unternehmenskultur"
  als Unternehmensleitbild. Sie bilden die Leitlinien für die Entwicklung
  strategischer und operativer Wissensziele.
- *Strategische Wissensziele* werden für langfristige Programme festgelegt,
  die zur Verfolgung der Vision entwickelt werden, wie z. B. Festlegung
  und Strukturierung des organisationalen Kernwissens.
- *Operative Wissensziele* sichern die Umsetzung der normativen und strategischen Programme auf der Ebene der täglichen Aktivitäten des Un-

ternehmens. Hierzu gehört z. B. die Gewährleistung der Verfügbarkeit aller intern erstellten Dokumente der Organisation.

4.2.2 Wissensidentifikation

Ehe Unternehmen mit aufwändigen Bemühungen zum Aufbau organisationaler Kompetenzen beginnen, gilt es, eine angemessene Transparenz über kritische Wissensbestände zu schaffen, um ineffiziente Entscheidungen zu vermeiden und Ansatzpunkte für die Erfüllung der Wissensziele zu identifizieren. Die Schaffung *interner Wissenstransparenz* umfasst die Feststellung der eigenen sowohl individuellen als auch kollektiven Fähigkeiten. Welche Wissensträger über welches Wissen verfügen, ist die zentrale Fragestellung zur Feststellung der individuellen Fähigkeiten. Die Erkennung kollektiven Wissens muss sich vor allem mit Fragestellungen beschäftigen, nach welchen Regeln Wissensteilungsprozesse ablaufen und welche internen informellen Netzwerke beim Austausch von Informationen Bedeutung besitzen. Zur Schaffung interner Wissenstransparenz zählt auch die Katalogisierung des in Datenbanken und Dokumentenbeständen vorhandenen expliziten Wissens.

Die Hauptaufgabe bei der Schaffung *externer Wissenstransparenz* liegt in der systematischen Erhellung des relevanten Wissensumfeldes einer Organisation, um Kooperationschancen mit externen Experten oder wichtige Netzwerke außerhalb der Organisationsstrukturen nutzen zu können.

Die Analyse und Identifikation von Fähigkeitsdefiziten und Wissenslücken bildet den Ausgangspunkt für die Gestaltung der Kernprozessaktivität *Wissen entwickeln*.

4.2.3 Wissensentwicklung

Organisationen vermögen neue Fähigkeiten, neue Produkte, bessere Ideen und leistungsfähigere Prozesse sowohl durch eigene Kraft als auch durch Erwerb von außen zu gewinnen. Der Schlüssel hierzu ist die Vermehrung (quantitativ) bzw. die Verbesserung (qualitativ) des vorhandenen Wissens.

Die Wissensentwicklung umfasst alle Managementaktivitäten und technischen Maßnahmen, mit denen die Organisation sich bewusst um die Gewinnung von Kompetenzen bemüht, die intern noch nicht vorhanden sind. Wissensentwicklung lässt sich auf der impliziten und der expliziten Ebene umsetzen. Während die Entwicklung des impliziten Wissens auf individuelle und kollektive Lernprozesse setzt, wird das explizite Wissen durch Maßnahmen der Wissensgewinnung und -beschreibung weiterentwickelt.

Prozesse der *individuellen Wissensentwicklung* beruhen auf Kreativität und systematischer Problemlösungsfähigkeit. Während Kreativität eher als einmaliger Schöpfungsakt anzusehen ist, folgt die Lösung von Problemen vielmehr einem Prozess, der mehrere Phasen umfasst. Kreativität ist als chaotische und Problemlösungskompetenz als systematische Komponente des Wissensentwicklungsprozesses begreifbar. Beide Komponenten sind durch Maßnahmen der Kontextsteuerung zu fördern, die das Individuum in seiner Wissensproduktion unterstützen.

Prozesse der *kollektiven Wissensentwicklung* folgen häufig einer anderen Logik als im individuellen Fall. Betrachtet man das Team als Keimzelle kollektiven Lernens in der Unternehmung, dann ist auf die Schaffung komplementärer Fähigkeiten in der Gruppe und die Vorgabe sinnvoller und realistischer Gruppenziele zu achten. Nur in einer Atmosphäre von Offenheit und Vertrauen, die durch eine hinreichende Kommunikationsintensität unterstützt und erzeugt werden kann, sind kollektive Prozesse der Wissensentwicklung individuellen Bemühungen überlegen.

4.2.4 Wissensspeicherung

Die gezielte Speicherung von Wissen, um Wahrgenommenes, Erlebtes oder Erfahrenes über den Augenblick hinaus zu bewahren und es zu einem späteren Zeitpunkt wieder abrufen zu können, stellt eine für das Wissensmanagement elementare Aufgabe dar. Die Aufbewahrung von Wissen setzt drei Grundprozesse des Wissensmanagements voraus: Selektieren, Speichern und Aktualisieren von Wissensbestandteilen.

Die Organisation muss zunächst aus der Vielzahl organisatorischer Ereignisse, Personen und Prozesse die bewahrungswürdigen *selektieren*. Für Kernbereiche der organisationalen Wissensbasis sind Anstrengungen zur sinnvollen Auswahl und Dokumentation zu unternehmen. Dabei gilt die Leitregel, dass nur das zu bewahren ist, was in der Zukunft für Dritte nutzbar sein könnte.

In einem nächsten Schritt sind die bewahrungswürdigen Wissensbestandteile in angemessener Form in der organisationalen Wissensbasis zu *speichern*. Dabei lassen sich individuelle Speicherungsformen zur Bewahrung des in den Köpfen der Mitarbeiter verankerten Wissens, kollektive Speicherungsformen zur Bewahrung des in geschlossenen Teams vorhandenen Wissens und elektronische Speicherungsformen zur Bewahrung von Wissen in digitalisierter Form unterscheiden.

Um eine Überalterung des abgespeicherten Wissens zu vermeiden, müssen Kriterien definiert werden, mit deren Hilfe entscheidbar ist, ob und inwieweit das vorhandene Wissen zu *aktualisieren* ist. Diese Entscheidung kann z. B. durch ein „Verfalldatum" unterstützt werden, nach dessen Ablauf Wissen hinsichtlich des Zwecks, für den es ursprünglich im Wissensspeicher abgelegt wurde, erneut beurteilt wird. Die Beurteilung kann eine Überarbeitung bewirken oder auch dazu führen, dass das Wissen aus dem Speicher entfernt wird.

4.2.5 Wissensverteilung

Der Begriff der Wissensverteilung bezieht sich je nach Kontext entweder auf die zentral gesteuerte Weitergabe von Wissen an eine festgelegte Gruppe von Mitarbeitern oder auf die simultane Verbreitung von Wissen unter Individuen bzw. im Rahmen von Teams und Arbeitsgruppen.

Eine Hauptaufgabe der Wissensverteilung besteht in der Multiplikation von Wissen, womit man einen schnellen Wissenstransfer an größere Zielgruppen verfolgt. Der Umfang der Wissensverteilung muss gesteuert werden, damit Mitarbeiter Zugang zu den Wissensbeständen erhalten, die für ihre spezifische Aufgabenerfüllung und damit für den reibungslosen Ablauf organisatorischer Prozesse notwendig sind.

Problematisch für die Wissensverteilung ist die bewusste Zurückhaltung relevanten Wissens aufgrund opportunistischen Verhaltens („Hoheitswissen"). Anreizsysteme dienen der Überwindung solcher Widerstände bei der Wissensweitergabe (vgl. Abschn. 4.3.2).

4.2.6 Wissensanwendung

Die Anwendung von Wissen, also dessen produktiver Einsatz zum Nutzen des Unternehmens, ist Ziel und Zweck des Wissensmanagements. Die Nutzung „fremden" Wissens wird jedoch durch eine Reihe von Barrieren beschränkt. Fähigkeiten oder Wissen „fremder" Wissensträger zu nutzen, ist für viele Menschen ein widernatürlicher Akt (Not-Invented-Here-Syndrom), den sie nach Möglichkeit vermeiden. Deshalb müssen Unternehmen durch die Gestaltung von Rahmenbedingungen sicherstellen, dass mit großem Aufwand erstelltes und als strategisch wichtig eingeschätztes Wissen auch tatsächlich im Alltag genutzt wird und nicht dem generellen Beharrungsvermögen der Organisation zum Opfer fällt.

Mit der Kernprozessaktivität „Wissen anwenden" schließt sich der Zyklus des Wissensmanagements und beginnt erneut mit der Entwicklung von neuem Wissen. Die Potenziale, die der effiziente Einsatz der Kernprozessaktivitäten des Wissensmanagements bietet, lassen sich nur dann optimal ausschöpfen, wenn der ganzheitliche Ansatz des „Knowledge Life Cycle" verfolgt wird.

4.3 Gestaltungsfelder des Wissensmanagements

Der Erfolg des Wissensmanagement-Prozesses ist abhängig von verschiedenen Einflussfaktoren. Abb. 4.10 zeigt sechs Felder, die eine Organisation so gestalten kann, dass der Wissensmanagement-Prozess zu den erwünschten Erfolgen führt.

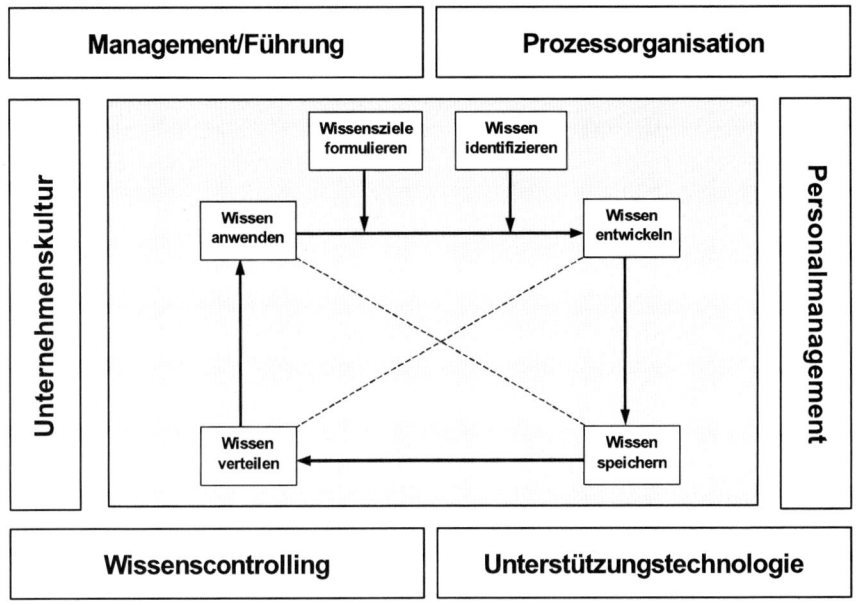

Abb. 4.10. Gestaltungsfelder des Wissensmanagements

Die folgenden Abschnitte zeigen exemplarisch auf, welche Möglichkeiten zur Gestaltung der einzelnen Felder einer Organisation dabei zur Verfügung stehen.

4.3.1 Unternehmenskultur

Im Rahmen der Unternehmenskultur sind Maßnahmen zu treffen, damit innerhalb der Organisation eine positive Einstellung zum Wissen entsteht und wissenshinderliche Barrieren vermieden werden. Die interne Kommunikation der normativen Wissensziele einer Organisation trägt zum Abbau von Wissensbarrieren und zu einer dem Wissensaustausch und der Wissensentwicklung förderlichen Unternehmenskultur bei.

Bei der Ableitung kultureller Maßnahmen empfiehlt sich die Beachtung einiger grundlegender Kontextfaktoren, wie z. B. Schaffung von Freiräumen, Förderung einer offenen Kommunikation, Entwicklung von Vertrauen oder Tolerierung von Fehlern in gewissem Rahmen.

Eine weitere mögliche Maßnahme zur Unterstützung einer wissensorientierten Unternehmenskultur ist die Belohnung von Wissensentwicklung, -speicherung, -verteilung und -anwendung im Rahmen bestehender Anreiz- und Bewertungsmechanismen, wie z. B. Prämien für vorbildliche „Wissensteiler" oder die Evaluation der Qualität der eingebrachten Beiträge eines Mitarbeiters mit Auswirkung auf seine Gehalts- und Karriereaussichten.

4.3.2 Personalmanagement

Das Personalmanagement bildet ein Gestaltungsfeld, das die erfolgskritischen Faktoren „Motivation und Qualifikation der Mitarbeiter", „Training und Weiterbildung" und „Belohnung" beeinflusst.

Das an der vorgegebenen Unternehmensstrategie und der damit verknüpften Wissensstrategie auszurichtende Personalmanagement muss das in den einzelnen Abteilungen benötigte Wissen z. B. durch Rekrutierung sowie Aus- und Weiterbildungsmaßnahmen zur Verfügung stellen bzw. dessen Entwicklung unterstützen. Zudem versucht es, die Mitarbeiter zu effektivem Wissensmanagement zu motivieren.

Der Stellenwert finanzieller Anreize zur Steigerung des Engagements der Mitarbeiter wird allerdings oft überschätzt. Eine wesentlich nachhaltigere Wirkung besitzt die so genannte intrinsische Motivation. Diese kann durch positives Feedback oder auch die Erweiterung des Tätigkeits- und Entscheidungsspielraums gefördert werden. Des Weiteren setzen im Rahmen eines effektiven Wissensmanagements immer mehr Unternehmen auf die „Visualisierung" des Erfolges, z. B. mit Preisen oder öffentlicher Anerkennung.

4.3.3 Management und Führung

Aspekte des Führungsstils sind stark mit Aspekten der Unternehmenskultur und des Personalmanagements verbunden. Führungskräfte vermögen mit einer offenen Kommunikation und dem Vorleben von Verhaltensweisen, die dem Wissensmanagement dienlich sind, ein Klima des Vertrauens und der Akzeptanz aufzubauen und damit eine positive Einstellung der Mitarbeiter zur wissensorientierten Organisation zu fördern.

Auf der individuellen Ebene kann das Management die Bereitschaft zur kontinuierlichen Hinterfragung bestehender Abläufe unterstützen, um dem Not-Invented-Here-Syndrom vorzubeugen. Auf organisationaler Ebene muss das Management das Verständnis von Wissen als wettbewerbsentscheidende Ressource begünstigen, die es unabhängig von ihrem Ursprung zum gemeinsamen Nutzen der Organisation einzusetzen gilt. Sieht man in einem Unternehmen Wissen als strategische Ressource an, dann ist damit eine wichtige Voraussetzung geschaffen, um Wissensmanagement erfolgreich zu praktizieren.

4.3.4 Prozessorganisation

Für ein wissensorientiertes Geschäftsprozessmanagement bedarf es der Strukturierung von Geschäftsprozessen, um durchgängige, schnittstellenarme Abläufe zu schaffen, die den Wissensfluss in den Unternehmen verbessern. Die meisten Unternehmen konzentrieren sich bei der Einführung von Wissensmanagementkonzepten auf die Unterstützung und Optimierung von *wissensintensiven Prozessen*. Dabei handelt es sich häufig um unstrukturierte Prozesse, deren Ergebnis von zahlreichen spontanen Entscheidungen der Prozessbeteiligten beeinflusst wird (z. B. Forschung und Entwicklung). Zudem sind wissensintensive Prozesse dadurch gekennzeichnet, dass das in ihnen anzuwendende Wissen eine geringe Halbwertzeit aufweist und ihre erfolgreiche Durchführung eine lange Lerndauer und viel Erfahrung erfordert.

Wissensmanagement beeinflusst die Prozesse eines Unternehmens auf zwei unterschiedliche Arten. Zum einen bedingt es möglicherweise die Anpassung oder Ergänzung bestehender Prozesse. So kann z. B. in Unternehmensberatungen die Projektabwicklung um einen Prozessschritt „Debriefing" erweitert werden, in dem Projektergebnisse sowie positive und negative Erfahrungen systematisch aufbereitet und als neues Wissen dokumentiert werden („Lessons Learned", „Best Practices").

Zum anderen führt das Wissensmanagement u. U. zur Definition völlig neuer Prozesse, die in die Ablauforganisation des Unternehmens zu integrieren sind. Beispiel hierfür ist ein Qualitätssicherungsprozess für Wissen, das in einen zentralen elektronischen Speicher eingebracht werden soll. Ziel des Prozesses ist es sicherzustellen, dass das abgelegte Wissen Mindestanforderungen, z. B. bezüglich formaler und inhaltlicher Kriterien oder der Wiederverwendbarkeit in zukünftigen Projekten, erfüllt.

4.3.5 Wissenscontrolling

Das Wissenscontrolling gibt Auskunft („Feedback") darüber, ob Wissensziele angemessen formuliert und Wissensmanagement-Maßnahmen erfolgreich durchgeführt wurden. Die Messung und die Bewertung organisationalen Wissens erweisen sich jedoch als mit die größten Schwierigkeiten, die das Wissensmanagement zu bewältigen hat. Bei Wissensindikatoren handelt es sich fast ausschließlich um nichtmonetäre Größen, die sich nur schwer quantifizieren lassen. Ohne geeignete Instrumente zur Wissensbewertung ist es nicht möglich, Fehlentwicklungen bei der Umsetzung frühzeitig zu erkennen und Korrekturmaßnahmen einzuleiten. Entsprechend den formulierten Wissenszielen bedarf es Methoden zur Messung von normativen, strategischen und operativen Wissenszielen.

Die *normative Wissensbewertung* zielt darauf ab, zu überprüfen, ob das Unternehmen seine normativen Wissensziele erreicht, indem es z. B. ein dem Wissensaustausch förderliches Arbeitsklima bietet. Als Methoden der normativen Wissensbewertung sind vor allem Kulturanalysen, Agendaanalysen und Glaubwürdigkeitsanalysen gebräuchlich. Diese gehen der Frage nach, ob sich durch Wissensmanagement-Maßnahmen die Unternehmenskultur bezüglich der normativen Wissensziele verbessert hat. Der Vergleich zwischen Ist- und Soll-Status findet über Mitarbeiterbefragungen und Beobachtungen statt.

Die *strategische Wissensbewertung* soll Aufschluss über die Veränderung organisationalen Wissens auf verschiedenen Unternehmensebenen geben, um sicherzustellen, dass sich das gesamte Kompetenzportfolio des Unternehmens in der gewünschten Weise entwickelt. Die bekanntesten Methoden der strategischen Wissensbewertung sind deduktiv summarische Ansätze wie der *Calculated Intangible Value* oder *Markt-Buchwert-Relationen* und induktiv analytische Ansätze wie der *Intangible Asset Monitor* oder der *Intellectual Capital Navigator*. Eine Integration der Wissensperspektive und der finanziellen Perspektive ist in allgemeiner Form bei der *Balanced Scorecard* gegeben.

Die *operative Wissensbewertung* setzt schließlich auf der Ausführungsebene an, für die ein Wissensziel formuliert wurde. Für Zielsetzungen, die Teams oder Projektgruppen betreffen, stehen dabei die Instrumente des Projektcontrollings zur Verfügung. Die Wissensbewertung einzelner Mitarbeiter lässt sich mit Instrumenten des Ausbildungscontrollings oder der Erstellung individueller Fähigkeitsprofile durchführen.

4.4 Anwendungssysteme für das Wissensmanagement

Zur Unterstützung des Wissensmanagements gibt es eine Vielzahl von Anwendungssystemen. Oft handelt es sich dabei aus technologischer Sicht um „alten Wein in neuen Schläuchen", z. B. bei Datenbank-basierten Retrieval-Systemen oder Dokumenten-Management-Systemen, die es bereits lange vor dem Begriff Wissensmanagement gab, die aber unter den Schlagwörtern „Wissensmanagement-System" oder „Knowledge-Management-System" vertrieben werden.

Abb. 4.11 zeigt eine Aufstellung ausgewählter Technologien, die man zur Unterstützung des Wissensmanagements einsetzen kann. Viele davon wurden in den vorhergehenden Abschnitten behandelt.

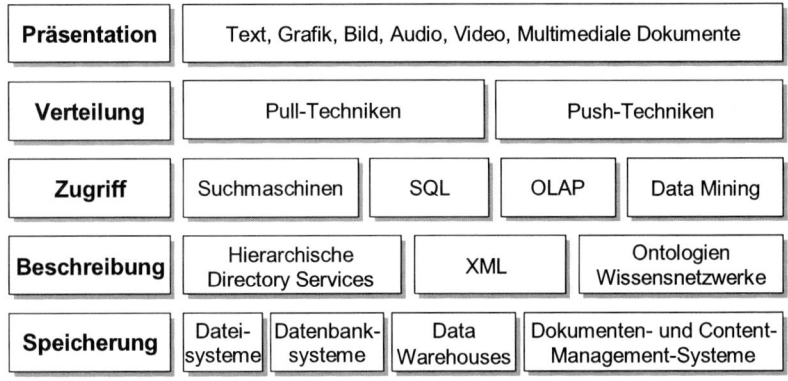

Abb. 4.11. Technologien des Wissensmanagements

Wissensmanagement-Anwendungen unterstützen den Prozess des Wissensmanagements (vgl. Abb. 4.9) und damit die Erreichung der normativen, strategischen und operativen Wissensziele (vgl. Abschn. 4.2.1). Z. B. dienen *Knowledge-Mapping-Systeme* primär der transparenten Identifikation des vorhandenen Wissens durch den Aufbau von Kompetenz- und Erfahrungsnetzwerken („Who Knows What"). Sie erlauben den Mitarbeitern einer Organisation, nach Experten zu einem bestimmten Themengebiet zu suchen. Meist basieren Knowledge Maps auf freiwilligen Angaben der Mitarbeiter. Durch Anreizsysteme, z. B. die Gutschrift von Wissenspunkten auf einem persönlichen „Wissenskonto" nach einer geeigneten Qualitätskontrolle der Angaben, wird die Akzeptanz dieser Systeme unter den Mitarbeitern erhöht.

Skill-Management-Systeme dienen im Wissensmanagement-Prozess der Wissensentwicklung. Sie bilden die Skills (Kenntnisse, Erfahrungen,

Kompetenzen) der Mitarbeiter in messbarer und einheitlich strukturierter Form in einer Skills-Datenbank ab, so dass benötigte und vorhandene Skills abgeglichen werden können (vgl. Abb. 4.12). Die benötigten Skills werden aus den Wissenszielen abgeleitet, die vorhandenen Skills im Rahmen von Mitarbeitergesprächen und Projekt-Beurteilungen erhoben.

Ergeben sich beim Soll-Ist-Vergleich Abweichungen, trifft man geeignete Rekrutierungs-, Personalentwicklungs- und Personaleinsatz-Maßnahmen. Z. B. können Anforderungsprofile definiert werden, die bei der Personaleinsatzplanung zu berücksichtigen sind. So wird sichergestellt, dass einer Aufgabe nur Mitarbeiter mit einem geeigneten Skill-Profil zugeordnet werden. Stehen nicht genügend Mitarbeiter mit einem passenden Profil zur Verfügung, werden die benötigten Skills durch Fortbildungsmaßnahmen entwickelt. Ist dies aus Zeit- oder Ressourcengründen nicht möglich, leitet man aus dem Anforderungsprofil ein Bedarfsprofil für die Personalrekrutierung ab, so dass das Skill-Defizit über Neueinstellungen ausgeglichen wird. Oft spiegeln Laufbahnmodelle und die Instrumente zur Bewerberauswahl nicht nur die operativen Anforderungs- und Bedarfsprofile wider, sondern sind auch an normativen und strategischen Wissenszielen ausgerichtet. Wird z. B. das normative Ziel einer ständigen Erneuerung des Unternehmenswissens verfolgt, so kann das in Beratungsunternehmen übliche „up-or-out"-Laufbahnmodell eingesetzt werden. Dieses zeichnet sich durch kurze Beförderungswege und häufige, das Fortkommen und die Weiterbeschäftigung maßgeblich beeinflussende Personal-Beurteilungen aus.

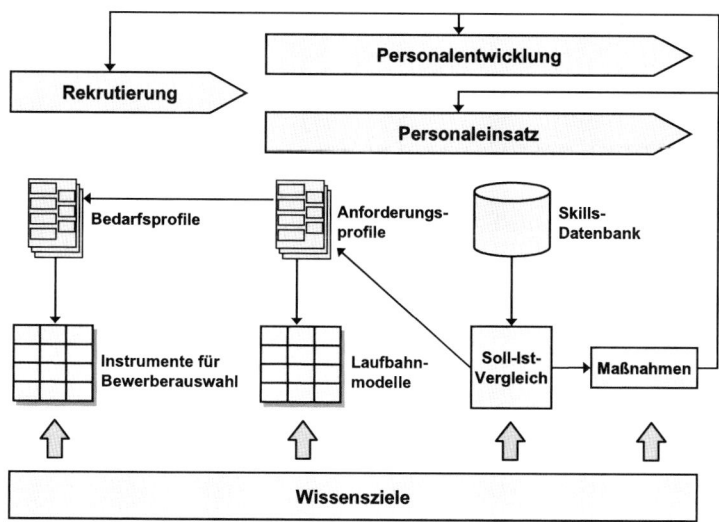

Abb. 4.12. Skill Management

Die Planung des Personaleinsatzes im Rahmen des Skill Management kann durch *Assignment-Management-Systeme* unterstützt werden. Diese stellen Funktionen zur Verringerung der „Costs-of-Non-Conformance" zur Verfügung. Kosten dieser Art entstehen z. B. im Projektgeschäft in Unternehmensberatungen, wenn Mitarbeiter nicht hinreichend ausgelastet sind oder nicht über die notwendigen Kenntnisse verfügen, um ein Projekt in der vom Kunden gewünschten Qualität im vorgegebenen Zeitrahmen abzuschließen. Assignment-Management-Systeme berechnen mithilfe von Prognoseverfahren die benötigten Ressourcen und gleichen sie mit den vorhandenen Kapazitäten ab. Neuere Systeme verwenden hierzu Methoden des Soft-Computing (z. B. Künstliche Neuronale Netze, vgl. Abschn. 5.5), um bei Skill-Defiziten dennoch eine bestmögliche Personalbesetzung für ein Projekt oder eine Aufgabe finden zu können. Da Assignment-Management-Systeme vorhandenes Wissen nutzbar machen, indem sie Aufgaben geeigneten Mitarbeitern zuweisen, sind sie der Wissensanwendung zuzuordnen.

Während Skill-Management-Systeme auf die Entwicklung impliziten Wissens, d. h. des Wissens der Mitarbeiter abzielen, dienen *Knowledge-Discovery-Systeme*, wie z. B. Data Mining Tools, der Entwicklung expliziten Wissens in Form validierter Hypothesen (vgl. Abschn. 2.4.3). Sie können Zusammenhänge und Informationen in Datenbeständen entdecken, die z. B. für Menschen aufgrund der großen Datenmenge nicht oder nur mit unvertretbar hohem Aufwand herauszufinden sind.

Dokumenten- und *Content-Management-Systeme* dienen im Wissensmanagement-Prozess der Speicherung und Verteilung von Wissensbeständen. Dokumenten-Management-Systeme unterstützen die strukturierte Erzeugung, Ablage, Verwaltung, Übertragung und Wiedergewinnung von elektronischen Dokumenten und sind eine von vielen Möglichkeiten der elektronischen Speicherung expliziten Wissens innerhalb eines Unternehmens (vgl. Abschn. 3.3). Content-Management-Systeme erlauben u. a. die verteilte Verwaltung von Intranet-, Extranet- und Internet-Sites. Sie bieten u. a. Bündelung und Publikation von Informationselementen (vgl. Abschn. 3.2).

Virtual-Teaming- oder *Workgroup-Support-Systeme* unterstützen den Wissensaustausch zwischen mehreren Personen mittels elektronischer Medien und Werkzeuge. Mögliche Anwendungen sind intra-/internetbasierte Dokumentenablagen, verteilte Konferenz- und Kollaborationstools sowie Diskussionsforen. Für den Wissensaustausch in besonders großen Nutzergruppen werden oft sog. Wiki-Webs eingesetzt („wikiwiki" = hawaiianisch „schnell"). Hier bearbeitet die Nutzergruppe gemeinsam einen HTML-Dokumentenbestand. Die Bereitstellung einfacher HTML-Editoren, der unmittelbar erkennbare Nutzen und verschiedene Anreizsysteme (z. B. „Wiki-Awards") führen zu einer hohen Akzeptanz.

Die Aufstellung zeigt, dass ein „Wissensmanagement-System" kein selbstständiges oder neuartiges Anwendungssystem ist, sondern durch die Kombination unterschiedlicher, innovativer Technologien entsteht und oft durch organisatorische Maßnahmen flankiert ist.

5 Wissensbasierte und wissensorientierte Systeme

5.1 Überblick

Wissensbasierte bzw. wissensorientierte Systeme werden eingesetzt, um Aufgaben zu bearbeiten, zu denen der Mensch üblicherweise seine Intelligenz benötigt. Sie verwenden hierzu Methoden der Künstlichen Intelligenz. Die Künstliche Intelligenz ist ein Bereich der Informatik, der sich mit der Abbildung menschlicher Kognitionsprozesse durch Software beschäftigt. Dabei sind im Wesentlichen zwei Teilbereiche zu unterscheiden: Das Verständnis der menschlichen Intelligenz, d. h. der Fähigkeit, die Umwelt zu verstehen und daraus Wissen zu generieren, das für komplexe Problemlösungen wiederverwendet werden kann, sowie die technische Realisierung komplexer Computersysteme, die dieses Wissen repräsentieren und zur Aufgabenbewältigung einsetzen.

Wissensbasierte Systeme wie Experten- oder Case-Based-Reasoning-Systeme bauen auf einer expliziten Wissensbasis auf, die aus einer Menge von Problemlösungsvorschriften besteht. Bei Künstlichen Neuronalen Netzen und Genetischen Algorithmen ist Wissen nicht in der Form einer fest umrissenen Sammlung von Wissenselementen gegeben. Man spricht deshalb auch von wissensorientierten Systemen. Wissen entsteht dort dynamisch und implizit, indem die Systeme z. B. mit einem relativ „dummen" Anfangszustand beginnend mehrere Lernzyklen durchlaufen, in denen sie sich durch die Anpassung von Parametern Problemlösungswissen aneignen.

Mithilfe von wissensbasierten und wissensorientierten Techniken möchte man Verfahren entwickeln, die sich insbesondere für pragmatische Problemstellungen eignen, die wegen hoher Komplexität, Unsicherheit oder nur teilweise vorhandener Information mit herkömmlichen algorithmischen und kombinatorischen Methoden nicht oder nur begrenzt gelöst werden können. Sie stellen somit einen Beitrag zur Pflege und Weiterentwicklung des Unternehmenswissens dar.

5.2 Case-Based Reasoning

Die Wurzeln des fallbasierten Schließens finden sich in den psychologischen und philosophischen Theorien der Konzeptentwicklung, der Problemlösung und des erfahrungsbasierten Lernens. Grundlegende Arbeiten zur Entwicklung der Methode stammen aus den Bereichen der Künstlichen Intelligenz und des maschinellen Lernens. Grundidee des Case-Based Reasoning (CBR) ist die Bearbeitung einer gegebenen Problemstellung durch Anwendung von Lösungswissen, das in vorhergehenden Situationen gewonnen wurde. In einer Fallbasis sind die in der Vergangenheit vorgekommenen Probleme zusammen mit den jeweiligen Lösungen gespeichert. Beim Auftreten eines neuen Problems wird ein ähnlicher abgelegter Fall identifiziert (Retrieve) und die zugehörige Lösung an das neue Problem angepasst (Reuse). Die angepasste Lösung wird schließlich anhand von Simulationsläufen oder ihres realen Einsatzes zur Problemlösung verifiziert und ggf. korrigiert (Revise). Das neue Problem und seine verifizierte Lösung können nun als weiterer Fall in der Fallbasis hinterlegt werden. Das Verfahren des Case-Based Reasoning beinhaltet somit einen inkrementellen Lernprozess, da bei jeder neuen Problemlösung das gewonnene Wissen in der Fallbasis festgehalten wird und für zukünftige Fragestellungen zur Verfügung steht (vgl. Abb. 5.1).

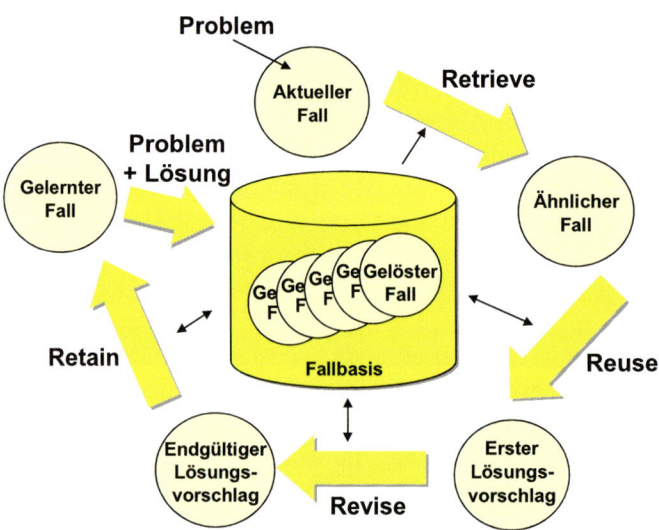

Abb. 5.1. Zyklus des Case-Based Reasoning

5.2.1 Case Retrieval

Ziel des Case Retrieval ist das Auffinden des für die Lösung der neuen Aufgabe (*New Case*) geeignetsten Falls (*Retrieved Case*). Begonnen wird mit einer unter Umständen zunächst unvollständigen Beschreibung des gegebenen Problems. Um ähnliche Fälle aufzufinden, prüft das System die erfassten Deskriptoren und die in der Fallbasis gespeicherten Beschreibungen auf Übereinstimmung. Fortgeschrittene Lösungen beinhalten Ansätze, die über den rein syntaktischen Abgleich der Deskriptoren hinausgehen und beispielsweise versuchen, den Kontext der Problemstellung zu verstehen. Dazu werden u. a. Plausibilitätsprüfungen der Merkmalswerte oder Relevanztests der erfassten Ausprägungen durchgeführt. Korrelationsanalysen zur Erkennung von Abhängigkeiten zwischen Merkmalsausprägungen können z. B. dazu verwendet werden, die vom Benutzer eingegebene Problembeschreibung zu vervollständigen. Das System bietet dem Anwender dann automatisch entsprechend plausible Deskriptoren an. Üblich ist auch die Verwendung verschiedener Distanzmaße zur Bestimmung der Ähnlichkeit zwischen New Case und Retrieved Case. Diese haben zum einen den Vorteil, dass sie konfigurierbar sind (z. B. Gewichtung der unterschiedlichen Einflussgrößen), zum anderen verdichten sie die Bewertung der Eignung eines aufgefundenen Falles auf eine einheitliche Größe.

5.2.2 Case Reuse

Aufgabe dieser Phase ist es, das Lösungswissen des aus der Fallbasis selektierten Falles auf das gegebene Problem anzuwenden und somit eine neue Lösung zu generieren. Dazu müssen zunächst die Unterschiede zwischen dem neuen und dem alten Fall identifiziert werden um anschließend zu prüfen, welche Teile des gespeicherten Lösungswissens auf die neue Situation anwendbar sind. Man unterscheidet folgende Möglichkeiten des Case Reuse:

- *Copy:* Copy ist das einfachste Verfahren, eine gegebene Lösung wiederzuverwenden. Hier wird der Unterschied zwischen Retrieved Case und New Case ignoriert und die Lösung des gespeicherten Falls auf den neuen ohne weitere Modifikationen transferiert. Die Methode eignet sich aufgrund ihrer Ungenauigkeit lediglich für einfache Aufgaben oder für Anwendungen, bei denen eine vollständige Fallbasis vorliegt, d. h. für jede mögliche Ausprägung der Deskriptoren bereits eine Lösung produziert wurde.
- *Adapt:* Hier wird versucht, den gefundenen Lösungsansatz an den neuen Fall anzupassen. Es lassen sich zwei Vorgehensweisen unterscheiden:

Beim *Transformational Reuse* verwendet man Operatoren (Transformational Operators), die beschreiben, wie das gespeicherte Lösungswissen auf die neue Situation zu transformieren ist. Transformational Operators sind meist den entsprechenden Deskriptoren der Fälle zugeordnet und haben häufig die Gestalt von Wenn-Dann-Regeln. Transformational Reuse ist auf die prinzipielle Ähnlichkeit vorhandenen Lösungswissens ausgerichtet. Dies setzt wiederum ein stark domänenspezifisches Wissensmodell voraus und begrenzt die Anwendung des Verfahrens entsprechend. *Derivational Reuse* verfolgt das Ziel, die in einer Lösung implizit enthaltene Methodik zu explizieren, um diese anschließend auf den neuen Fall anzuwenden. Dazu enthält das gespeicherte Lösungswissen u. a. eine Aufstellung und Begründung der verwendeten Methoden, eine Beschreibung der betrachteten Ziele und generierten Alternativen sowie fehlgeschlagene Suchpfade und Vorgehensweisen.

Am Ende der Case-Reuse-Phase steht ein *erster Lösungsvorschlag.*

5.2.3 Case Revision

Die Phase Case Revision beginnt mit der Evaluation der vorgeschlagenen Falllösung. Dies geschieht in der Regel außerhalb des CBR-Systems durch kognitive Analyse oder die probeweise Anwendung des Lösungsvorschlags auf das in der realen Welt zu bewältigende Problem. Es ist jedoch auch denkbar, den Lösungsvorschlag über geeignete Simulationen zu bewerten, um so beispielsweise die Kosten und Risiken eines Lösungsversuchs in der Praxis zu reduzieren bzw. die Auswirkungen der Lösung im Zeitraffer darstellen zu können. Fällt die Evaluation negativ aus, so startet ein so genannter Case-Repair-Prozess. Dieser beginnt mit einer Fehleranalyse, deren Ziel es ist, Gründe für das Auftreten der Fehler zu finden. Dazu werden häufig regelbasierte Verfahren eingesetzt, die auf Erfahrungsdaten über frühere Misserfolge (Failure Memory) zurückgreifen. Anschließend gilt es, die entdeckten Fehler zu beseitigen und die Lösung entsprechend zu modifizieren. Ergebnis der Case-Revision-Phase ist eine auf Anwendbarkeit geprüfte und den Anforderungen des realen Problems entsprechende Lösung (*endgültiger Lösungsvorschlag*).

5.2.4 Case Retainment

Aufgabe des Case Retainment ist es, die neu gewonnen Erfahrungen, sowohl positiver als auch negativer Art, festzuhalten und somit einen Lernprozess zu realisieren. Dies beinhaltet die Selektion der relevanten Informationen aus dem zugrunde liegenden Fall, die Bestimmung der Form, in der das Wissen abgelegt werden soll, und die Festlegung der Zugriffs- und Deskriptorenstruktur, die den neuen Fall in die Wissensbasis integriert. Resultat des Case Retainment ist ein *Learned Case*, der für die Bearbeitung neuer Problemstellungen zur Verfügung steht.

5.2.5 Anwendungsbeispiel

Eine typische Anwendung für Case-Based-Reasoning-Systeme ist der sog. *Second Level Support*. Der Second Level Support zeichnet sich dadurch aus, dass z. B. eine technische Unterstützung für Kunden oder Mitarbeiter nicht vor Ort sondern über geeignete Kommunikationsmedien erfolgt. Bei der Fernwartung hat der Help-Desk-Mitarbeiter während des Telefongesprächs direkten Zugriff auf den Rechner, der das Problem verursacht, und kann die mithilfe des CBR-Systems entwickelte Problemlösung unmittelbar erproben.

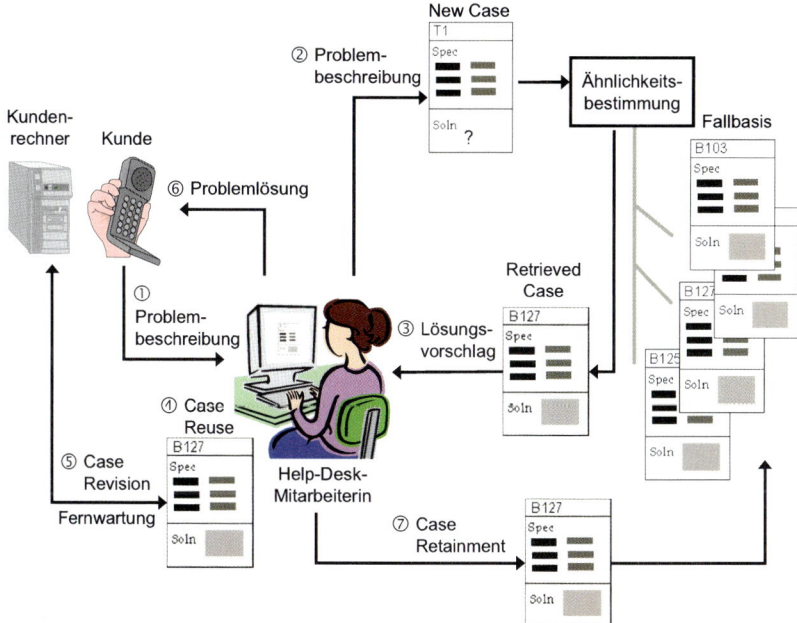

Abb. 5.2. Anwendungsbeispiel Second Level Support

In Abb. 5.2 ist der Ablauf des CBR-basierten Unterstützungsprozesses dargestellt. Zunächst erbittet die Help-Desk-Mitarbeiterin vom Kunden die Problembeschreibung. Hierbei bedient sie sich eines Deskriptoren-Katalogs, um eine möglichst vollständige Spezifikation zu erhalten. Mögliche Deskriptoren und Ausprägungen beim Software-Support zu einem Content-Management-System sind:

Programmmodul {Editor, Newsletter, Forum, Umfrage, Administration}
Störungsgrad {Nutzung eingeschränkt, Nutzung nicht möglich}
Problemtyp {Daten fehlerhaft, Programmoberfläche fehlerhaft}
Fehlermeldung {E1, E2, E3, E4, E5, E6, E7, E8}

Wenn eine plausible Problembeschreibung vorliegt, wird sie zum Case Retrieval an die Fallbasis weitergegeben. Da die gegebenen Deskriptoren nominelle Ausprägungen besitzen, erfolgt die Ähnlichkeitsbestimmung kombinatorisch, d. h., es wird derjenige Fall herausgesucht, der die meisten Übereinstimmungen mit den in der Problembeschreibung gegebenen Deskriptorenausprägungen aufweist (Case Retrieval).

Ist in der Fallbasis kein völlig identischer Fall gespeichert, wird der Lösungsvorschlag des Retrieved Case von der Help-Desk-Mitarbeiterin an die aktuelle Problembeschreibung angepasst (Case Reuse/Adapt).

Besteht zwischen Help-Desk-Mitarbeiterin und dem System des Kunden eine Fernwartungsverbindung, kann der Lösungsvorschlag direkt in der Zielumgebung getestet und ggf. angepasst werden (Case Revision). Ist das Problem gelöst, werden nach der entsprechenden Mitteilung an den Kunden die Problembeschreibung und Problemlösung als Learned Case in der Fallbasis abgelegt (Case Retainment).

5.2.6 Anwendungsfelder

Case Based Reasoning eignet sich besonders für Anwendungen, bei denen die Problemdomäne nicht klar abgegrenzt werden kann, d. h. stets veränderte Problemstellungen auftreten. Dies ist insbesondere bei komplexen Systemen der Fall, deren Verhalten nicht exakt prognostizierbar ist. Eine Anpassung der gespeicherten Problemlösungen an den aktuellen Anwendungsfall mithilfe von Transformationsregeln, Expertenwissen, Simulations- und Test-Verfahren ist daher oft unerlässlich. Neben technischen Domänen kann das im CBR-System abgebildete Wissen z. B. auch biologische oder sonstige wissenschaftliche Problemfelder zum Gegenstand haben. Mögliche praktische Anwendungsbereiche sind:

- Physiologische oder psychologische Therapievorschläge, z. B. bei
  - Ernährungsberatungen
  - Fitnessprogrammen
  - Medikationsplänen
  - Stressbewältigung

- Benutzungshilfen und Fehlerbeseitigung bei technischen Systemen, z. B.
  - Elektronische Geräte (Mobilkommunikationsprodukte, PC-Hardware usw.)
  - Softwareprodukte (Betriebssysteme, Werkzeuge, Anwendungsprogramme)
  - Maschinen (Produktionsanlagen, Stromaggregate, Fahrzeuge usw.)

5.3 Expertensysteme

5.3.1 Arten

Es gibt im Wesentlichen zwei verschiedene Arten von Expertensystemen (XPS): deterministische und stochastische XPS. Deterministische Probleme können mit einer Menge von Regeln beschrieben werden, die definierte Objekte zueinander in Beziehung setzen. Expertensysteme zur Lösung von deterministischen Problemen sind deshalb meist regelbasierte Expertensysteme, weil sie versuchen, Lösungswege mithilfe des logischen Schließens (Logical Reasoning) aus den Regeln abzuleiten.

Eine Vielzahl von Problemen lässt sich jedoch nicht deterministisch beschreiben. In diesen Fällen gilt es, die Ungewissheit mit zu berücksichtigen. Dazu verwenden manche Expertensysteme deterministische Regeln, führen jedoch zusätzlich ein Maß ein, mit dem die Ungewissheit einer Regel oder deren Vorbedingungen abgebildet werden kann. Ein Beispiel hierfür ist auch die in Abschn. 5.4 vorgestellte Fuzzy Logic. Eine andere Möglichkeit ist, die Wahrscheinlichkeitsverteilung der betrachteten Variablen mit in die Berechnung des Ergebnisses einzubeziehen. Die Schlussfolgerungen werden dann mit zusätzlich berechneten Wahrscheinlichkeiten versehen, d. h. nach einem Zufallsprinzip getroffen. Diese Expertensysteme nennt man probabilistische Expertensysteme.

5.3.2 Komponenten

Ein Expertensystem besteht aus den beiden Hauptkomponenten Steuerungssystem und Wissensbasis (vgl. Abb. 5.3). Sie spiegeln die funktionale Trennung zwischen Expertenwissen und Problemlösungsstrategien wider.

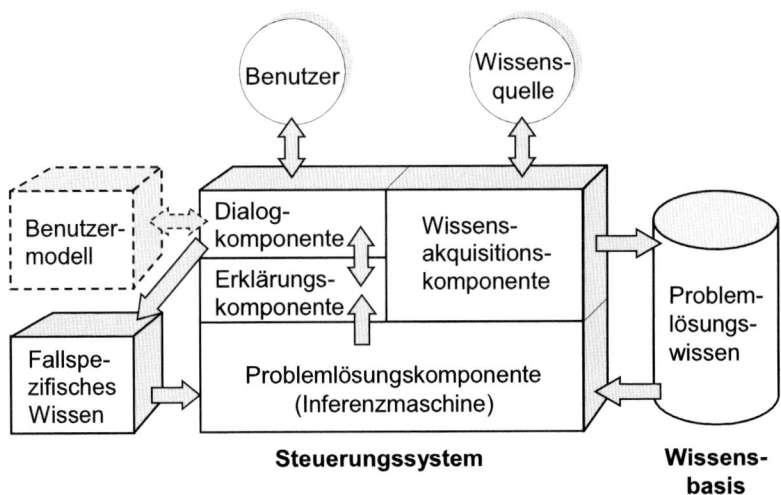

Abb. 5.3. Allgemeine Architektur eines XPS

Innerhalb des Steuerungssystems sind folgende Teilkomponenten zu unterscheiden:

- Die *Wissensakquisitionskomponente* ermöglicht die Eingabe bzw. Änderung von *Problemlösungswissen* durch einen Experten bzw. Knowledge Engineer oder durch intelligente automatische Mechanismen (z. B. Data Mining, vgl. Abschn. 2.4.3). Ein Knowledge Engineer gewinnt das hinzuzufügende Wissen durch Befragung von Experten (z. B. Produktentwickler) oder durch das Studium von Unterlagen (z. B. Geschäftsprozessdokumentationen, Bedienungsanleitungen, Richtlinien der Kreditvergabe usw.). Bei anspruchsvoller Gestaltung der Wissensakquisitionskomponente kann das Wissen auch ohne die Zwischenschaltung eines Knowledge Engineers durch den Experten erfasst werden. In diesem Fall spricht man von direkter Wissensakquisition. Das erfasste Wissen wird in einer formalen Repräsentation in der Wissensbasis gespeichert (vgl. Abschn. 5.3.3 und 5.3.5).
- Die *Dialogkomponente* erfasst das *fallspezifische Wissen* durch Interaktion mit dem Benutzer (vgl. Abschn. 5.3.4) und/oder durch das Einlesen automatisch erhobener Messdaten. Das fallspezifische Wissen beschreibt das vom Benutzer spezifizierte Problem.
- Die *Problemlösungskomponente* (Inferenzmaschine) interpretiert das in der Wissensbasis gespeicherte domänenspezifische Wissen zur Lösung des vom Benutzer spezifizierten Problems.

- Die *Erklärungskomponente* macht die Vorgehensweise des Expertensystems transparent. Sie liefert dem Benutzer Begründungen zu den Schlussfolgerungen der Inferenzmaschine und hilft dem Experten oder Knowledge Engineer bei der Lokalisierung von Fehlern.
- Das *Benutzermodell* befähigt das System, sich auf die Vorkenntnisse und Präferenzen des Benutzers einzustellen und entsprechend zu reagieren. Im Idealfall kann dieses Wissen aus den Benutzereingaben abgeleitet und z. B. zur Steuerung von Art und Umfang von Erklärungen verwendet werden.

5.3.3 Wissensbasis

Die Wissensbasis enthält das domänenspezifische Problemlösungswissen, das mithilfe von Objekten und Konstrukten, die Beziehungen zwischen Objekten ausdrücken, abgebildet wird. Sie basiert meist auf dem theoretischen Konzept der *Aussagenlogik*.

Im Mittelpunkt dieser Logik steht die formale Ableitung eines Schlusses aus gegebenen Aussagen. Eine logische Aussage wird durch eine Zeichenkette dargestellt und ist dadurch gekennzeichnet, dass man sie als „wahr" oder „falsch" qualifizieren kann.

Mithilfe der Aussagenlogik werden atomare Aussagen (Aussagen, die sich nicht weiter zerlegen lassen) durch Verknüpfungssymbole, so genannte Junktoren („und", „oder" usw.), zu komplexen Aussagen verbunden. Der Wahrheitswert einer zusammengesetzten Aussage ist dann eine Funktion der Wahrheitswerte ihrer Komponenten. So ist z. B. die komplexe Aussage „Anna studiert Geschichte *und* Anna wohnt in München" nur dann wahr, wenn beide Aussagen zutreffen.

Variablen existieren in der Aussagenlogik nicht, d. h. es ist nicht möglich, eine Aussage für eine Menge von Objckten auszudrücken.

Die Aussagenlogik kennt folgende Operatoren:

$\neg A$	Negation von A („nicht A")
$A \wedge B$	Konjunktion von A und B („A und B")
$A \vee B$	Disjunktion von A und B („A oder B")
$A \rightarrow B$	Implikation von A und B („A impliziert B" bzw. „wenn A dann B")
$A \leftrightarrow B$	Äquivalenz von A und B („A äquivalent B" bzw. „wenn A dann B" und „wenn B dann A")

Mithilfe der Aussagenlogik lassen sich so genannte Produktionssysteme („Regelbäume") darstellen. Sie bilden die Grundlage regelbasierter Systeme. Die Anwendung von Schlussfolgerungen („Regeln") auf gegebene Aussagen („Fakten") produziert dabei neue Aussagen. Ein Produktionensystem ist eine Verkettung aufeinander aufbauender Regeln.

Ein Beispiel für ein deterministisches Problem, das mit einer Menge von Regeln abgebildet werden kann, ist das Abheben eines Geldbetrags an einem Geldautomaten. Nachdem der Kunde seine Karte eingeführt hat, versucht der Automat, die Karte zu lesen und zu verifizieren. Wenn die Karte unlesbar ist, wirft der Automat die Karte aus und informiert den Kunden über den Grund der Zurückweisung. Ansonsten fordert er die Eingabe der PIN. Ist diese nicht richtig, hat der Benutzer weitere Versuche, die PIN korrekt einzugeben. Nach der Eingabe der richtigen PIN erfragt der Automat den Betrag, den der Kunde von seinem Konto abheben möchte. Die gewünschte Summe darf dabei zur Vermeidung von Kartenmissbrauch einen bestimmten Betrag nicht überschreiten. Zudem muss sich noch genügend Geld auf dem zu belastenden Konto befinden.

Das geschilderte Problem kann man mithilfe der folgenden Regeln und der in Abb. 5.4 dargestellten Objekte modellieren:

- **Wenn** Karte = überprüft **Und** Gültigkeit = nicht abgelaufen **Und** PIN = richtig **Und** Versuche = nicht überschritten **Und** Limit = nicht ausgeschöpft **Dann** Auszahlung = genehmigt
- **Wenn** Karte = nicht überprüft **Dann** Auszahlung = nicht genehmigt
- **Wenn** Gültigkeit = abgelaufen **Dann** Auszahlung = nicht genehmigt
- **Wenn** PIN = falsch **Dann** Auszahlung = nicht genehmigt
- **Wenn** Versuche = überschritten **Dann** Auszahlung = nicht genehmigt
- **Wenn** Limit = ausgeschöpft **Dann** Auszahlung = nicht genehmigt

Objekt	Mögliche Ausprägungen
Karte	{überprüft, nicht überprüft}
Gültigkeit	{abgelaufen, nicht abgelaufen}
PIN	{richtig, falsch}
Versuche	{überschritten, nicht überschritten}
Limit	{ausgeschöpft, nicht ausgeschöpft}
Auszahlung	{genehmigt, nicht genehmigt}

Abb. 5.4. Objekte der Wissensbasis

Das Beispiel zeigt, dass jede Regel der Wissensbasis zwei oder mehr Objekte zueinander in Bezug setzt und zwei Bestandteile enthält (vgl. Abb. 5.5):

- Die *Prämisse* ist der logische Ausdruck zwischen den Schlüsselwörtern **Wenn** und **Dann**. Sie kann ein oder mehrere Objekt-Wert-Ausdrücke enthalten, die durch die logischen Operatoren **Und**, **Oder** und **Nicht** miteinander verknüpft sind.

- Die *Konklusion* ist der logische Ausdruck nach dem Schlüsselwort **Dann**.

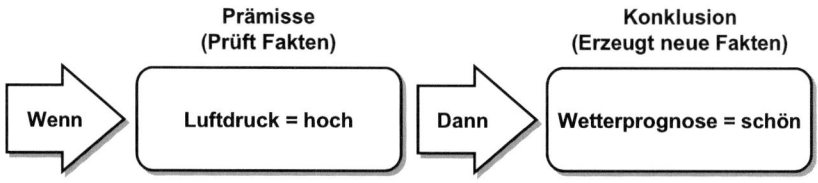

Abb. 5.5. Regelbestandteile

5.3.4 Inferenzmaschine

Die Inferenzmaschine verwendet das Domänenwissen der Wissensbasis und die konkreten Angaben des Benutzers zu einem gestellten Problem, um Schlussfolgerungen zu ziehen und damit neue Fakten zu generieren. Das zunächst vorhandene Wissen wird so durch die Anwendung von Regeln erweitert. Bei Zutreffen von Wenn-Teilen verschiedener Regeln vermerkt das System z. B. das Zutreffen der zugehörigen Dann-Teile (Konklusionen) und speichert damit neue Aussagen bzw. Fakten in der Wissensbasis. Um Konklusionen zu erhalten, gibt es verschiedene Strategien. Die wichtigsten sind Modus Ponens und Modus Tollens.

Modus Ponens untersucht die Prämisse einer Regel. Wenn diese wahr ist, wird die Konklusion ebenfalls wahr. Beispiel:

Regel: Wenn A Dann B
Fakt: A ist wahr
          $\Rightarrow$ B ist wahr

Diese triviale Strategie ist die Grundlage einer Vielzahl von Expertensystemen.

Modus Tollens untersucht im Unterschied dazu die Konklusion. Wenn diese falsch ist, dann ist auch die Prämisse falsch. Beispiel:

Regel: Wenn A Dann B
Fakt: B ist falsch
          $\Rightarrow$ A ist falsch

In diesem Fall führt die Modus-Ponens-Strategie zu keiner Schlussfolgerung, während Modus Tollens die Schlussfolgerung „A ist falsch" ableitet. Die beiden Strategien sind demzufolge nicht als Alternativen, sondern als Komplement anzusehen. Aus der Umkehrbarkeit der Verarbeitungsrichtung von Regeln ergeben sich für die Inferenzmaschine zwei verschiedene Vorgehensweisen:

- *Vorwärtsverkettung:* Gegebene Fakten werden auf den Prämissen-Teil entsprechender Regeln angewandt. D. h., die Regeln „feuern", wenn die Prämissen wahr sind, und bringen neue Fakten hervor. Diese Vorgehensweise entspricht dem Modus Ponens. Sie dient der Ableitung einer Problemlösung aus der Problembeschreibung und beantwortet z. B. die folgenden Fragen:

  - „Welche Schlussfolgerung ergibt sich aus den bekannten Fakten?"

  - „Was passiert, wenn ein bestimmtes Maschinenteil ausfällt?"

  - „Was bewirkt eine spezielle Therapie?"

- *Rückwärtsverkettung:* Die vorhandenen Regeln werden bzgl. ihres Konklusions-Teils untersucht. Passt die Konklusion zu dem gestellten Problem, werden die dafür nötigen Fakten rückwärts erschlossen und mit den gegebenen Fakten verglichen. Diese Vorgehensweise entspricht dem Modus Tollens. Sie dient z. B. dem Rückschluss von Symptomen auf deren Ursachen. Besteht eine Hypothese bzgl. der Ursachen, kann diese mithilfe der Rückwärtsverkettung bestätigt oder verworfen werden. Die Rückwärtsverkettung dient z. B. der Beantwortung der folgenden Fragen:

  - „Welche Voraussetzungen bedingen die beobachtete Situation?"

  - „Welches Teil der Maschine verursacht den Defekt?"

  - „Welche Krankheit bewirkt die gezeigten Symptome?"

In Abb. 5.6 ist ein Entscheidungsprozess zur Vergabe von Preisnachlässen als Regelbaum modelliert. Im Fall der Vorwärtsverkettung kann der Rabatt aus dem Kundenprofil (fallspezifisches Wissen) abgeleitet werden. Z. B. ergibt sich für den Kunden 1 kein Rabatt, da die Regel „Wenn Zahlungsmoral gut Und Schufaauskunft positiv Dann Bonität gut" aufgrund der negativen Schufaauskunft zu der Aussage „Bonität gut = falsch" führt. Da die Bonität als Prämisse in die nachfolgende Regel eingeht, wird die Aussage „Zahlung gesichert" ebenfalls falsifiziert, so dass kein Rabatt eingeräumt werden kann. Ausgehend von den Profilen der Kunden 2 und 3 ergibt sich durch Vorwärtsverkettung, dass der Kunde 2 ein Rabatt von 10% und der Kunde 3 ein Rabatt von 20% erhält.

Fallspezifisches Wissen (für Vorwärtsverkettung)

	Aufträge >100 TEUR	Zahlungs-Moral gut	Schufa positiv	Akkreditiv vorhanden	Aufträge ≤ 100 TEUR
Kunde 1	Wahr	Wahr	Falsch	Wahr	Falsch
Kunde 2	Falsch	Wahr	Wahr	Wahr	Wahr
Kunde 3	Wahr	Wahr	Wahr	Wahr	Falsch

Problemlösungswissen (Wissensbasis)

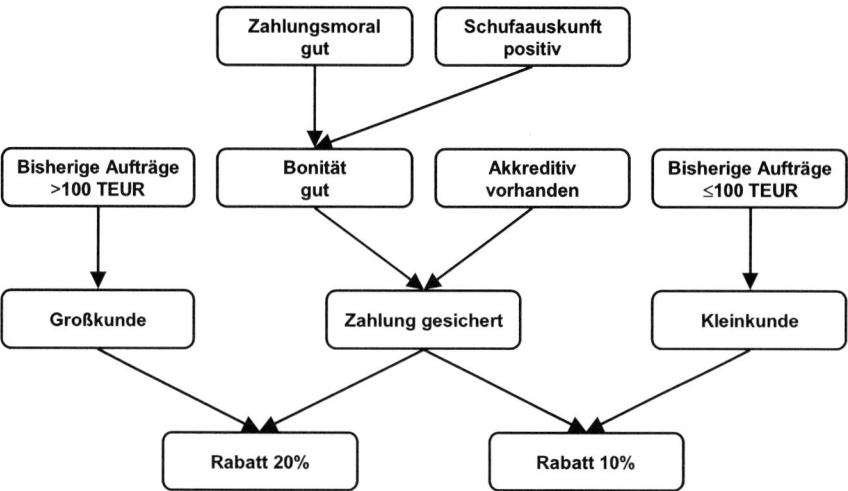

Abb. 5.6. Kundenprofile und Regelbaum zur Rabattvergabe

Wenn ein Kunde einen bestimmten Rabatt beantragt, werden mithilfe des Regelbaums durch Rückwärtsverkettung die zu erfüllenden Voraussetzungen abgeleitet. So sind z. B. die Bedingungen „Zahlung gesichert" und „Großkunde" Prämissen der Konklusion „Rabatt 20%". Durch weitere Rückwärtsverkettung werden die folgenden Prämissen als Kriterien zur Bestätigung der „Hypothese" eines Rabatts von 20% ermittelt: „Bisherige Aufträge >100 TEUR", „Zahlungsmoral gut Und Schufaauskunft positiv" sowie „Akkreditiv vorhanden".

Neben der durch die Vorwärts- bzw. Rückwärtsverkettung vorgegebenen Verarbeitungsrichtung kann man auch die Reihenfolge, in der die zu betrachtenden Regeln ausgewählt werden, verschieden gestalten.

- *Breitensuche:* Alle Regeln, deren Prämissen (bei der Vorwärtsverkettung) bzw. Konklusionen (bei der Rückwärtsverkettung) mit den Falldaten übereinstimmen, „feuern". Im nächsten Schritt wird untersucht, welche Regeln durch die dadurch neu erzeugten Fakten wiederum „feuern" können usw. Hier werden u. U. viele „Seitenzweige" unnötig untersucht, weshalb die Breitensuche nur dort eingesetzt werden sollte, wo die Regelbäume nicht zu weit verzweigt sind. Führt man z. B. für den Kunden 1 (vgl. Abb. 5.6) eine Vorwärtsverkettung mit Breitensuche durch, werden alle aus dem Profil bekannten Fakten gleichzeitig auf die entsprechenden Prämissen angewendet und deren Konklusionen parallel weiterverfolgt, bis ein Ergebnis vorliegt.

Bei weit verzweigten Regelbäumen ist Metawissen als Selektionsmechanismus nötig, um zu breites „Feuern" zu verhindern und so eine effiziente Regelverarbeitung sicherzustellen. Metawissen kann z. B. zu einer Zerlegung des Regelbaums in Teilbäume führen. So erkennt das System z. B., dass der kleinere Teilbaum B (vgl. Abb. 5.7) relativ schnell untersucht und im Falle eines negativen Ergebnisses auf die Abarbeitung des Teilbaums A verzichtet werden kann.

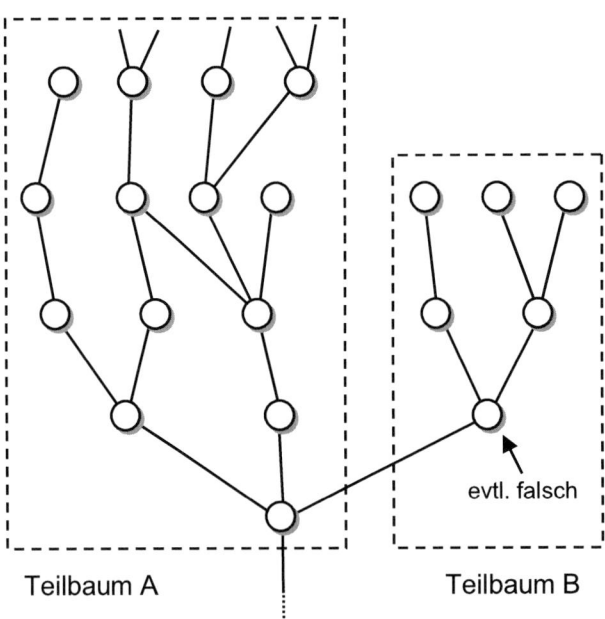

Teilbaum A   Teilbaum B

Abb. 5.7. Teilbäume einer Regelbasis

- *Tiefensuche:* Die erste Regel, deren Prämisse (bei der Vorwärtsverkettung) bzw. Konklusion (bei der Rückwärtsverkettung) mit den Falldaten wahr wird, „feuert". Danach wird auf der Basis der nunmehr erweiterten Fakten die nächste passende Regel gesucht usw. Dieses Vorgehen kann sich v. a. bei einem Dialog mit dem XPS als sinnvoll erweisen. Werden zu Beginn oder im Verlauf der Verarbeitung weitere Fakten benötigt, generiert die Dialogkomponente eine Benutzerrückfrage. Z. B. wird der für die Rabattvergabe zuständige Sachbearbeiter aufgefordert, die Zahlungsmoral des Kunden zu prüfen und das Ergebnis anzugeben. Nur bei positiver Rückmeldung durch den Sachbearbeiter wird als nächstes die kostenpflichtige Schufaauskunft eingeholt. Ist diese ebenfalls positiv, „feuert" die Regel und die Inferenzmaschine generiert die neue Aussage „Bonität = gut". Um die Prämisse der Regel „Wenn Bonität gut Und Akkreditiv vorhanden Dann Zahlung gesichert" prüfen zu können, wird der Benutzer wiederum aufgefordert, das Vorhandensein eines Akkreditivs zu bestätigen. Liegt kein Akkreditiv vor, so wird die Tiefensuche an dieser Stelle abgebrochen. Im Gegensatz zur Breitensuche erübrigt sich nun die Prüfung der Prämissen „Bisherige Aufträge > 100 TEUR" und „Bisherige Aufträge ≤ 100 TEUR".

Der Aufbau bzw. die Erweiterung einer Wissensbasis erfolgt durch Wissensakquisition und Wissensrepräsentation. Abb. 5.8 zeigt die einzelnen Schritte, die bei der Überführung menschlicher Expertise in die formale Repräsentation einer Wissensbasis durchzuführen sind.

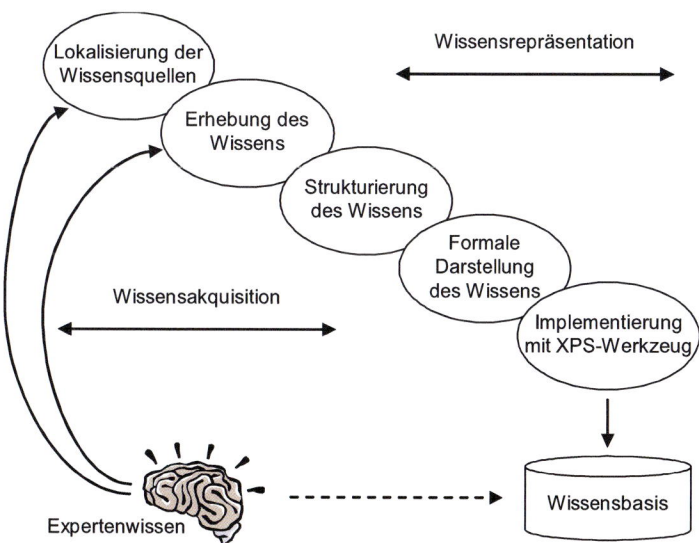

Abb. 5.8. Entwicklung einer Wissensbasis

In einem ersten Schritt ist zu erkunden, welches Wissen überhaupt für die Lösung eines konkreten Problems benötigt wird und welche Experten innerhalb oder auch außerhalb der Organisation darüber verfügen. Bei der anschließenden Erhebung wird das Wissen in einem konzeptionellen Modell dargestellt, das in enger Zusammenarbeit zwischen Experten und Systementwicklern entsteht. Als Hilfsmittel setzt man dazu z. B. grafische Darstellungsformen für Objektbeziehungen der Anwendungswelt sowie Entscheidungstabellen zur Darstellung von Regeln ein.

In der Phase der Wissensstrukturierung wird das erfasste Wissen analysiert und systematisch aufbereitet (verdichtet, geordnet, konkretisiert usw.). Daran anschließend wird das Wissen mithilfe einer Methodik formal spezifiziert und in eine Repräsentationsform gebracht, die maschinell weiter verarbeitet werden kann. Im Anschluss daran implementiert man die Wissensbasis softwaretechnisch in einer Expertensystemumgebung (XPS-Shell).

5.3.5 Anwendungsbeispiel

Eine auf der Theorie und den Konzepten der Logik aufbauende Programmiersprache ist Prolog (*Programming in Log*ic). Charakteristisch für Ausdrücke in Prolog sind Fakten, Regeln und Anfragen.

Grundwissen wird in Prolog als eine Menge von *Fakten* dargestellt. Fakten haben die allgemeine Form

name (O_1, O_2, ..., O_n)

„name" ist ein beliebiger, mit einem Kleinbuchstaben beginnender Bezeichner. Bei O_i handelt es sich um bestimmte Objekte. Diese Darstellung ist eine Kurzform für die logische Aussage „O_1, O_2, ..., O_n stehen in der Beziehung *name* zueinander". Ein Eheverhältnis ist z. B. durch *verheiratet (Egon, Luise)* darstellbar.

Elementare Aussagen sind nicht weiter in Teilaussagen zerlegbar (z. B. „Luise ist eine Studentin"). Sie werden als *Literale* bezeichnet und können durch Operatoren zu komplexen Termen verknüpft werden:

UND-Operator (,): L_1, L_2
ODER-Operator (;): L_1; L_2

L_1 und L_2 sind dabei Literale. Die Terme sind wahr, wenn beide Literale wahr sind (L_1, L_2) bzw. mindestens ein Literal wahr ist (L_1; L_2). So ist die Aussage „Luise ist eine Studentin UND Luise ist verheiratet" genau dann wahr, wenn Luise eine verheiratete Studentin ist.

Objekte können auf Gleichheit bzw. Ungleichheit geprüft werden. Die Syntax der entsprechenden Vergleiche lautet:

$O_1 == O_2$: *Test, ob Objekt 1 gleich Objekt 2 ist*
$O_1 \== O_2$: *Test, ob Objekt 1 ungleich Objekt 2 ist*

Eine Regel hat die allgemeine Form:

$L:-L_1, L_2, ..., L_n$

Hierbei sind L_1, ..., L_n Literale. Eine Regel hat folgende Bedeutung: „Wenn L_1 *und* L_2 *und* ... *und* L_n wahr sind, dann ist auch L wahr".

Die syntaktische Form einer Anfrage lautet:

$?-L_1, L_2, ..., L_n$

L_1, ..., L_n sind wiederum Literale. Diese Darstellung ist eine Kurzform für die Frage: „Ist L_1 *und* L_2 *und* ... *und* L_n wahr?" Dabei können auch Variablen verwendet werden, die bei der Antwort mit konkreten Werten zu füllen sind. Kommt ein bestimmter Variablenname an mehreren Stellen vor, so bedeutet dies, dass bei einer Lösung auch der entsprechende Wert an allen Stellen der gleiche sein muss.

Das Beispiel in Abb. 5.9 zeigt einen Stammbaum sowie die Prolog-Fakten, die den Stammbaum in der Wissensbasis repräsentieren.

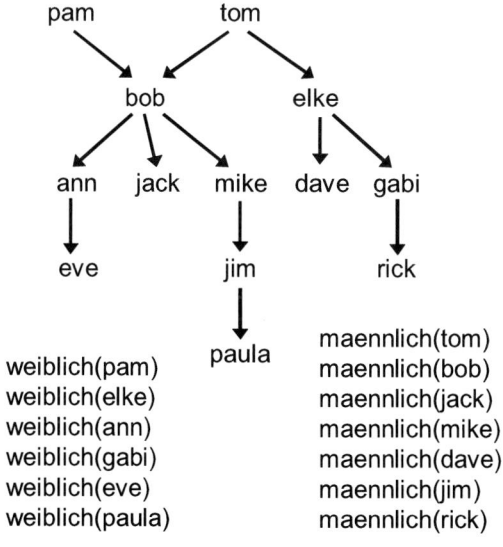

elternteil(pam, bob)
elternteil(tom, bob)
elternteil(tom, elke)
elternteil(bob, ann)
elternteil(bob, jack)
elternteil(bob, mike)
elternteil(elke, dave)
elternteil(elke, gabi)
elternteil(ann, eve)
elternteil(mike, jim)
elternteil(gabi, rick)
elternteil(jim, paula)

maennlich(tom)
maennlich(bob)
maennlich(jack)
maennlich(mike)
maennlich(dave)
maennlich(jim)
maennlich(rick)

weiblich(pam)
weiblich(elke)
weiblich(ann)
weiblich(gabi)
weiblich(eve)
weiblich(paula)

Abb. 5.9. Beispiel einer Wissensbasis in Prolog

164 Wissensbasierte und wissensorientierte Systeme

Auf dieser Grundlage sind bereits die in Abb. 5.10 dargestellten einfachen Anfragen möglich.

Anfrage	Resultat
?- weiblich(gabi)	wahr
?- maennlich(bob)	wahr
?- weiblich(tom)	falsch
?- elternteil(tom, elke)	wahr
?- elternteil(elke, tom)	falsch
?- maennlich(adam)	falsch

Abb. 5.10. Einfache Anfragen in Prolog

Variablen erlauben es, Anfragen an die Wissensbasis zu richten, in denen nicht alle Parameter spezifiziert sind. Das Resultat dieser Anfragen sind alle Parameter, die eine wahre Aussage ergeben, wenn die Variablen durch sie ersetzt werden. Beispiele sind in Abb. 5.11 aufgeführt.

Anfrage	Resultat
?- elternteil(X, bob)	X = pam
	X = tom
?- elternteil(bob, X)	X = ann
	X = jack
	X = mike

Abb. 5.11. Anfragen mit Variablen in Prolog

Die Handhabung komplexer Anfragen, die mithilfe von Fakten und Variablen zu definieren sind, ist in Prolog z. T. recht aufwändig. So lautet z. B. die Anfrage, die alle Personen ermittelt, die Brüder einer anderen Person sind:

?-elternteil(Z, X), elternteil(Z, Y), maennlich(X), X \==Y

Mit Worten lässt sich die Anfrage so umschreiben: „Ermittle alle Personen X, die ein gemeinsames Elternteil Z mit einer Person Y haben und männlich sind, wobei X nicht die gleiche Person wie Y sein darf." Um derartige Zusammenhänge auszudrücken, besteht die Möglichkeit, die Wissensbasis um Regeln zu erweitern. Abb. 5.12 zeigt einige Regelbeispiele.

kind(X, Y):-	elternteil(Y, X)
mutter(X, Y):-	elternteil(X, Y),
	weiblich(X)
grosselternteil(X, Y):-	elternteil(X,Z),
	elternteil(Z,Y)
schwester(X, Y):-	elternteil(Z, X),
	elternteil(Z, Y),
	weiblich(X),
	X \==Y
bruder(X, Y):-	elternteil(Z, X),
	elternteil(Z, Y),
	maennlich(X),
	X \==Y
tante(X, Y):-	schwester(X, Z),
	elternteil(Z, Y)
onkel(X, Y):-	bruder(X, Z),
	elternteil(Z, Y)

Abb. 5.12. Regeln in Prolog

Die Anfrage, die alle Personen ermittelt, die Brüder einer anderen Person sind, lautet demzufolge in der verkürzten Formulierung mithilfe einer Regel

?-bruder(X, Y).

Ein Beispiel für die Anwendung einer Regel auf die Fakten der Wissensbasis ist somit

?-bruder(bob, elke).

Der Inferenzprozess für diese Anfrage unter Verwendung der Wissensbasis von Abb. 5.9 und der Regeln von Abb. 5.12 läuft folgendermaßen ab:

?-elternteil(Z, bob).   → Z = pam

Der erste in der Wissensbasis gefundene Elternteil von Bob ist Pam.

?-elternteil(pam, elke).   → falsch

Gemäß der Definition der Bruder-Regel muss überprüft werden, ob Pam ein Elternteil von Elke ist. Diese Überprüfung schlägt fehl, so dass ermittelt werden muss, ob es ein weiteres Elternteil von Bob gibt. Die Wissensbasis liefert als Ergebnis Tom.

?-elternteil(Z, bob).   → Z = tom

?-elternteil(tom, elke).   → wahr

Die Anfrage, ob Tom ein Elternteil von Elke ist, liefert ein wahres Ergebnis, so dass im nächsten Schritt zu überprüfen ist, ob Bob männlich ist.

?-maennlich(bob).   → wahr

Dies wird durch das in der Wissensbasis enthaltene Wissen bestätigt. Im letzten Schritt der Bruder-Regel ist noch zu überprüfen, ob Bob eine andere Person als Elke ist.

?-bob\==elke.   → wahr

Da auch diese Überprüfung ein positives Resultat ergibt, gelangt das XPS mithilfe des Inferenzprozesses zu dem Ergebnis, dass Bob der Bruder von Elke ist.

?-bruder(bob, elke).   → wahr

5.3.6 Anwendungsfelder

Durch den Einssatz von XPS werden in erster Linie die folgenden Ziele angestrebt:

- Wissensverbreitung: Personen mit wenig Erfahrung und Fachkenntnissen können Probleme lösen, die Expertenwissen verlangen. Zusätzlich erhöht sich die Zahl der Mitarbeiter, die auf vorhandenes Wissen zugreifen können.
- Wissensbündelung: Das Wissen mehrerer Experten ist in einem System zusammengefasst, wodurch sich die Zuverlässigkeit der Problemlösung erhöht.
- Effiziente Wissensanwendung: Expertsysteme können Anfragen viel schneller beantworten als menschliche Experten. Demzufolge sind sie sehr wertvoll in Situationen, in denen Zeit ein kritischer Faktor ist.

- Wissenstransparenz: In manchen Fällen sind Probleme so komplex, dass Experten zu keinem oder lediglich zu einem unsicheren Urteil gelangen. XPS können in solchen Situationen helfen, die Komplexität zu beherrschen (es wird kein Aspekt übersehen oder vergessen) und korrekte bzw. angemessene Entscheidungen zu treffen.
- Repetitive wissensbasierte Aufgaben: Expertensysteme können monotone oder oft wiederkehrende Anfragen automatisch bearbeiten, die für den Menschen ermüdend wären.
- Gefährliche wissensbasierte Aufgaben: Expertensysteme werden in autonome Maschinen (z. B. unbemannte Flugkörper oder Roboter) integriert, die dort eingesetzt werden, wo Leben oder Gesundheit menschlicher Experten bedroht wären.
- Zeitkritische wissensbasierte Aufgaben: Die Behebung technischer Störfälle (z. B. in einem Umspannwerk) erfordert kurzfristige Reaktionen, um größeren Schaden zu verhindern. Ein autonomes Expertensystem kann in kurzer Zeit die erforderlichen Gegenmaßnahmen einleiten.

Die Entwicklung eines Expertensystems ist zunächst aufwändig, weil das Wissen der Experten erfasst und in eine Form gebracht werden muss, in der es maschinell zu verarbeiten ist. Die Wartung und die Grenzkosten ihrer Anwendung sind jedoch gering, so dass die Einsparungen an Zeit, Geld und Treffsicherheit i. Allg. den erhöhten Einführungsaufwand rechtfertigen.

Im Wesentlichen werden folgende Anwendungstypen von Expertensystemen unterschieden:

- *Diagnosesysteme* klassifizieren und analysieren Problemfälle oft auf Grundlage einer Reduktion umfangreichen Datenmaterials sowie ggf. unter Berücksichtigung unsicheren Wissens. Beispiel: Aufdeckung von Schwachstellen im Fertigungsbereich.
- *Expertisesysteme* formulieren unter Benutzung der Diagnosedaten Situationsberichte, die auch schon Elemente einer „Therapie" enthalten können. Beispiel: Erstellung von Bilanzanalysen.
- *Beratungssysteme* geben im Dialog mit dem Menschen eine auf den vorliegenden Fall bezogene Handlungsempfehlung. Beispiel: Anweisungen zur Fehlerbeseitigung im technischen Kundendienst.
- *Konfigurationssysteme* stellen auf der Basis einer Sammlung von Einzelkomponenten (Bausteinen) unter Berücksichtigung von Schnittstellen, Unverträglichkeiten und Benutzerwünschen komplexe Gebilde zusammen. Beispiel: Entwurf einer Kücheneinrichtung.

- *Entscheidungssysteme* treffen automatisch Entscheidungen, solange bestimmte vorgegebene Kompetenzgrenzen nicht überschritten werden. Beispiel: Klassifikation von Eingangspost und automatische Zustellung an die Sachbearbeiter.

5.4 Fuzzy-Expertensysteme

5.4.1 Fuzzy Logic

Bei der Fuzzy Logic handelt es sich um einen Ansatz zur Erweiterung der klassischen (booleschen, zweiwertigen) Logik. Nachfolgend wird das Konzept der Fuzzy Logic anhand des Beispiels eines adaptiven Prüfverfahrens im Rahmen der Lieferkontrolle beschrieben. Das Prüfverfahren entscheidet beispielsweise auf Basis der Liefer- bzw. Lieferantenmerkmale (z. B. Wert der Lieferung, Fehlerquote des Lieferanten, Zeitdauer seit der letzten Prüfung), mit welcher Wahrscheinlichkeit eine Lieferung zur Prüfung herangezogen wird.

In der klassischen Logik trifft eine Eigenschaft entweder vollständig oder überhaupt nicht zu, d. h. eine Aussage (z. B. der Wert der Lieferung ist 42.000 Euro) ist entweder wahr oder falsch. Im Konzept der Fuzzy Logic ist es dagegen möglich, mit Werten zwischen wahr (=1) und falsch (=0) zu arbeiten. So kann die Aussage komplett richtig oder komplett falsch sein, sie kann aber auch mit einem Wert (Zugehörigkeitsgrad, ZG) zwischen 0 und 1 zutreffen. Bei Aussagen besteht somit ein gewisser Interpretationsspielraum, was eine realistischere Abbildung vieler praktischer Fälle ermöglicht. Werte von Variablen (Merkmalsausprägungen) werden deshalb nicht nummerisch, sondern „linguistisch" spezifiziert. Der Wert einer Lieferung wird z. B. als sehr gering, gering, mittel, hoch usw. angegeben.

Der Zugehörigkeitsgrad zu einer Ausprägung der linguistischen Variablen ergibt sich, indem man jeder Ausprägung der linguistischen Variable eine Zugehörigkeitsfunktion bzw. ein so genanntes Fuzzy Set zuordnet. Diese kann unterschiedliche Formen haben, symmetrisch oder asymmetrisch sein (vgl. Abb. 5.13).

Die Zugehörigkeitsfunktion bildet einen nummerischen Wert der Basisvariablen auf einen Zugehörigkeitsgrad ab, der zu einer Ausprägung der linguistischen Variablen gehört.

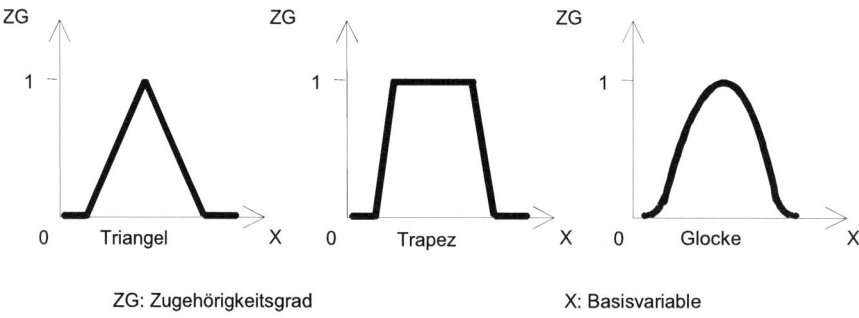

Abb. 5.13. Typische Formen von Zugehörigkeitsfunktionen (Fuzzy Sets)

Abb. 5.14 zeigt die sich überschneidenden Zugehörigkeitsfunktionen für sehr geringe, geringe, mittlere, hohe und sehr hohe Lieferwerte. Häufig werden linguistische Variablen mit fünf oder sieben Ausprägungen verwendet.

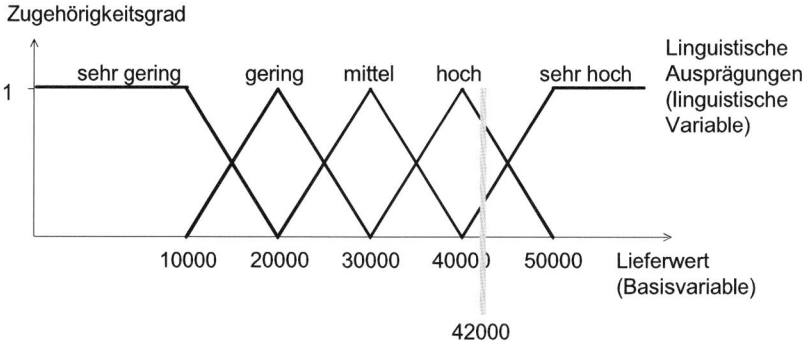

Abb. 5.14. Zugehörigkeitsfunktionen der Basisvariable Lieferwert

Man kann nun z. B. den Lieferwert von 42.000 Euro mit einem Zugehörigkeitsgrad von 0,8 als hoch und gleichzeitig mit einem Zugehörigkeitsgrad von 0,2 als sehr hoch einstufen. Die linguistischen Werte schließen sich somit gegenseitig nicht aus.

5.4.2 Arbeitsweise

Fuzzy-XPS sind wichtige Anwendungen der Fuzzy Logic. Wie bei traditionellen Expertensystemen wird ein Regelwerk erstellt. Die Form der darin enthaltenen Inferenzregeln entspricht der klassischen Logik: wenn A (Prämisse), dann B (Konklusion).

Eine Regelmenge eines Fuzzy-XPS kann z. B. wie folgt aussehen:

(R1) WENN Lieferwert = sehr hoch
      UND Fehlerquote des Lieferanten = gering,
      DANN Wahrscheinlichkeit der Prüfung = mittel

(R2) WENN Lieferwert = hoch
      UND Fehlerquote des Lieferanten = gering,
      DANN Wahrscheinlichkeit der Prüfung = gering

(R3) WENN Lieferwert = hoch
      UND Fehlerquote des Lieferanten = mittel,
      DANN Wahrscheinlichkeit der Prüfung = mittel

Dabei sind „Lieferwert" und „Fehlerquote des Lieferanten" Eingabegrößen (Inputvariable). „Sehr hoch" „hoch" und „gering" sind linguistische Werte mit entsprechenden Zugehörigkeitsfunktionen. „Wahrscheinlichkeit der Prüfung" ist die Ausgabegröße (Outputvariable). Gewöhnlich sind sowohl verschiedene Ein- als auch mehrere Ausgabegrößen definiert.

Der Schlussfolgerungsprozess, d. h. die Auswertung der Regeln der Regelbasis, hat die Besonderheiten der linguistischen Variablen zu berücksichtigen. Er umfasst die Schritte Fuzzifizierung, Inferenz und Defuzzifizierung.

Fuzzifizierung

Die nummerischen Werte der Inputvariablen, z. B. der Lieferwert, müssen in Ausprägungen der entsprechenden linguistischen Variablen mit Zugehörigkeitsgraden umgewandelt werden. Der Lieferwert 42.000 Euro der Basisvariable wird zu hoch (0,8) und sehr hoch (0,2) der linguistischen Variable. Analog ergeben sich für die Basisvariable „Fehlerquote des Lieferanten", deren Fuzzy Sets hier nicht aufgeführt sind, bei einem nummerischen Wert von 13,5% folgende Ausprägungen der linguistischen Variable und entsprechende Zugehörigkeitsgrade: 13,5% wird zu gering (0,3) und mittel (0,7).

Inferenz

Für jede Regel wird die Vorbedingung ausgewertet. Dabei ergibt sich der Grad, zu dem die Schlussfolgerung wahr ist, aus dem Grad, zu dem die Vorbedingung erfüllt ist. Mehrteilige Vorbedingungen werden hierbei per

Aggregation zu einem Gesamterfüllungsgrad der Vorbedingung zusammengefasst.

- *Aggregation:* Falls die Vorbedingung der einzelnen Wenn-Dann-Regeln eine logische Verknüpfung (z. B. UND bzw. ODER) beinhaltet, so ergibt sich der ZG der Konsequenz aus einer Verknüpfung der ZG der Vorbedingung. Häufig wird für eine UND-Verknüpfung das Minimum der ZG gebildet, für eine ODER-Verknüpfung das Maximum. Daneben existieren zahlreiche andere Operatoren, die z. B. die UND-Verknüpfung optimistischer abbilden.

  (R1) WENN Lieferwert = sehr hoch **(0,2)**
  UND Fehlerquote des Lieferanten = gering (0,3),
  DANN Wahrscheinlichkeit der Prüfung = mittel **(0,2)**

  (R2) WENN Lieferwert = hoch (0,8)
  UND Fehlerquote des Lieferanten = gering **(0,3)**,
  DANN Wahrscheinlichkeit der Prüfung = gering **(0,3)**

  (R3) WENN Lieferwert = hoch (0,8)
  UND Fehlerquote des Lieferanten = mittel **(0,7)**,
  DANN Wahrscheinlichkeit der Prüfung = mittel **(0,7)**

  Der ZG des DANN-Teils einer Regel ergibt sich hier wegen der UND-Verknüpfung aus dem Minimum der ZG im zugehörigen WENN-Teil.

- *Akkumulation:* Alle Regelresultate, die zu verschiedenen ZG für dieselbe linguistische Ausprägung der Outputvariable führen, müssen nun zu einem konsolidierten ZG zusammengefasst werden. Dies erfolgt oft über eine Maximumbildung.

  (R1) WENN Lieferwert = sehr hoch (0,2)
  UND Fehlerquote des Lieferanten = gering (0,3),
  DANN Wahrscheinlichkeit der Prüfung = **mittel (0,2)**

  (R3) WENN Lieferwert = hoch (0,8)
  UND Fehlerquote des Lieferanten = mittel (0,7),
  DANN Wahrscheinlichkeit der Prüfung = **mittel (0,7)**

  Die Akkumulation der Resultate von R1 und R3 führt zum Maximum der beiden ZG für die linguistische Ausprägung „mittel".

  $\Rightarrow$ Wahrscheinlichkeit der Prüfung = **mittel (0,7)**.

(R2) WENN Lieferwert = hoch (0,8)
UND Fehlerquote des Lieferanten = gering (0,3),
DANN Wahrscheinlichkeit der Prüfung = **gering (0,3)**

⇒ Wahrscheinlichkeit der Prüfung = **gering (0,3)**.

Bei R2 ist keine Akkumulation notwendig, da nur diese Regel die Ausprägung „gering" der Outputvariablen liefert.

Defuzzifizierung

Nach der Inferenz liegen für die Outputvariablen eine oder mehrere linguistische Ausprägungen mit Zugehörigkeitsgraden vor, z. B. „Wahrscheinlichkeit der Prüfung = mittel (0,7)". Um die linguistische(n) Ausprägung(en) in einen skalaren Ergebniswert umrechnen zu können, werden die Fuzzy Sets der Outputvariablen je nach Operator z. B. in der Höhe des in der Inferenz ermittelten ZG abgeschnitten (Minimum-Operator) oder mit dem in der Inferenz ermittelten ZG skaliert (Produkt-Operator) (vgl. Abb. 5.15).

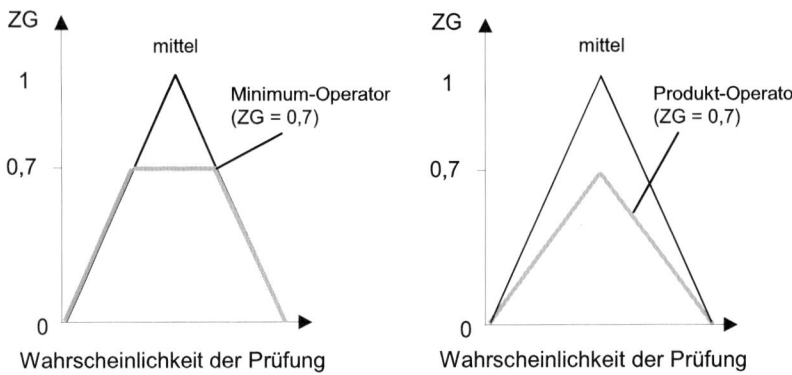

Abb. 5.15. Alternativen zur Bestimmung der Fuzzy Sets der Outputvariable

Zur Abbildung der resultierenden Fuzzy Sets auf einen skalaren Wert existieren unterschiedliche Methoden. Gebräuchlich ist die Schwerpunktmethode, die den Schwerpunkt der Flächen unter den Fuzzy Sets der Outputvariable errechnet. Abb. 5.16 zeigt dies für die Outputvariable „Wahrscheinlichkeit der Prüfung", wenn deren Fuzzy Sets mithilfe des Minimum-Operators (vgl. Abb. 5.15) bestimmt wurden.

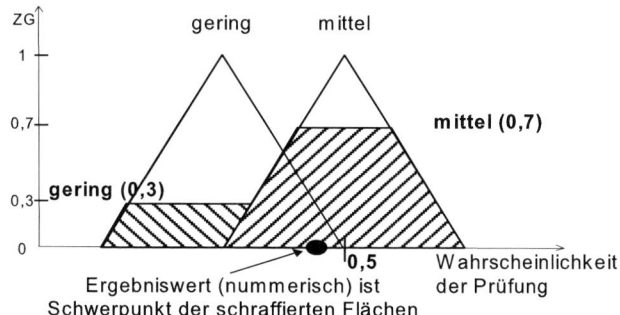

Abb. 5.16. Defuzzifizierung

5.4.3 Anwendungsbeispiel

Die Arbeitsweise eines Fuzzy-Logic-Expertensystems wird im Folgenden etwas ausführlicher an einem Beispiel aus der Praxis eines Finanz-dienstleisters illustriert. Dessen Wertpapierabteilung möchte Prognosen über die Entwicklung bestimmter Aktien erstellen und verwendet dazu ein Fuzzy-XPS. Dieses trifft seine Entscheidungen auf der Grundlage der Kri-terien „30-Tages-Entwicklung des DAX" (DAX) sowie „30-Tages-Entwicklung der Aktie" (Aktie). Jedes Kriterium ist in die Kategorien „sehr negativ" (unter -10%), „negativ" (-15% bis -5%), leicht (-10% bis 0%), „unverändert" (-5% bis 5%), „fest" (0% bis 10%), „positiv" (5% bis 15%) und „sehr positiv" (über 10%) unterteilt. Die einzelnen Fuzzy-Sets beider Basisvariablen sind in der gleichschenkligen Triangel-Form, so dass sich die in Abb. 5.17 dargestellten Zugehörigkeitsfunktionen ergeben.

Zur Entscheidungsfindung arbeitet das System u. a. mit den folgenden Inferenzregeln:

- WENN DAX = unverändert UND Aktie = fest
  DANN Prognose = fest
- WENN DAX = unverändert UND Aktie = positiv
  DANN Prognose = positiv
- WENN DAX = fest UND Aktie = fest
  DANN Prognose = fest
- WENN DAX = fest UND Aktie = positiv
  DANN Prognose = positiv

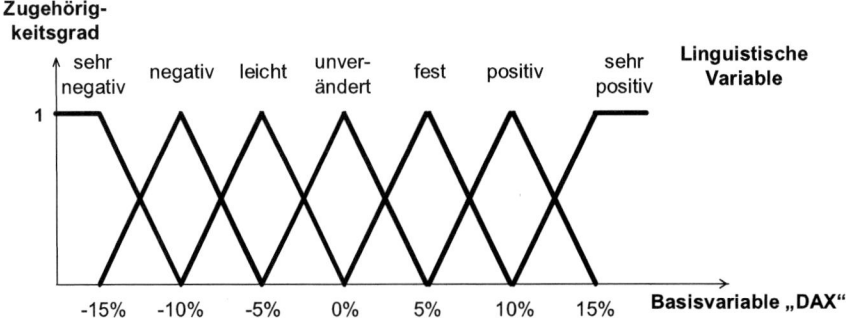

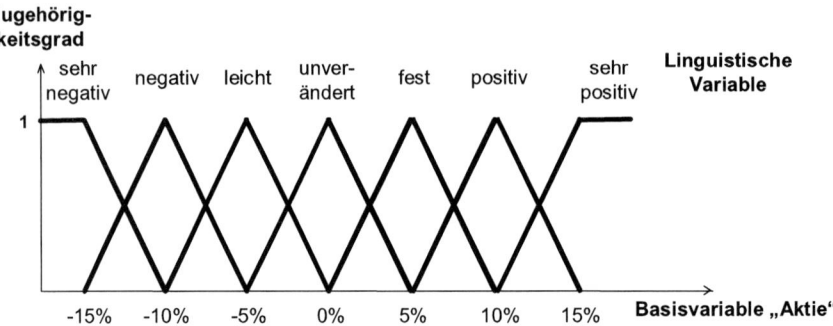

Abb. 5.17. Zugehörigkeitsfunktionen der Basisvariablen DAX und Aktie

Die Ausprägungen der Outputvariable „Kursentwicklung der Aktie in den nächsten dreißig Tagen" (Prognose) haben die gleichen Zugehörigkeitsfunktionen wie die beiden Basisvariablen „DAX" und „Aktie".

Das System hat nun die Aufgabe, eine Prognose für einen Kunden zu erstellen. Dieser überlegt, ob er in eine Aktie investieren soll, deren Kurs in den letzten dreißig Tagen um 6% gestiegen ist. Der DAX hat sich in diesem Zeitraum um 2% erhöht. Das Fuzzy-XPS führt auf der Grundlage dieser beiden Eingabegrößen zunächst die Fuzzifizierung durch (vgl. Abb. 5.18):

- DAX = 2% wird zu fest (0,4) und unverändert (0,6)
- Aktie = 6% wird zu positiv (0,2) und fest (0,8)

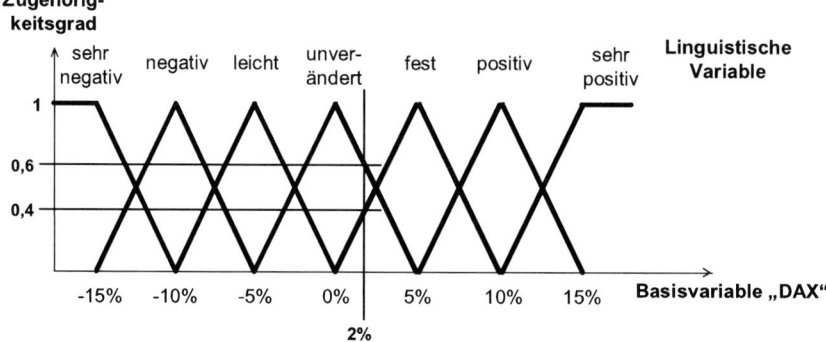

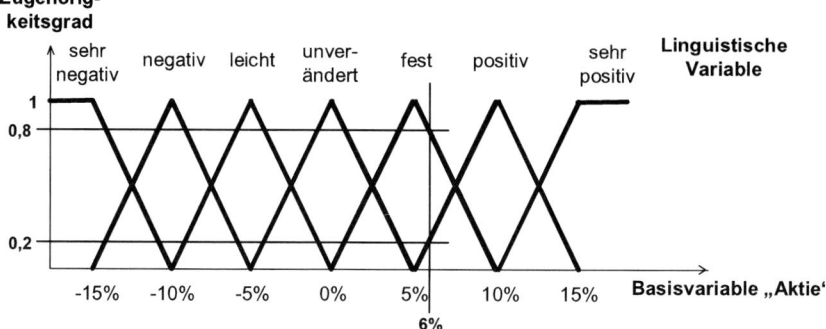

Abb. 5.18. Fuzzifizierung der Basisvariablen DAX und Aktie

Die so ermittelten Zugehörigkeitsgrade der Inputwerte werden in die Wenn-Teile der Regeln aufgenommen und durch Minimumbildung (wegen UND-Verknüpfung) zu dem Zugehörigkeitsgrad des jeweiligen Dann-Teils aggregiert.

- WENN DAX = unverändert (0,6) UND Aktie = fest (0,8)
  DANN Prognose = fest (0,6)
- WENN DAX = unverändert (0,6) UND Aktie = positiv (0,2)
  DANN Prognose = positiv (0,2)
- WENN DAX = fest (0,4) UND Aktie = fest (0,8)
  DANN Prognose = fest (0,4)
- WENN DAX = fest (0,4) UND Aktie = positiv (0,2)
  DANN Prognose = positiv (0,2)

Somit werden für die Outputvariable „Prognose" bei der linguistischen Ausprägung „fest" die Zugehörigkeitsgrade 0,6 und 0,4 und bei der linguistischen Ausprägung „positiv" zweimal der Zugehörigkeitsgrad 0,2 errechnet. Die unterschiedlichen Zugehörigkeitsgrade der linguistischen Ausprägung „fest" werden nun im Rahmen der Akkumulation durch den Maximum-Operator zu dem Zugehörigkeitsgrad 0,6 zusammengefasst. Somit ergibt sich für die Defuzzifizierung die in Abb. 5.19 dargestellte Situation.

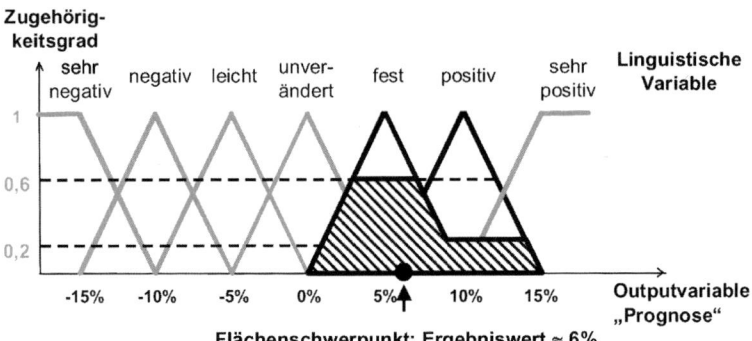

Abb. 5.19. Defuzzifizierung der Basisvariablen DAX und Aktie

Nach der Schwerpunktmethode ergibt sich als zahlenmäßiges Ergebnis aus der Prognose „fest (0,6)" und „positiv (0,2)" ein ungefährer Wert von 6 %. Die linguistische Outputvariable ist wieder auf eine nummerische Basisvariable zurückgeführt.

Die Aktie wird dem Kunden somit zum Kauf empfohlen, weil das System für die nächsten dreißig Tage eine günstige Kursentwicklung prognostiziert.

5.4.4 Anwendungsfelder

Fuzzy-Logic-Komponenten werden in einer Vielzahl unterschiedlicher Anwendungsfelder und Systeme eingesetzt. Sie eignen sich z. B. besonders für Regelungsprobleme, bei denen nicht nur die richtige Maßnahme, sondern auch deren Dosierung abgeleitet werden muss (z. B. Temperaturregelung, Fahrzeugsteuerung). Auch in Fällen, bei denen sich eine Vielzahl von Eingabeparametern in kontinuierlichen Wertebereichen bewegt (Messdaten bei technischen oder natürlichen Prozessen), eignen sich Fuzzy-Logic-Systeme zur Problemlösung. Hervorzuheben sind neben der Steuer- und Regelungstechnik insbesondere auch Anwendungen im betriebswirtschaftlichen Kontext. Beispiele für Einsatzmöglichkeiten sind:

- Steuerung von Geschäftsprozessen: Regelung des Lagerbestands durch Business Rules (Wahrung eines günstigen Verhältnisses von Vorratssicherheit und Lagerkosten)
- Anlageberatung: Kursprognosen für Wertpapiere
- Kreditantragsprüfung: Risikobewertungen
- Direktmarketing: Gewinnung und Anpassung von Kundenprofilen
- Personaleinsatzplanung: Steuerung von Außendienstmitarbeitern
- Müllverbrennungsanlagen: Regelung von Feuerung und Dampfleistung (Verbesserung des Verbrennungsablaufs und Verringerung der Schadstoffemission)
- Kläranlagen: Betriebsführung und Störfallmanagement (Verhinderung von Blähschlamm)
- Waschmaschinen: sensorgesteuerte Mengenautomatik (Einsparung von Wasser und Energie)
- U-Bahnen, Aufzüge, Klimaanlagen, Heizungen, Videokameras: Einstellung, Steuerung und Regelung (Automatisierung der Geräte)
- Brandmelder: Interpretation von Signalverläufen (Senkung der Fehlalarmrate)

5.5 Künstliche Neuronale Netze

5.5.1 Komponenten

Ein Künstliches Neuronales Netz (KNN) ist ein parallel arbeitendes System, dessen grundlegender Aufbau sich an Erkenntnissen über die Funktionsweise des menschlichen Gehirns orientiert. Ein KNN besteht aus relativ einfachen Grundelementen, den Neuronen bzw. Processing Elements (PE). Diese summieren eintreffende Signale, erzeugen entsprechend ihres inneren Zustands und ihrer Aktivierungsfunktion Ausgangssignale und geben diese an andere Neuronen weiter.

Ein KNN wird nicht programmiert, sondern trainiert. Im Gegensatz zu einem regelorientierten Problemlösungsverfahren strebt man bei dieser datengetriebenen Methode eine Abbildungsfunktion zwischen einem Eingabe- und einem Ausgabevektor an, die jedoch nicht mathematisch oder algorithmisch spezifizierbar ist, sondern sich durch die parallelen Aktivitäten der PE ergibt. Die Verknüpfungsintensität der PE ist dabei nicht konstant, sondern dynamisch; das Netz „lernt". Ein KNN kann „vernünftige" Ausgangswerte auch bei unscharfen, algorithmisch schwer formulierbaren Problemen liefern.

In vielen Netzstrukturen ordnet man Neuronen in Schichten an: eine Eingabeschicht, eine oder mehrere Zwischenschichten, eine Ausgabeschicht (vgl. Abb. 5.20).

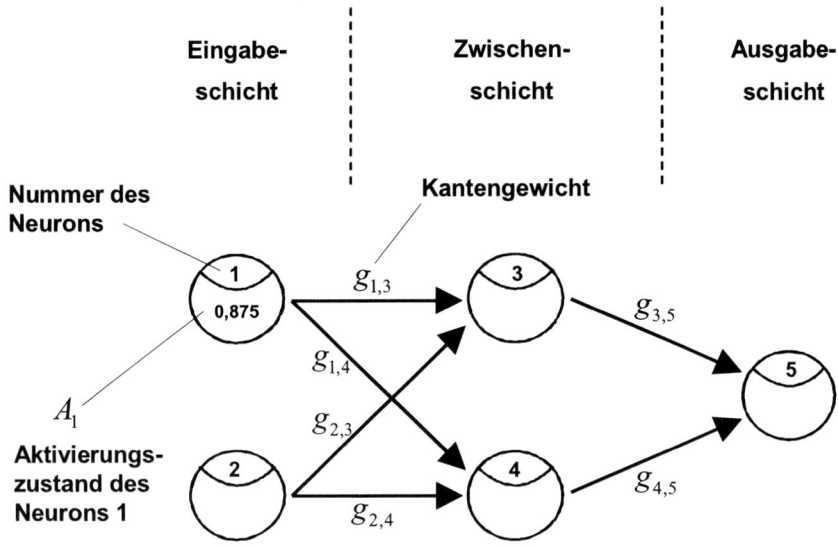

Abb. 5.20. Künstliches Neuronales Netz

Die Bildung einer geeigneten Netzstruktur (Anzahl der Neuronen, Zwischenschichten, Kanten) eines KNN ist wesentlicher Bestandteil der Problemlösung. Sie wird derzeit durch Erfahrung und Heuristiken bestimmt.

Um die Processing Elements (vgl. Abb. 5.21) möglichst einfach zu gestalten, bildet man die von den vorhergehenden Neuronen eintreffenden Signale innerhalb des PE zunächst durch eine *Integrationsfunktion* auf einen einzigen Wert, das *Aktivierungspotenzial*, ab. Meist werden die Signale gewichtet und aufsummiert. Diese Summe ist Eingabewert der *Aktivierungsfunktion*, die den an die nächste Schicht weiterzugebenden *Aktivierungszustand* des Neurons berechnet.

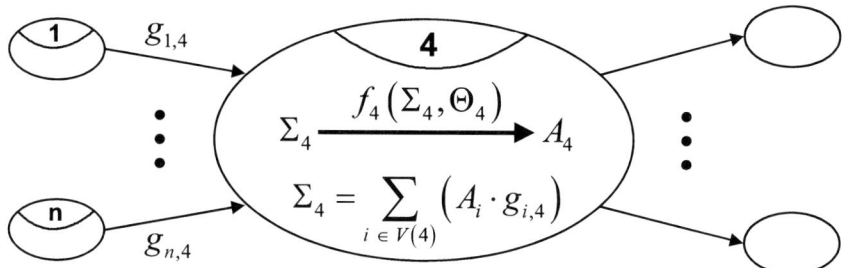

$V(i)$ = Menge aller Indizes von direkten Vorgängerknoten
hier: $V(4)$= { 1, 2, ..., n }

Σ_4 = Aktivierungspotenzial = aktueller Eingangswert des Knotens 4

θ_4 = Schwellenwert (Parameter des Knotens 4)

f_4 = Aktivierungsfunktion des Knotens 4

A_4 = Aktivierungszustand des Knotens 4

Abb. 5.21. Processing Element

Jeder Knoten verfügt über eine eigene Aktivierungsfunktion mit einem individuellen Schwellenwert (vgl. Abb. 5.22). Die Anzahl der eingehenden Potenziale eines Neurons wird als sein *fan-in* bezeichnet. Verfügt kein Neuron des KNN über eine a priori beschränkte Anzahl von Eingangssignalen, so spricht man von einem KNN mit *unbegrenztem fan-in*.

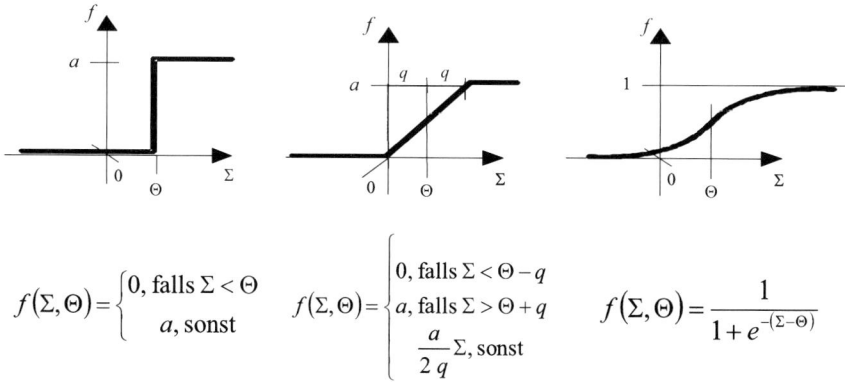

Abb. 5.22. Gebräuchliche Aktivierungsfunktionen

Die einfachsten Netzmodelle sehen keine Gewichtung der Verbindungen zwischen den Neuronen vor und sind dementsprechend unflexibel. Eine „lernende" Anpassung des Netzes an die Problemstellung kann aber nur durch Änderung der Neuronenparameter (Aktivierungsfunktionen, Schwellenwerte) oder der Netztopologie geschehen. Meist beschränkt man sich auf letztere. Die Netztopologie ist durch die Einführung von Verbindungsgewichten zwischen den Neuronen beeinflussbar. So bewirkt ein Kantengewicht von Null, dass die Kante nicht mehr vorhanden ist. Diese Gewichtung der Neuronenverbindungen wird dynamisch während des Problemlösungsprozesses angepasst, bis das KNN eine hohe Lösungsqualität erreicht. Die Gesamtheit der Verbindungsgewichte eines Netzes kann deshalb als sein „Verarbeitungswissen" bezeichnet werden.

Ein KNN arbeitet prinzipiell in zwei Phasen. In der *Lernphase* werden Gewichte und ggf. Neuronenparameter aufgrund eines festzulegenden Algorithmus (Lernregel) geändert, um zu bestimmten Eingangssignalen passende Ausgangssignale zu erhalten. Das Lernen geschieht schrittweise mithilfe von zahlreichen „Trainingsbeispielen". Ein Schritt nimmt je Gewicht/Parameter maximal eine Änderung vor. Die Lernregel vergleicht entweder das am Ausgang erwartete mit dem vom KNN erzeugten Ergebnis („Lernen mit Lehrer") bzw. beachtet qualitative Zielvorgaben („Lernen mit Bewerter") oder arbeitet ohne von außen vorgegebene Größen (selbstorganisierende Netze).

5.5.2 Arbeitsphase

Die Arbeitsphase dient der Problemlösung. Die Problemspezifikation liegt in Form von Eingabewerten für die Neuronen der Eingabeschicht vor. Jedes Eingabeneuron hat damit einen definierten Aktivierungszustand. Bei jedem nachgelagerten Neuron werden die Aktivierungszustände der vorgelagerten Neuronen aufsummiert. Dabei gewichtet man jeden Aktivierungszustand, indem man diesen mit dem Kantengewicht der Verbindung zwischen vorgelagertem und betrachtetem Neuron multipliziert. Diese so genannte Integrationsfunktion ergibt das Aktivierungspotenzial des Neurons. Das Aktivierungspotenzial wird von der Aktivierungsfunktion (vgl. Abb. 5.22) transformiert. Dabei spielt der Schwellenwert des Neurons als Funktionsparameter eine wichtige Rolle. Das Ergebnis der Aktivierungsfunktion ist der Aktivierungszustand des Neurons, dessen Wert wiederum in die Integrationsfunktionen der nachgelagerten Neuronen eingeht. Sind auf diese Weise alle Ausgangssignale der Neuronen einer Schicht berechnet, wird die Signalverarbeitung auf dieselbe Weise mit den Neuronen der nächsten Schicht fortgesetzt (Forwardpropagation). Abb. 5.23 stellt die einzelnen Phasen des Signalverarbeitungsprozesses eines Neurons mit den jeweiligen Berechnungsregeln dar.

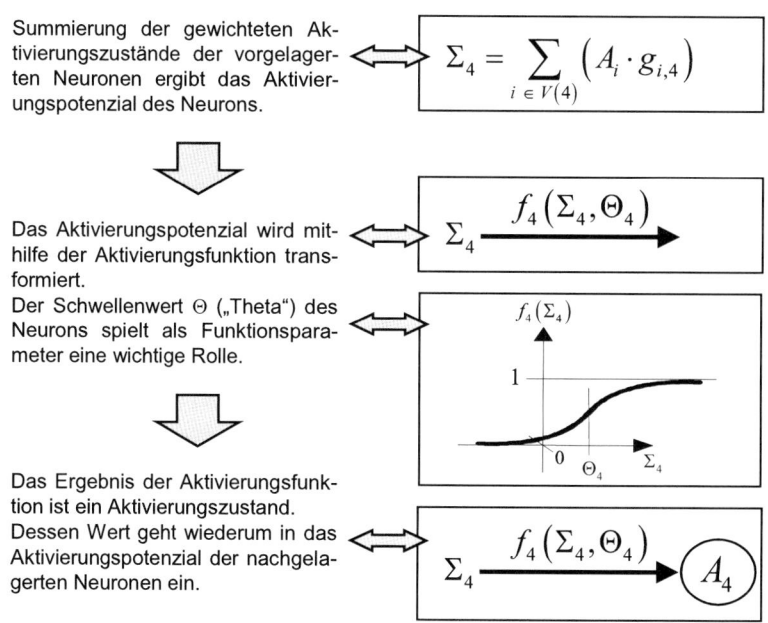

Summierung der gewichteten Aktivierungszustände der vorgelagerten Neuronen ergibt das Aktivierungspotenzial des Neurons.

$$\Sigma_4 = \sum_{i \in V(4)} \left(A_i \cdot g_{i,4} \right)$$

Das Aktivierungspotenzial wird mithilfe der Aktivierungsfunktion transformiert.
Der Schwellenwert Θ („Theta") des Neurons spielt als Funktionsparameter eine wichtige Rolle.

$$\Sigma_4 \xrightarrow{f_4(\Sigma_4, \Theta_4)}$$

Das Ergebnis der Aktivierungsfunktion ist ein Aktivierungszustand.
Dessen Wert geht wiederum in das Aktivierungspotenzial der nachgelagerten Neuronen ein.

$$\Sigma_4 \xrightarrow{f_4(\Sigma_4, \Theta_4)} A_4$$

Abb. 5.23. Signalverarbeitung des Neurons 4 (Prozess)

Abb. 5.24 zeigt ein Rechenbeispiel zur Signalverarbeitung eines Neurons mit einer sigmoidförmigen Aktivierungsfunktion (vgl. Abb. 5.23).

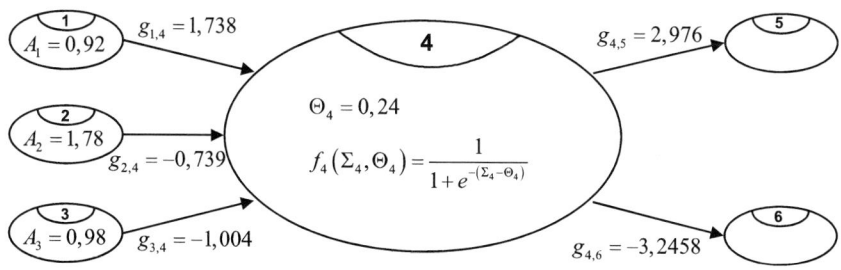

Abb. 5.24. Signalverarbeitung des Neurons 4 (Rechenbeispiel)

Das Aktivierungspotenzial Σ_4 des Neurons 4 errechnet sich aus A_1 x $g_{1,4}$ + A_2 x $g_{2,4}$ + A_3 x $g_{3,4}$ = 0,92 x 1,738 + 1,78 x (-0,739) + 0,98 x (-1,004) = -0,70038. Die Aktivierungsfunktion f_4 transformiert das Aktivierungspotenzial in den Aktivierungszustand A_4. Es ergibt sich:

$$A_4 = \frac{1}{1+e^{-(\Sigma_4 - \Theta_4)}} = \frac{1}{1+e^{-(-0,70038-0,24)}} = \frac{1}{1+e^{0,94038}} = 0,28082$$

In Abhängigkeit von der Netzwerkarchitektur, d. h. der Art der Verknüpfung der Processing Elements, unterscheidet man zwei grundlegende Arten von KNN: Bei *hierarchischen* Netzwerken sind die einzelnen Neuronen in Schichten (Eingabe-, Zwischen- und Ausgabeschicht) eingeteilt, wobei die Neuronen einer Schicht keine Verbindungen untereinander aufweisen. *Nichthierarchische* Netzwerke gestatten beliebige Verbindungen unter den Neuronen.

Eng verknüpft mit der Netzarchitektur ist die Netzdynamik, die den Verarbeitungsmodus kennzeichnet, der eine Eingabe in eine Ausgabe transformiert. Auch hier lassen sich zwei unterschiedliche Ansätze unterscheiden: Bei vorwärtsgerichteten (*Feedforward*) Netzen sind die Neuronen in Schichten angeordnet. Neuronen einer bestimmten Schicht empfangen nur Signale von Neuronen einer vorgelagerten Schicht. Diese Signale werden unidirektional mittels Vorwärtspropagierung vom Netzeingang zum Netzausgang hin verarbeitet. Dabei sind alle Neuronen derselben Schicht gleichzeitig aktiv. Bei rückgekoppelten (*Feedback*) Netzen wird der Ausgabewert eines Neurons auch auf vor- oder gleichgelagerte Neuronen rückgekoppelt. Die Verarbeitung des Eingabevektors erfolgt ausgehend von einem Initialzustand dadurch, dass sich das Netz in einen Stabilitätszustand einschwingt.

5.5.3 Lernphase

Die Lernphase ist der Arbeitsphase vorgeschaltet und dient dem „Training" des Netzes. Das dynamische „Wissen" als Reaktion des Netzes auf konkrete Eingangssignale ist in den Aktivierungszuständen der Neuronen enthalten. Ein zu einem Zeitpunkt „eingefrorenes" Aktivierungsmuster eines Netzes kann man daher als Kurzzeitgedächtnis (*Short-Term Memory*) des Netzwerks betrachten. Das statische, strukturelle Problemlösungswissen, das sich in den neuronalen Verbindungen und Verbindungsgewichten widerspiegelt, wird als Langzeitgedächtnis (*Long-Term Memory*) bezeichnet. Die Lernphase hat das Ziel, dieses Langzeitgedächtnis z. B. anhand von Beispielen (Problem/Lösungs-Paaren) zu trainieren, so dass das Netz in der Lage ist, den Lernbeispielen ähnelnde Probleme selbstständig zu lösen.

Die Lernalgorithmen bewirken eine zielgerichtete Anpassung der Verbindungsgewichte. Dabei unterscheidet man überwachtes (Supervised) und unüberwachtes (Unsupervised) Lernen. Beim *überwachten Lernen* (vgl. Abb. 5.25) ermittelt das KNN aus den Eingabedaten eines Trainingsbeispiels (Aktivierungszustände der Eingangsneuronen) zugehörige Ausgabedaten (Aktivierungszustände der Ausgangsneuronen).

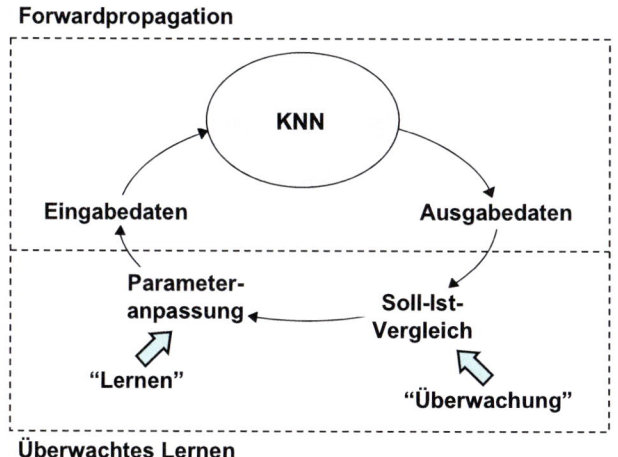

Abb. 5.25. Lernzyklus

Diese werden wesentlich durch die verwendeten Verbindungsgewichte beeinflusst. Durch das Trainingsbeispiel sind auch Soll-Ergebniswerte vorhanden („Musterlösung"). Auf der Basis eines Vergleichs der Ist-Ausgabe mit dem Soll-Ergebnis versucht der Lernalgorithmus das „Ist" an das „Soll" anzunähern, indem er die Verbindungsgewichte schrittweise bei jedem Trainingsbeispiel zielgerichtet modifiziert. Beim *unüberwachten Lernen* überlässt man es dem Netz, Regelmäßigkeiten in den Eingabedaten zu erkennen, ohne Ausgabedaten vorzugeben. Derartige Netze können sich an Muster „erinnern", die in der Lernphase durch viele Beispiele eingeprägt wurden. Ein neuer Eingabedatensatz wird dann in der Arbeitsphase einem solchen Muster angenähert, so dass mit diesem Instrument Klassifikationsaufgaben bearbeitet werden können. Man spricht hier auch von selbstorganisierenden Netzen.

Beim überwachten Lernen in mehrschichtigen Netzen entsteht das Problem, Aktivierungspotenziale auch für Neuronen der Zwischenschicht(en) anpassen zu müssen. Das ist mit dem Backpropagation-Algorithmus möglich. Das Vorgehen besteht darin, den Fehlerwert aus dem Soll-Ist-Vergleich durch die Änderung der Verbindungsgewichte zu minimieren. Das überwachte Lernen mithilfe des Backpropagation-Algorithmus läuft in vier Schritten ab:

- Schritt 1: Durchlaufen einer Forwardpropagation-Phase für einen gegebenen Input zur Berechnung des „Ist-Signals" der Neuronen der Ausgabeschicht (vgl. Abschn. 5.5.2).

  Dies ist notwendig um durch den anschließenden Soll-Ist-Vergleich den „Netzfehler" berechnen zu können. Der Netzfehler ist das Fehlersignal (Soll-Ist-Abweichung) der Neuronen der Ausgabeschicht.

- Schritt 2a: Berechnen des Fehlersignals der Neuronen der Ausgabeschicht (vgl. Abb. 5.26).

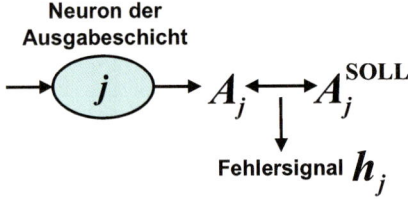

Abb. 5.26. Fehlersignale der Ausgabeschicht-Neuronen

Das Fehlersignal h_j eines Neurons j der Ausgabeschicht ergibt sich aus der folgenden Berechnung:

$$h_j = \left(A_j^{\text{SOLL}} - A_j \right) \cdot \left[A_j \cdot \left(1 - A_j \right) \right]$$

Der Aktivierungszustand A ist meist auf das Intervall [0;1] normiert. Der Korrekturfaktor $[A \cdot (1 - A)]$ führt dazu, dass das Fehlersignal umso geringer wird, je näher A bei 0 oder 1 liegt. Dies bedeutet, dass der Faktor bei $A = 0,5$ maximal, bei $A = 0$ oder $A = 1$ minimal ist. Der Effekt lässt sich so interpretieren, dass der Korrekturfaktor bei „unentschlossenen" Neuronen, deren Aktivierungszustand in der Mitte zwischen 0 und 1 liegt, verstärkt wird.

- Schritt 2b: Berechnen des Fehlersignals der Zwischenschicht-Neuronen (vgl. Abb. 5.27).

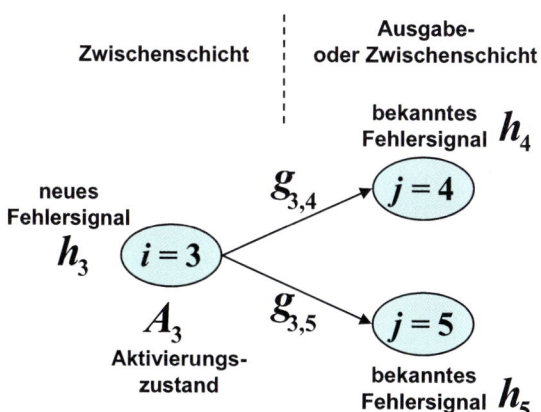

Abb. 5.27. Fehlersignale der Zwischenschicht-Neuronen

Der Backpropagation-Algorithmus berücksichtigt, dass sich bei der Forwardpropagation die Fehler einzelner Neuronen von Schicht zu Schicht fortpflanzen, da sie in das Aktivierungspotenzial der nachgelagerten Neuronen eingehen. Das Fehlersignal jedes Neurons einer Zwischenschicht beeinflusst also die Fehlersignale der nachgelagerten Schichten. Um den Fehler der Neuronen einer Zwischenschicht korrigieren zu können, muss demnach das Fehlersignal der jeweils nachgelagerten Schicht in die Korrektur einbezogen werden. Beim Korrekturprozess „erben" vorgelagerte Neuronen das Fehlersignal der nachgelagerten Neuronen, es bewegt sich „rückwärts" von der Ausgabe- zur Eingabeschicht (Backpropagation).

Um das Fehlersignal h_i eines Neurons i der Zwischenschicht zu berechnen, werden die von den nachgelagerten Neuronen $j \in N(i)$ „geerbten" Fehlersignale h_j mit $g_{i,j}$ gewichtet und aufsummiert. Um den „Entscheidungsprozess" in Richtung 0 oder 1 der einzelnen Neuronen zu beschleunigen, wird das Ergebnis ebenso wie in Schritt 2a mit dem Korrekturfaktor $[A \cdot (1 - A)]$ multipliziert:

$$h_i = \sum_{j \in N(i)} \left(h_j \cdot g_{i,j} \right) \cdot \left[A_i \cdot \left(1 - A_i \right) \right]$$

Schritt 2b wird solange wiederholt, bis alle Zwischenschichten in Richtung der Eingabeschicht durchlaufen sind. Für die Neuronen der Eingabeschicht ist kein Fehlersignal zu berechnen.

- Schritt 3: Berechnen der Änderung der Kantengewichte aus den ermittelten Fehlersignalen (vgl. Abb. 5.28).

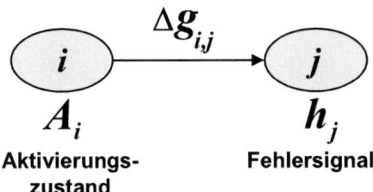

Abb. 5.28. Änderung der Kantengewichte

Um das Fehlersignal eines Neurons j zu reduzieren, wird das Kantengewicht $g_{i,j}$ zwischen dem vorgelagerten Neuron i und dem nachgelagerten Neuron j modifiziert. Je größer das Fehlersignal ist, desto größer ist die Änderung des Kantengewichts. Die Gewichtsänderung $\Delta g_{i,j}$ ergibt sich durch Multiplikation

- des Fehlersignals h_j des nachgelagerten Neurons j

- und des Aktivierungszustands A_i des vorgelagerten Neurons i

- und der Lernkonstante L, welche die Lerngeschwindigkeit bestimmt.

Die Gewichtsänderung berechnet sich demnach gemäß der folgenden Rechenvorschrift:

$$\Delta g_{i,j} = h_j \cdot A_i \cdot L$$

- Schritt 4: Berechnung der neuen Kantengewichte

Das neue Kantengewicht zwischen einem vorgelagerten Neuron i und einem nachgelagerten Neuron j ergibt sich durch Addition des aktuellen („alten") Gewichts und der Gewichtsänderung $\Delta g_{i,j}$.

$$g_{i,j}^{NEU} = g_{i,j} + \Delta g_{i,j}$$

Um ein Neuronales Netz mithilfe des geschilderten Prozesses zu trainieren, werden die Kantengewichte mithilfe wechselnder Lernbeispiele (Paare aus Eingabewerten und den zugehörigen Soll-Werten der Ausgabeschicht) so lange modifiziert, bis die Qualität der Schlussfolgerungen des Netzes genügend hoch ist.

Das Ziel des Backpropagation-Algorithmus kann jedoch nicht darin bestehen, bei Anwendung der Lernbeispiele einen Netzfehler von 0 zu erreichen (Schritt 2a). Dies würde lediglich bedeuten, dass das Netz perfekt an die Lernbeispiele angepasst ist und zu einer verminderten Qualität der Schlussfolgerungen des Netzes in der Arbeitsphase führen, in der bisher nicht trainierte Kombinationen von Eingabewerten auftreten.

Um diesem „Über-Trainieren" des Netzes zu begegnen, werden die verfügbaren Lernbeispiele meist in eine Trainings- und eine Validierungsmenge aufgeteilt. Die Beispiele der Validierungsmenge enthalten ebenfalls Paare aus Eingabewerten und den zugehörigen Soll-Werten, werden jedoch nicht für das Training verwendet. Nach jedem Lernzyklus wird mithilfe der nicht gelernten, dem Netz unbekannten Validierungsmenge ein bzgl. des Lernfortschritts aussagekräftiger Netzfehler ermittelt. Die Lernphase ist beendet, wenn dieser Netzfehler sein Minimum überschritten hat und aufgrund einer Überanpassung an die Trainingsmenge wieder anzusteigen beginnt. Die optimale Konfiguration des Neuronalen Netzes ist zu dem Zeitpunkt erreicht, zu dem der mithilfe der Validierungsmenge abgeleitete Netzfehler minimal ist (vgl. Abb. 5.29).

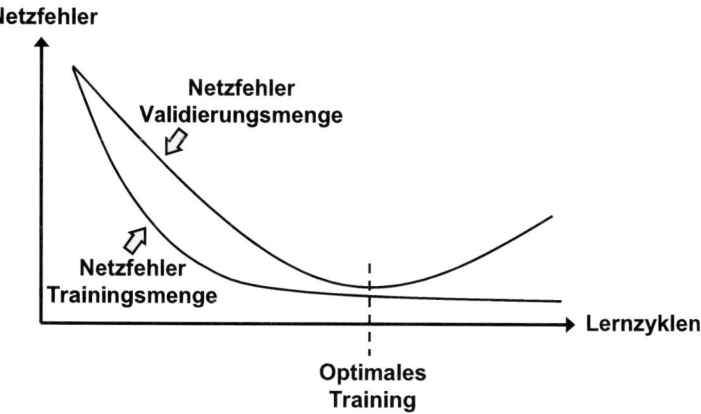

Abb. 5.29. Optimierung der Lernzyklen beim überwachten Lernen

Das Trainieren eines neuronalen Netzes mithilfe des Backpropagation-Algorithmus wird im Folgenden an einem Beispiel erläutert. Die Ausgangssituation ist in Abb. 5.30 dargestellt. Die Kantengewichte des betrachteten Netzes sind mit zufälligen Werten initialisiert.

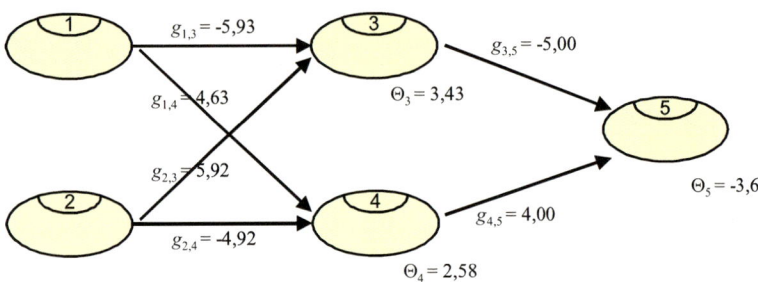

Abb. 5.30. Initiales neuronales Netz

Es werden nun die „Ist"-Aktivierungszustände der Neuronen für den Inputvektor $(0,1)$ berechnet. Als Ergebnis erhält man $A_5 = 0{,}2652$ (vgl. Abb. 5.31). Bei dem Eingabevektor $(0,1)$ soll im Trainingsbeispiel der Wert 0 geliefert werden ($A_5^{SOLL} = 0$).

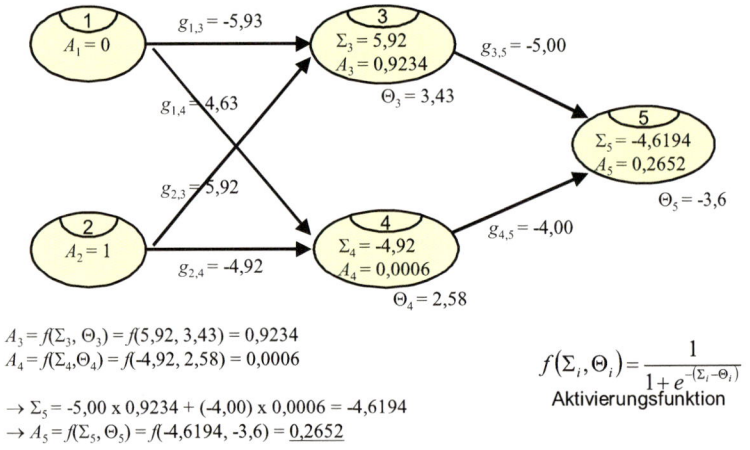

Abb. 5.31. Schritt 1: Aktivierungszustand des Ausgangsneurons A_5

Im zweiten Schritt des Algorithmus werden die Fehlersignale sukzessive „von hinten nach vorne" berechnet (vgl. Abb. 5.32).

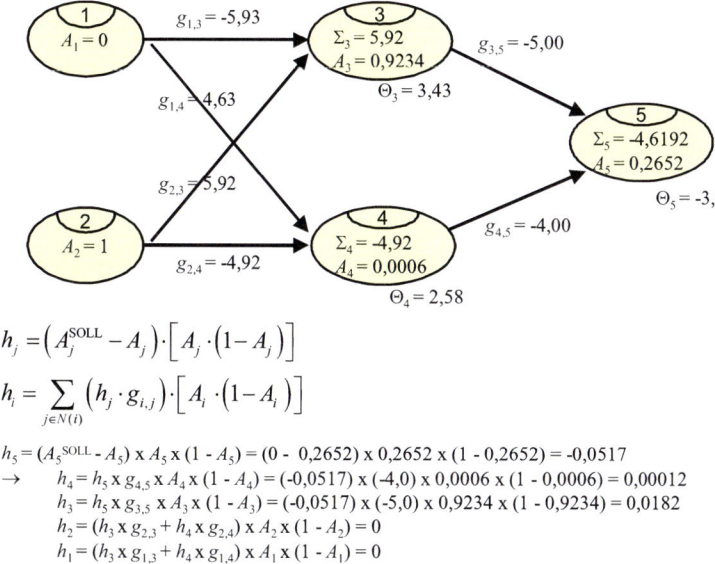

$$h_j = \left(A_j^{SOLL} - A_j \right) \cdot \left[A_j \cdot \left(1 - A_j \right) \right]$$

$$h_i = \sum_{j \in N(i)} \left(h_j \cdot g_{i,j} \right) \cdot \left[A_i \cdot \left(1 - A_i \right) \right]$$

$h_5 = (A_5^{SOLL} - A_5) \times A_5 \times (1 - A_5) = (0 - 0,2652) \times 0,2652 \times (1 - 0,2652) = -0,0517$

$\rightarrow$ $h_4 = h_5 \times g_{4,5} \times A_4 \times (1 - A_4) = (-0,0517) \times (-4,0) \times 0,0006 \times (1 - 0,0006) = 0,00012$

$h_3 = h_5 \times g_{3,5} \times A_3 \times (1 - A_3) = (-0,0517) \times (-5,0) \times 0,9234 \times (1 - 0,9234) = 0,0182$

$h_2 = (h_3 \times g_{2,3} + h_4 \times g_{2,4}) \times A_2 \times (1 - A_2) = 0$

$h_1 = (h_3 \times g_{1,3} + h_4 \times g_{1,4}) \times A_1 \times (1 - A_1) = 0$

Abb. 5.32. Schritt 2: Berechnung der Fehlersignale

Die Fehlersignale der mittleren Schicht werden mithilfe von A_5 und A_5^{SOLL} berechnet und fließen anschließend in die Bestimmung der Fehlersignale der Eingangsschicht ein. Die Fehlersignale werden benötigt, um im dritten Schritt die Änderungswerte für die Anpassung jedes Kantengewichts zu errechnen (vgl. Abb. 5.33).

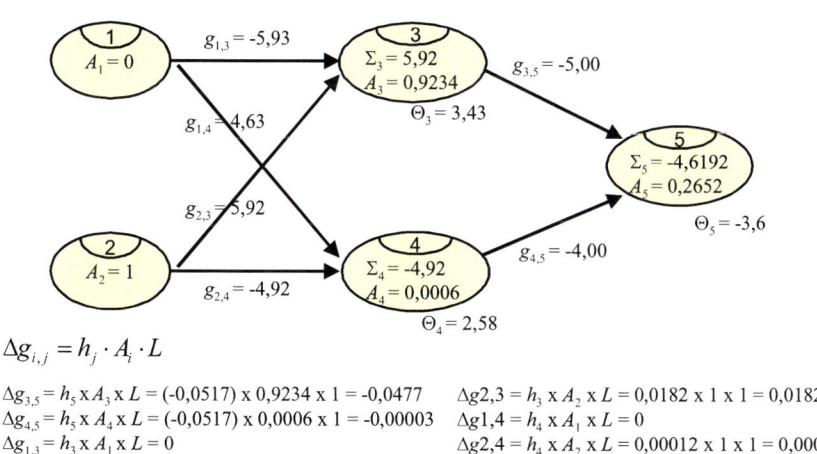

$$\Delta g_{i,j} = h_j \cdot A_i \cdot L$$

$\Delta g_{3,5} = h_5 \times A_3 \times L = (-0,0517) \times 0,9234 \times 1 = -0,0477$ $\Delta g_{2,3} = h_3 \times A_2 \times L = 0,0182 \times 1 \times 1 = 0,0182$

$\Delta g_{4,5} = h_5 \times A_4 \times L = (-0,0517) \times 0,0006 \times 1 = -0,00003$ $\Delta g_{1,4} = h_4 \times A_1 \times L = 0$

$\Delta g_{1,3} = h_3 \times A_1 \times L = 0$ $\Delta g_{2,4} = h_4 \times A_2 \times L = 0,00012 \times 1 \times 1 = 0,00012$

Abb. 5.33. Schritt 3: Berechnung der Änderung der Gewichte

Die neuen Kantengewichte ergeben sich durch Addition der (positiven oder negativen) Änderungswerte aus Schritt 3 zu den bisherigen Gewichten (vgl. Abb. 5.34).

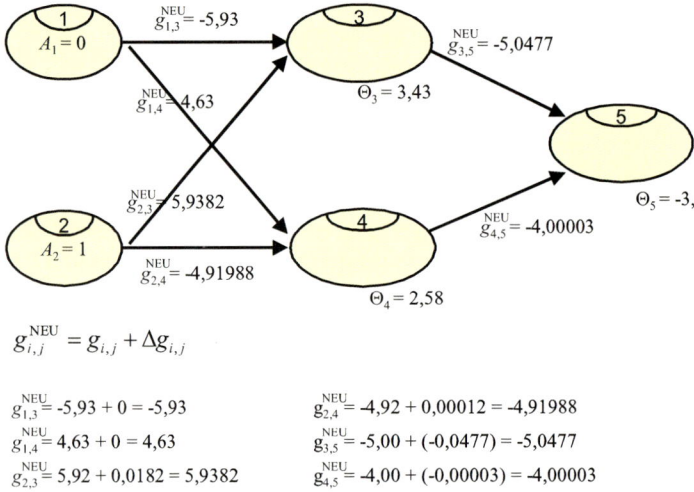

$$g_{i,j}^{NEU} = g_{i,j} + \Delta g_{i,j}$$

$g_{1,3}^{NEU} = -5,93 + 0 = -5,93$ $g_{2,4}^{NEU} = -4,92 + 0,00012 = -4,91988$

$g_{1,4}^{NEU} = 4,63 + 0 = 4,63$ $g_{3,5}^{NEU} = -5,00 + (-0,0477) = -5,0477$

$g_{2,3}^{NEU} = 5,92 + 0,0182 = 5,9382$ $g_{4,5}^{NEU} = -4,00 + (-0,00003) = -4,00003$

Abb. 5.34. Schritt 4: Berechnung der neuen Kantengewichte

Man sieht, dass sich die Kantengewichte durch ein einzelnes Trainingsbeispiel nur marginal ändern. Um zu einem Lernerfolg zu kommen, der viele unterschiedliche Eingaben berücksichtigt, ist eine große Anzahl von Trainingsbeispielen notwendig.

5.5.4 Anwendungsbeispiel

Künstliche Neuronale Netze werden u. a. als selbstständig lernende Entscheidungsunterstützungssysteme bei der Prüfung von Kreditanträgen eingesetzt. Die Bewilligung eines Kredites hängt dabei von dem Antragsprofil ab, das sich aus Eigenschaften des Antragstellers und des beantragten Kredites zusammensetzt.

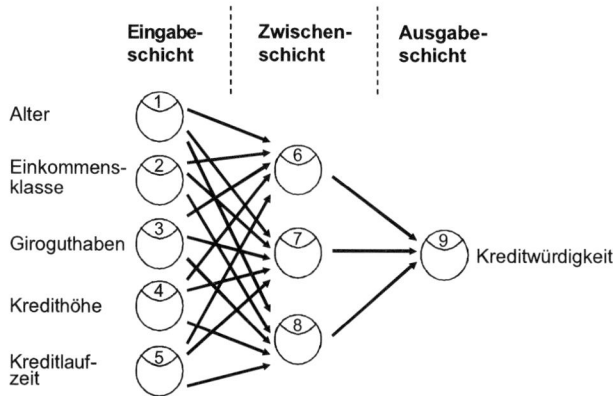

Abb. 5.35. Dreischichtiges Feedforward-Netz für die Kreditantragsprüfung

Zunächst wird eine für das gegebene Problem geeignete Netzarchitektur erstellt (vgl. Abb. 5.35). Im Beispiel besteht das Antragsprofil aus drei Eigenschaften des Antragsstellers (Alter, Einkommensklasse, Giroguthaben) und zwei Eigenschaften des Kreditantrags (Kredithöhe, Kreditlaufzeit). Die Eingabeschicht des Neuronalen Netzes besteht daher aus fünf Eingangsneuronen, deren Aktivierungszustände das zu verarbeitende Antragsprofil abbilden. Um dies zu ermöglichen, müssen die Eigenschaften des Antragsprofils zunächst auf einen einheitlichen Wertebereich (hier [0;1]) normalisiert werden (vgl. Abb. 5.36).

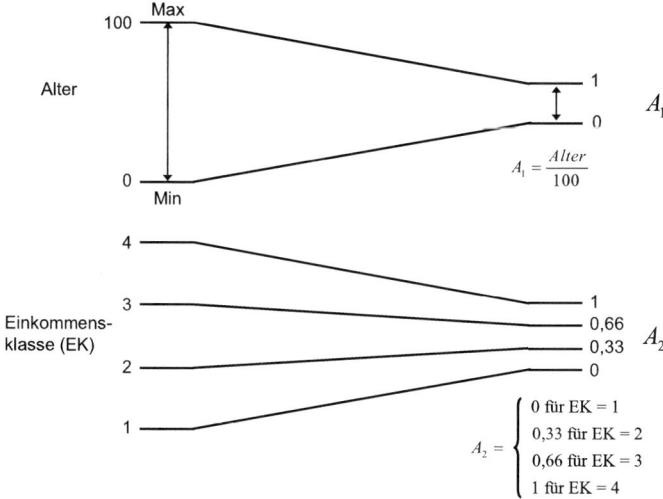

Abb. 5.36. Normalisierung der Eingabewerte

Sind die Vorschriften für die Abbildung der Eigenschaften des Antragsprofils auf normalisierte Eingabewerte festgelegt, kann aus dem Antragsprofil ein Eingabevektor abgeleitet werden. Dieser bestimmt die Aktivierungszustände der Neuronen der Eingabeschicht (vgl. Abb. 5.37).

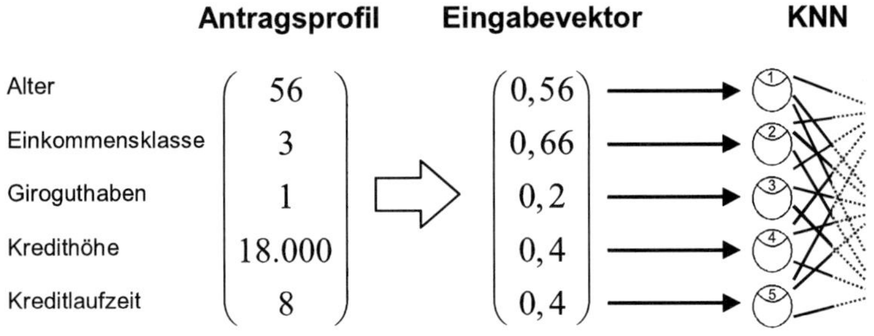

Abb. 5.37. Eingabe eines Antragsprofils in das Neuronale Netz

Nachdem die Neuronen der Eingabeschicht mit dem Eingabevektor initialisiert sind, ermittelt das Netz durch Forwardpropagation den Wert der
Kreditwürdigkeit, hier im Intervall [0;1]. Je höher der Wert, umso besser
wird der Kreditantrag eingeschätzt.

Das Training des Neuronalen Netzes kann z. B. mithilfe des Backpropagation-Algorithmus (vgl. Abschn. 5.5.3) anhand von Lernbeispielen erfolgen. Die Lernbeispiele werden aus Vergangenheitsdaten gewonnen. Bei
beendeten Kreditverträgen ermittelt man rückblickend den Verlauf des
Kreditgeschäfts. Wurde der Kreditkunde z. B. zahlungsunfähig, so führt
dies zu einer schlechteren Einstufung. Auf diese Weise werden Datenpaare
aus Antragsprofil und Erfolg des Kreditgeschäfts gesammelt, die zum
Training des Neuronalen Netzes dienen.

5.5.5 Anwendungsfelder

Künstliche Neuronale Netze sind schon seit langem ein Forschungsgegen-
stand der Künstlichen Intelligenz, z. B. in den Bereichen Robotik, Sprach-
und Bildverarbeitung. Zusätzlich zu diesen klassischen Anwendungsfeldern werden neuronale Ansätze bei Problemen verfolgt, auf die bisher analytische oder regelbasierte Methoden angewendet wurden (z. B. Data Mining, vgl. Abschn. 2.4.3).

Zum einen setzt man KNN in betrieblichen Anwendungen dort ein, wo
Zusammenhänge kaum zu beschreiben bzw. schwer formal zu operationa-

lisieren sind oder wo Problemstellungen aufgrund ihrer Komplexität mit herkömmlichen analytischen Verfahren bzw. Algorithmen nur unzureichend gelöst werden können. Zum anderen verspricht man sich bei der Verwendung von KNN anstelle alternativ möglicher traditioneller Lösungsmethoden eine höhere Flexibilität. Vor allem die Lernfähigkeit über neue Beispiele, die bei KNN implizit zu geringen Kosten gegeben ist, ist in der Praxis attraktiv. Abb. 5.38 zeigt eine Auswahl von Anwendungsfeldern.

Bereich	Anwendungsfeld
Industrie	Qualitätskontrolle, Produktsortierung, Kapazitätsplanung, Robotersteuerung, Materialsynthese, Bildverarbeitung
Finanzen	Bonitätsprüfung, Handschrifterkennung, Wertpapierbewertung, Unterschriftenerkennung, Kursprognose
Marketing	Erkennung von Verhaltensmustern, Zielgruppenbestimmung, Konsumanalyse
Öffentlicher Dienst	Formularverarbeitung, Dienstplanoptimierung
Verkehr	Hinderniserkennung, Fahrplanoptimierung, Ampelschaltung
Telekommunikation	Datenkompression, Routingstrategien, adaptive Filter, Steuerung des Signalverkehrs, Netzoptimierung
Medizin	Atemanalyse, Blutdruckanalyse, Bakterienidentifikation, Gewebeanalyse

Abb. 5.38. Anwendungsfelder von KNN

Weitere betriebswirtschaftliche Anwendungen Künstlicher Neuronaler Netze finden sich insbesondere bei Planungs- und Optimierungs-, sowie bei Klassifikations- und Entscheidungsunterstützungssystemen. Beispiele sind Tourenplanung, Anlageberatung oder Risikomanagement.

5.6 Genetische Algorithmen

Genetische Algorithmen (GA) gehören zu den *Evolutionären Algorithmen* (EA). Evolutionäre Algorithmen sind ein Sammelbegriff für computerbasierte Problemlösungssysteme, die das Ziel haben, evolutionäre Mechanismen mithilfe mathematischer Algorithmen abzubilden. Sie orientieren sich am Vorbild des biologischen Evolutionsprozesses, indem sie auf abstrakter Ebene grundlegende evolutionstheoretische Prinzipien imitieren. D. h., die Vorgehensweise des Problemlösungsprozesses lässt sich als *naturanalog* bezeichnen. Dabei ist es wichtig zu berücksichtigen, dass die Evolution in der Natur kein gerichteter Prozess ist. Vielmehr werden mehr oder weniger zufällige genetische Zusammensetzungen ihrer Umgebung ausgesetzt. Diejenigen Lebewesen, deren genetische Grundlagen besser auf ihre Umgebung abgestimmt sind, haben größere Chancen zu überleben als andere (natürliche Selektion). Nur die Überlebenden sind in der Lage, sich fortzupflanzen. Damit werden meist auch genau die Gene vererbt, die das Überleben sicherstellen.

5.6.1 Grundlagen

In der Natur ist die genetische Information in Form einer Sequenz der vier Nukleotidbasen Adenin, Thymin, Cytosin und Guanin in einem Makromolekül, der Desoxyribonucleinsäure (DNS), innerhalb der Chromosomen des Zellkerns codiert. Die Sequenz der Basen dient gewissermaßen als Blaupause zur Erzeugung von Proteinen, deren Gesamtheit wiederum den Bauplan für Enzyme, Organellen, Organe und ganze Individuen darstellt. Ein Abschnitt auf der DNS, der für den Aufbau jeweils eines Proteins verantwortlich ist, wird als *Gen* bezeichnet, die konkrete Ausprägung eines Gens heißt *Allele*.

Die Weiterentwicklung einer Art hängt in der Natur vom Einfluss der so genannten *Evolutionsfaktoren* ab. Die bedeutsamsten Evolutionsfaktoren sind die *Rekombination* von bereits vorhandenem Erbmaterial sowie die *Mutation*, also die spontane, willkürliche Veränderung des Erbmaterials. Zu unterscheiden sind hierbei verschiedene Formen der Mutation:

- *Genmutationen* betreffen lediglich die Ausprägung einzelner Gene;
- *Chromosomenmutationen* beeinflussen die Chromosomenstruktur;
- *Genommutationen* verändern die Anzahl einzelner Chromosomen oder ganzer Chromosomensätze.

Der Evolutionsfaktor Rekombination setzt die Erbinformationen einzelner Individuen durch geschlechtliche Fortpflanzung neu zusammen. Dies geschieht bei der zufälligen Kombination von mütterlichen und väterlichen Erbinformationen während der Kernteilung. In diesem Zusammenhang spricht man auch vom Vorgang des *Crossing Over* oder *Crossover* der Erbinformation.

Der Evolutionsprozess bezieht seine Dynamik aus dem Wechsel zwischen dieser Generierung neuer genetischer Information sowie deren Bewertung und Selektion. Je besser nun die Anpassung – die so genannte *Fitness* – eines Individuums an äußere Bedingungen ist, desto größer ist seine mittlere Lebensdauer relativ zu den Individuen derselben Population. Das frühzeitige Aussterben schlecht angepasster Individuen, welches eine Steigerung der mittleren Fitness in der Population impliziert, wird als *Selektion* bezeichnet. Hierbei lassen sich Unterschiede bzgl. der Wahrscheinlichkeit der Verwendung von Erbmaterial einzelner Individuen bei der Fortpflanzung vorsehen. So hat bei der *nicht diskriminierenden Selektion* jedes Individuum eine positive Wahrscheinlichkeit, dass sein Erbmaterial in die nächste Generation übernommen wird, wohingegen es die *diskriminierende Selektion* nur den gemäß des verwendeten Kriteriums fittesten Organismen erlaubt, sich fortzupflanzen („survival of the fittest").

Techniken der so genannten Genetischen Algorithmen nutzen zur Problemlösung die Modellierung einzelner, besonders bedeutsamer Genmanipulationen. Durch *Selektion* anhand eines verwendeten Fitnessmaßstabs im Rahmen einer Selektionsstrategie entsteht aus einer vorhandenen Ausgangspopulation (von Lösungen) eine Zwischengeneration. Auf die Individuen dieser Zwischengeneration werden die Evolutionsfaktoren *Rekombination* und *Mutation* angewendet. Daraus entstehen die Individuen der Folgepopulation, die erneut den Zyklus der Selektion, Rekombination und Mutation durchlaufen.

5.6.2 Genetischer Basisalgorithmus

Die Genetischen Algorithmen basieren wie alle Ausprägungen der EA auf dem in Abb. 5.39 dargestellten Basisalgorithmus, der die zyklische Anwendung der Selektion sowie der Evolutionsfaktoren Mutation und Rekombination auf die jeweils aktuelle Generation verdeutlicht.

t := 0		
initialisiere P(t)		
bewerte P(t)		
solange Abbruchkriterium nicht erfüllt		
	P'(t) := selektiere aus P(t)	
	P(t + 1) := rekombiniere und mutiere P'(t)	
	bewerte P(t + 1)	
	t := t + 1	

Abb. 5.39. Genetischer Basisalgorithmus

Die verwendeten Variablen haben folgende Bedeutungen:

t   = Generationenzähler
P(t)   = Population der Generation t
P'(t)   = Zwischengeneration auf dem Wege zu P(t+1)
P(t + 1)   = Generation der Nachkommen

Der Algorithmus geht von einer Startmenge (Ausgangspopulation) von Lösungsalternativen (Individuen) für das gegebene Anwendungsproblem aus und bewertet diese. Die bewerteten Alternativen werden je nachdem, um welchen Evolutionären Algorithmus es sich handelt, nach verschiedenen Kriterien selektiert. So können z. B. im kanonischen genetischen Algorithmus u. a. die stochastische und die Wettkampfselektion verwendet werden (vgl. Abschn. 5.6.3). Auf die nach der Selektion noch verbliebenen Lösungsalternativen werden im nächsten Schritt die genetischen Operatoren angewendet, wobei Reihenfolge und Art der Anwendung von der jeweiligen EA-Variante abhängen. Auf diese Weise entstehen aus alten Lösungen (Eltern) modifizierte neue Lösungsvorschläge (Kinder). Das Wechselspiel aus ungerichteter Veränderung von Lösungen und Bevorzugung der besten Lösungsindividuen im Selektionsprozess führt im Laufe vieler Verfahrensiterationen (Generationen) sukzessive zu besseren Lösungsvorschlägen. Dieser Prozess wird so lange fortgesetzt, bis ein vorab festgelegtes Abbruchkriterium greift, also z. B. eine bestimmte Anzahl von Iterationen durchgeführt oder eine angemessene Lösungsqualität erreicht ist. Die Möglichkeiten zur Operationalisierung der Schritte Selektion, Mutation und Rekombination werden im Folgenden für einen genetischen Algorithmus näher illustriert.

5.6.3 Kanonischer Genetischer Algorithmus

Genetische Algorithmen gibt es seit dem Ende der 60er Jahre. Sie gelten als Hauptströmung innerhalb der EA. Die weite Verbreitung von genetischen Algorithmen begründet sich nicht zuletzt durch die einfache Verständlichkeit eines Grundalgorithmus, der auch als *kanonischer genetischer Algorithmus* bezeichnet wird. Dieser kanonische Algorithmus verläuft nach dem in Abb. 5.39 dargestellten Grundschema.

Ein genetischer Algorithmus arbeitet stets auf einer großen Anzahl künstlicher „Chromosomen", den Individuen einer Population. Alle Individuen $\tilde{a}_i$ werden als Folge von L Bits repräsentiert (L kann für verschiedene Probleme variieren): $\tilde{a}_i = (a_1, a_2, a_3, ..., a_L)$ mit $a_k \in \{0, 1\}$. Die für das Optimierungsproblem verwendeten Variablen werden als Abschnitte innerhalb des Chromosoms $\tilde{a}_i$ repräsentiert. In der Grundform des genetischen Algorithmus entspricht Abschnitt $j = (a_s, ..., a_t)$, $1 \leq s < t \leq L$ immer der j-ten Entscheidungsvariablen X_j, d. h. die Lage der Variablen auf dem Chromosom ändert sich nicht (vgl. Abb. 5.40). Des Weiteren bleibt auch die Länge des Chromosoms (L) konstant. In der genetischen Nomenklatur stellt jede Variable des Chromosoms ein Gen dar. Der konkrete Wert eines Gens wird als Allel bezeichnet.

Setzt man einen genetischen Algorithmus z. B. zur Optimierung von Parametereinstellungen einer Maschine ein, so sind zunächst zwei Probleme zu bewältigen:

1. Die Parameter einer Lösung (Lösungsvariablen = Gene im Chromosom) müssen binär codiert werden (vgl. Abb. 5.40). Dazu ist zunächst die Anzahl der möglichen Zustände jedes Parameters festzustellen. In nachfolgendem Beispiel dienen sechs Bits der Codierung, d. h. es können 2^6 (= 64 Zustände) dargestellt werden. Falls der zugrunde liegende Parameter nicht diskret ist, wird das Problem an dieser Stelle vereinfacht und durch eine Vielzahl diskreter Zustände ersetzt. Probleme erwachsen jedoch auch bei diskreten Werten, deren Anzahl nicht 2^x ist. Als Beispiel soll ein Maschinenparameter dienen, der 20 Ausprägungen haben kann. Wird dafür ein Modell mit einer Codierlänge von vier Bits für die Repräsentation auf dem Chromosom verwendet, sind nur $2^4 = 16$ Zustände darstellbar. Die anderen werden nicht berücksichtigt. Nimmt man fünf Bit zur Codierung (= 32 Zustände) werden Ergebnisse errechnet, die in der Praxis nicht möglich sind, da künstliche Ausprägungen entstehen. Diese müssen nachträglich durch geeignete Verfahren auf die erlaubten Werte zurückgeführt werden.

codierter Wert von   codierter Wert von   codierter Wert von
Variable X_i Variable X_j Variable X_k

··· 0 1 0 0 1 1 0 1 1 1 0 1 0 1 1 0 0 1 0 1 ···

Abb. 5.40. Binäre Codierung eines Chromosoms

2. Es muss eine Evaluationsfunktion definiert werden, die über die Güte einer Genkombination sowie der gesamten Population Auskunft gibt. Dies kann umso komplexer werden, je stärker sich die einzelnen Parameter gegenseitig beeinflussen, also voneinander abhängig sind. Die mit der *Decodierungsfunktion* Γ entschlüsselten Variablenwerte werden dazu in die *Zielfunktion* F eingesetzt, mit deren Hilfe der *Fitnesswert* $\Phi(\tilde{a}_i) = F(\Gamma(\tilde{a}_i))$ eines Individuums i bestimmt wird.

Im Folgenden wird der GA an einem Beispiel genauer betrachtet. Eine GA-Population setzt sich aus μ Individuen bzw. Chromosomen (zumeist 30 bis 500) zusammen. Als Ausgangsbasis wird eine *Startpopulation* zufällig generiert (vgl. Abb. 5.41). Dabei können die einzelnen Bits eines Chromosoms unabhängig voneinander mit der gleichen Wahrscheinlichkeit entweder auf den Wert 0 oder 1 gesetzt werden.

Individuum	Chromosom
1	110100110010110111
2	001111000111101011
...	...
μ	010111010101010111

Abb. 5.41. Startpopulation

Eine schlechte Initialisierung schränkt allerdings den Suchraum des Algorithmus stark ein und verhindert u. U. die Auffindung einer guten Variablenbelegung. Man generiert deshalb öfters auch „sinnvolle", aber dennoch zufällige Variablenwerte für die Startpopulation.

Die Chromosomen (Individuen) der Startpopulation werden evaluiert, d. h. die Parameterwerte (Allele) werden in die Evaluationsfunktion eingesetzt, die den *Fitnesswert* $\Phi(\tilde{a}_i)$ des Chromosoms $\tilde{a}_i$ bestimmt (vgl. Abb. 5.42)

Individuum	Chromosom	$\Phi(\tilde{a}_i)$
1	110100110010110111	7,3
2	001111000111101011	2,5
...	...	...
μ	010111010101010111	4,8

Abb. 5.42. Evaluation

Es gibt verschiedene Möglichkeiten der anschließenden *Selektion* von Individuen. Zwei Varianten werden näher betrachtet:

1. *Stochastische Selektion:* Aus der aktuellen Population werden μ Individuen zufällig ausgewählt (vgl. Abb. 5.43). Dabei wird das mathematische Modell „Ziehen mit Zurücklegen" verwendet, so dass ein Chromosom mehrmals gezogen werden kann und sich die Selektionswahrscheinlichkeit eines Individuums nicht verändert. Diese Selektionswahrscheinlichkeit $p_s(\tilde{a}_i)$ hängt vom Quotienten aus dem zuvor bestimmten Fitnesswert und der Summe der Fitnesswerte aller Individuen ab:

$$p_s(\tilde{a}_i) = \frac{\Phi(\tilde{a}_i)}{\sum_{j=1}^{\mu} \Phi(\tilde{a}_j)}$$

Diese Vorgehensweise wird als *fitnessproportionale Selektion* bezeichnet. Da auch Individuen mit einem schlechten Fitnesswert eine positive Selektionswahrscheinlichkeit besitzen, spricht man von „nicht diskriminierender" Selektion. Die Menge der gewählten Individuen ist eine Zwischengeneration (*Mating Pool*) auf deren Basis die neue Generation in den nächsten Schritten durch Anwendung der Evolutionsfaktoren erzeugt wird.

Individuum	Chromosom	$\Phi(\tilde{a}_i)$	$p_s(\tilde{a}_i)$	Selektions-anzahl
1	110100110010110111	7,3	6,8 %	2
2	001111000111101011	4,8	4,5 %	1
3	101001101101001111	3,6	3,3 %	2
...	...	...	...	
μ	010111010101010111	2,5	2,3 %	0
	Summe	107,6		μ

Abb. 5.43. Stochastische Selektion

2. *Wettkampfselektion:* Ein Nachteil der fitnessproportionalen Selektion liegt in der Notwendigkeit, für alle Individuen neben dem Fitnesswert zusätzlich die Selektionswahrscheinlichkeit berechnen zu müssen. Die Wettkampfselektion vermeidet dies durch Bestimmung einer zufälligen Stichprobe vom Umfang ξ (*Wettkampfumfang*). Aus dieser Stichprobe wird das Individuum mit dem höchsten Fitnesswert bestimmt und in den *Mating Pool* kopiert. Kann aufgrund identischer Fitnesswerte kein Individuum zum Sieger bestimmt werden, wiederholt man die Stichprobenziehung. Dieser Vorgang wird μ-mal durchgeführt bis die Zwischengeneration voll besetzt ist. Ein häufig verwendeter Wert für den Wettkampfumfang ist $\xi = 2$. Das Individuum mit dem schlechtesten Fitnesswert hat bei dieser Selektion keine Chance, in den *Mating Pool* aufgenommen zu werden. Es handelt sich um eine „diskriminierende" Selektion.

Die folgenden Teilschritte werden vom Algorithmus $\mu/2$-mal durchlaufen, um die *Nachkommen* zu erzeugen:

- *Partnerwahl*: Aus der selektierten Zwischengeneration werden zwei „Eltern" gezogen. Dies geschieht mit der gleichen Wahrscheinlichkeit $1/\mu$ und ohne Zurücklegen. Mit diesen beiden Chromosomen entstehen in den folgenden Teilschritten durch Crossover und Mutation zwei Nachkommen.

- *Crossover*: Es wird rekombiniert, um aus der Zwischengeneration die nächste „echte" Generation zu erstellen. Dazu werden die Chromosomen der gezogenen Eltern an einer zuvor gewählten Stelle „durchgeschnitten" und mit der Information des jeweils anderen Elternteils gekreuzt (vgl. Abb. 5.44). Die Wahl der Schnittstelle geschieht zufällig auf Basis einer Gleichverteilung und identifiziert eine Bitposition zwischen 1 und L-1 (*Crossover-Punkt*). Dabei wird auf Variablengrenzen (Gengrenzen) keine Rücksicht genommen, so dass sich ein Variablenwert sprunghaft verändern kann. Die Rekombination für die gewählten Elternteile wird oft nur durchgeführt, falls eine im Intervall [0;1[gleichverteilte Zufallsvariable C den Wert der a priori festgelegten Crossover-Wahrscheinlichkeit p_c nicht überschreitet. Wählt man z. B. $p_c = 0{,}6$, so finden bei 60% der Eltern Rekombinationsvorgänge statt. In den anderen Fällen sind die Kinder mit den Eltern zunächst identisch und können allenfalls noch mutiert werden. Für das Crossover existieren zahlreiche Varianten. Das hier beschriebene Ein-Punkt-Crossover stellt das einfachste Verfahren dar. Andere Verfahren verwenden Formen des Mehrpunkt-Crossover.

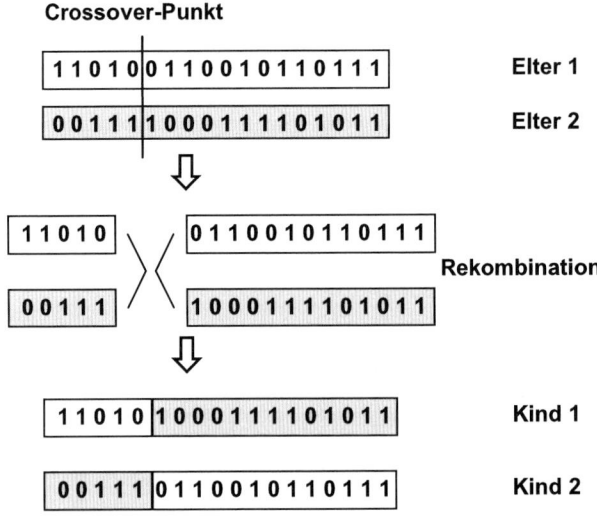

Abb. 5.44. Rekombination

- *Mutation*: Die sich anschließende Mutation verändert einzelne Gene der Kinder nach dem Zufallsprinzip. Hierzu wird jedes Bit mit einer geringen Wahrscheinlichkeit p_m invertiert.

Aus μ Individuen der Vorgängergeneration sind nun μ Individuen der Nachfolgegeneration entstanden. Der Prozess aus Bewertung, Selektion und Erzeugung von Nachkommen wird so lange wiederholt, bis ein Abbruchkriterium erfüllt ist. Kriterien können dabei das Erreichen einer Generationenanzahl, die Überschreitung eines anderen ressourcenbezogenen Limits (z. B. Zeit) oder die Realisierung eines vorher gewählten Wunschwertes für die Zielfunktion sein. Weiterhin kann der genetische Algorithmus beendet werden, falls sich die Individuen einer Population in sehr vielen Bitpositionen gleichen und die Rekombination deswegen wenig Fortschritt bringt.

Um die Konvergenzgeschwindigkeit von genetischen Algorithmen zu erhöhen, sind Evolutionsstrategien entwickelt worden. Hierbei wird jedem Chromosom ein zweiter Vektor zugeordnet, der so genannte *Strategievariablen* enthält. Diese definieren, in welcher Weise die einzelnen Gene in den Zwischengenerationen mutiert werden, um das Ziel einer möglichst guten heuristischen Lösung schnell zu erreichen. Evolutionsstrategien gibt es in verschiedenen Ausprägungen, die sich sowohl durch die Anzahl der Eltern als auch die Anzahl der Nachkommen pro Generation unterscheiden.

5.6.4 Anwendungsbeispiel

Die Arbeitsweise genetischer Algorithmen wird an einem Beispiel verdeutlicht, bei dem ein LKW beladen werden soll, so dass die maximale Zuladung nicht überschritten und dennoch ein hoher Nutzwert erzielt wird. Die Art des Beispiels repräsentiert eine typische Problemklasse, bei der eine Zielfunktion unter der Nebenbedingung einer Ressourcenrestriktion zu maximieren oder zu minimieren ist.

Der LKW kann noch bis zu 3.600 kg zuladen, bevor die maximale Kapazität überschritten ist. Es muss unter dem in Abb. 5.45 aufgeführten Frachtgut gewählt werden.

Nr.	Frachtgut	Gewicht [kg]	Nutzwert [EUR]
1	Radiowecker	300	700
2	Bohrmaschinen	350	500
3	Waschmittel	1.000	300
4	Pfannen	1.500	800
5	Chlorreiniger	1.250	400
6	Einweg-Grills	900	600
7	Gartenerde	1.230	100
8	Katzenstreu	500	200
9	Gameboys	200	900
10	Gartenstühle	700	500
11	Hörspiele	180	800
12	Zeitschriften	430	1.000

Abb. 5.45. Potenzielles Frachtgut

Auf dieser Grundlage wird eine zufällige Ausgangspopulation der Größe 10 erzeugt, von der die Individuen 3, 4 und 8 in Abb. 5.46 beispielhaft aufgeführt sind.

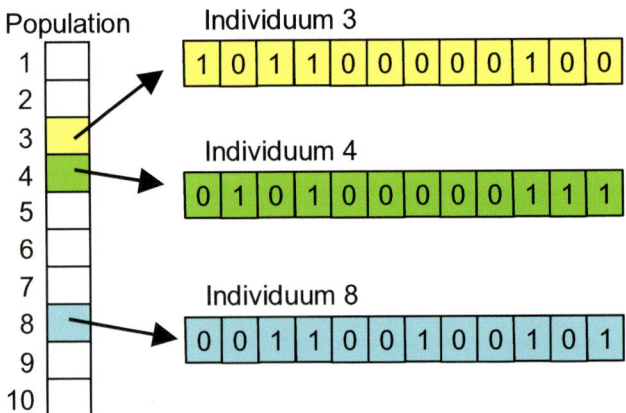

Abb. 5.46. Initiale Population

Für jedes Utensil wird eine Variable (Gen) der Bitlänge 1 verwendet, die angibt, ob das Frachtgut eingepackt wird (= 1) oder nicht (= 0).

• Individuum 3 repräsentiert somit eine Zuladung, die Radiowecker, Waschmittel, Pfannen und Gartenstühle enthält, da die Bits 1, 3, 4 und 10 den Wert „1" haben. Es ergibt sich ein Nutzwert von 700 + 300 + 800 + 500 = 2.300.

• Individuum 4 stellt eine Zuladung dar, die Bohrmaschinen, Pfannen, Gartenstühle, Hörspiele und Zeitschriften enthält, da die Bits 2, 4, 10, 11 und 12 auf „1" gesetzt sind. Das entspricht einem Nutzwert von 500 + 800 + 500 + 800 + 1000 = 3.600.

• Individuum 8 codiert den Fall, in dem der LKW mit Waschmittel, Pfannen, Gartenerde, Gartenstühlen und Zeitschriften beladen ist. Der Nutzwert errechnet sich zu 300 + 800 + 100 + 500 + 1.000 = 2.700.

Zur Berechnung der Fitness F eines Individuums i gilt folgender einfacher Zusammenhang:

• Wird das Gewichtslimit von 3.600 Kilogramm überschritten, dann erhält das Individuum einen Fitnesswert von –1,

• ansonsten entspricht der Fitnesswert dem Nutzwert.

Somit ergeben sich für die drei Individuen die in Abb. 5.47 dargestellten Fitnesswerte.

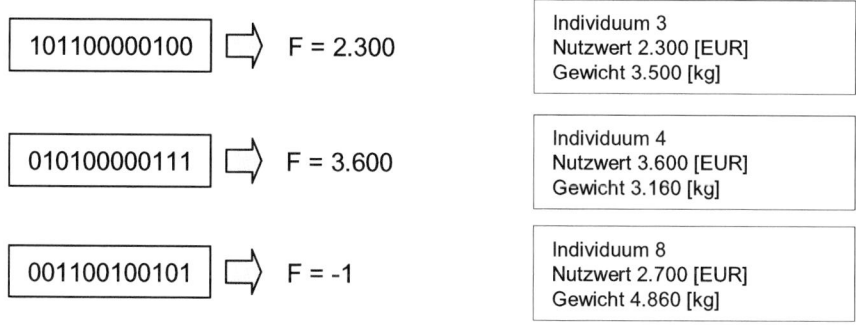

Abb. 5.47. Fitnesswerte der Individuen 3, 4 und 8

Nach der Bestimmung der Fitnesswerte der aktuellen Generation sind die Mitglieder der Nachkommengeneration zu bestimmen. Dazu wird im Beispiel die Wettkampfselektion mit einem Wettkampfumfang von $\xi = 2$ genau zehnmal durchgeführt (vgl. Abb. 5.48). Es sind bei den Generationen jeweils die Nummern der Individuen aus Abb. 5.46 angegeben.

Generation P(t)	Fitness	Generation P'(t)	
{3, 4}	{2.300, 3.600}	4	
{3, 8}	{2.300, -1}	3	
{6, 7}	{-1, 700}	7	
{1, 7}	{-1, 700}	7	
{4, 3}	{3.600, 2.300}	4	μ = 10
{5, 4}	{-1, 3.600}	4	
{6, 2}	{-1, 2.400}	2	
{1, 10}	{-1, 1.900}	10	
{1, 2}	{-1, 2.400}	2	
{10, 8}	{1.900, -1}	10	

Abb. 5.48. Wettkampfselektion

Wenn der Mating Pool den erforderlichen Umfang (hier 10) erreicht hat, werden die in ihm enthaltenen Individuen (2, 2, 3, 4, 4, 4, 7, 7, 10, 10) paarweise zufällig fünfmal rekombiniert. Abb. 5.49 zeigt diesen Vorgang am Beispiel der Individuen 3 und 4.

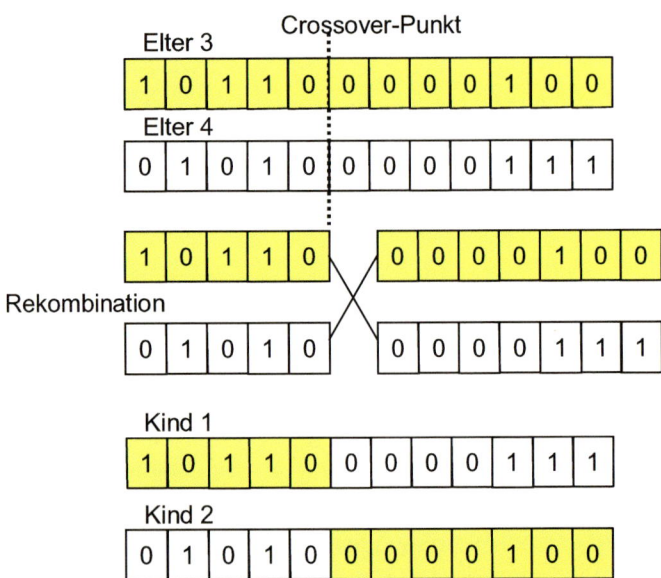

Abb. 5.49. Rekombination

Das dadurch entstehende Kind 1 codiert Radiowecker, Waschmittel Pfannen, Gartenstühle, Hörspiele und Zeitschriften als Zuladung mit einem Nutzwert von 4.100 (700 + 300 + 800 + 500 + 800 + 1.000) und einem Gewicht von 4.110 Kilogramm. Kind 2 repräsentiert Bohrmaschinen, Pfannen und Gartenstühle mit einem Nutzwert von 1.800 (500 + 800 + 500) und einem Gewicht von 2.550 Kilogramm. Durch Rekombination der Paare {2, 4}, {2, 7}, {4, 10} und {7, 10} entstehen acht weitere Kinder, so dass die neue Generation wiederum zehn Individuen umfasst.

Zum Abschluss des ersten Durchlaufs des Algorithmus werden die Individuen aus der ersten Nachkommengeneration mit der Mutationswahrscheinlichkeit mutiert. Das Beispiel in Abb. 5.50 zeigt beispielhaft eine Mutation von Kind 1.

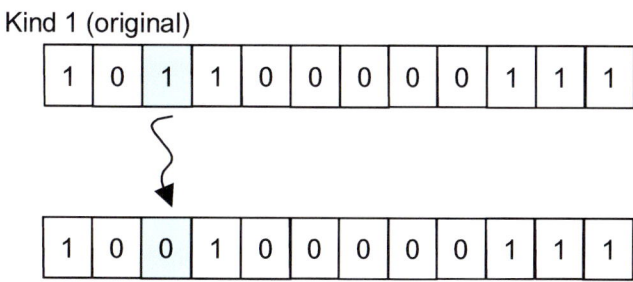

Abb. 5.50. Mutation

Kind 1 repräsentiert nach der Mutation eine LKW-Zuladung, die aus Radioweckern, Pfannen, Gartenstühlen, Hörspielen und Zeitschriften besteht. Das mutierte Kind 1 weist einen Nutzwert von 3.800 (700 + 800 + 500 + 800 + 1000) und ein Gewicht von 3.110 Kilogramm auf. Da keine weiteren Kinder mutiert werden, ergeben sich für die erste Folgegeneration die in Abb. 5.51 dargestellten Chromosome mit den jeweiligen Fitnesswerten.

Wird als Abbruchkriterium z. B. ein Fitnesswert von mehr als 3.700 vorgegeben, ist das Ende des Algorithmus erreicht, da Kind 1 einen Fitnesswert von 3.800 besitzt. Anderenfalls beginnt der Zyklus mit Selektion, Rekombination, Mutation und Bewertung von neuem bis das Abbruchkriterium erfüllt ist.

Individuum	Chromosom	Fitness
1	100100000111	3.800
2	010100000100	1.800
3	010000000111	2.800
4	010100110101	-1
5	010001100000	1.200
6	000000110101	1.800
7	010100010010	2.300
8	010010000111	3.200
9	000000010010	1.000
10	010011100000	1.600

Abb. 5.51. Chromosome und Fitnesswerte der ersten Folgegeneration

5.6.5 Erweiterungen

Auf Basis des in Abschn. 5.6.3 vorgestellten kanonischen Genetischen Algorithmus werden zahlreiche Modifikationen vorgeschlagen, die im Wesentlichen auf die Steigerung der Lösungsqualität abzielen. Da nach wie vor theoretische Grundlagen fehlen, die einen allgemeinen Zusammenhang zwischen den Parametern des GA und der Strategie der Lösungsfindung formalisieren, findet die Verbesserung des kanonischen GA durch „Trial-and-Error" statt. Die im Folgenden genannten Ansätze gehören zu den häufiger verwendeten.

Gray-Codierung der Parameter

Variablenwerte im Chromosom werden nicht einfach ins Binärsystem umgerechnet. Vielmehr wird der *Gray Code* verwendet (vgl. Abb. 5.52).

Variablen-wert	Codierung im Binärsystem	Hamming-Distanz (k-1, k)	Gray-Codierung	Hamming-Distanz (k-1, k)
0	000	-	000	-
1	001	1	001	1
2	010	2	011	1
3	011	1	010	1
4	100	3	110	1

Abb. 5.52. Codierung mit Gray Code

Diese Codierung zeichnet sich dadurch aus, dass die so genannte Hamming-Distanz zwischen zwei aufeinander folgenden Werten stets konstant (nämlich eins) ist. Damit wird verhindert, dass sich Variablenwerte durch die Mutation einzelner Bits drastisch ändern. Die Hamming-Distanz zweier Zahlen gibt die Anzahl der Bitstellen an, in denen sich die binären Kodierungen der Zahlen unterscheiden.

Diploidie

In Analogie zum biologischen Vorbild werden Chromosomenpaare verwendet. Wie in der Natur enthalten beide Chromosomen eines Paares Gene für die gleichen Parameter, lediglich ihre konkrete Ausprägung kann unterschiedlich (*heterozygot*) sein. Bei den Variablenwerten (Allele) werden zu diesem Zweck rezessive und dominante Informationen unterschieden. Bei der Decodierung der Variablenwerte erfolgt jeweils eine Verschmelzung der beiden sich entsprechenden Variablenwerte des Chromosomenpaares, bei der sich stets die dominanten Allele durchsetzen. Der Vorteil dieses Verfahrens liegt darin, dass auch die rezessiven Informationen weitervererbt und durch einen *Dominanzwechsel* – der Invertierung des Dominanzstatus – zum bestimmenden Allel werden. Damit können sich diploide Chromosomen effektiver an wechselnde Umgebungsbedingungen anpassen.

Mehrpunkt-Crossover

Der zentrale Evolutionsoperator für GA ist das Crossover. Dementsprechend existieren zahlreiche Ansätze, wie die Rekombination des Eltern-Erbguts effektiver gestaltet werden kann. Um die verschiedenen Varianten qualitativ beurteilen zu können, werden häufig die Merkmale *Positional Bias* und *Distributional Bias* herangezogen, die beide niedrige Werte annehmen sollten.

- *Positional Bias* liegt vor, wenn die Austauschwahrscheinlichkeit eines Gens von seiner Lage auf dem Chromosom abhängt. So nimmt z. B. die Austauschwahrscheinlichkeit beim Ein-Punkt-Crossover offensichtlich zum Ende des Strings hin zu, ein Effekt, der i. Allg. unerwünscht ist.
- Von *Distributional Bias* wird gesprochen, wenn die Anzahl der beim Crossover ausgetauschten Gene keiner Gleichverteilung folgt. Damit hat das Ein-Punkt-Crossover keinen Distributional Bias, da mit gleicher Wahrscheinlichkeit zwischen 1 und L-1 Gene ausgetauscht werden.

Die folgenden Crossover-Varianten stellen eine Auswahl der gebräuchlichsten Vorgehensweisen bei der Rekombination dar.

- *N-Punkt-Crossover*
  Hier werden N > 1 Crossover-Punkte auf Basis einer Gleichverteilung
  zwischen 1 und L-1 willkürlich bestimmt. Die Austauschpunkte liegen
  wie beim Ein-Punkt-Crossover für beide Elternteile gleich. Nummeriert
  man die durch die Crossover-Punkte sowie Chromosomenanfang und
  -ende begrenzten Segmente von links beginnend fortlaufend durch, so
  werden alle Segmente mit geradzahliger Nummer ausgetauscht. Der Positional Bias des N-Punkt-Crossover nimmt mit steigenden Werten von
  N linear ab; gleichzeitig steigt allerdings der Distributional Bias.
- *Uniform Crossover*
  Beim Uniform Crossover werden keine Crossover-Punkte festgelegt. Es
  wird vielmehr für jedes Gen der Eltern auf Basis einer im Intervall [0;1[
  gleichverteilten Zufallsvariablen U_Z über den Austausch entschieden.
  Mit einer parametrisierbaren Austauschwahrscheinlichkeit p_{uc} (gängige
  Werte: $0,5 \leq p_{uc} \leq 0,8$) wird der Austausch dann vorgenommen, falls U_Z
  $\leq p_{uc}$. Positiv an Uniform Crossover ist die Tatsache, dass es keinen Po-
  sitional Bias besitzt. Allerdings folgt der Wert für den Distributional Bias mit steigender Chromosomenlänge einer Binomialverteilung.

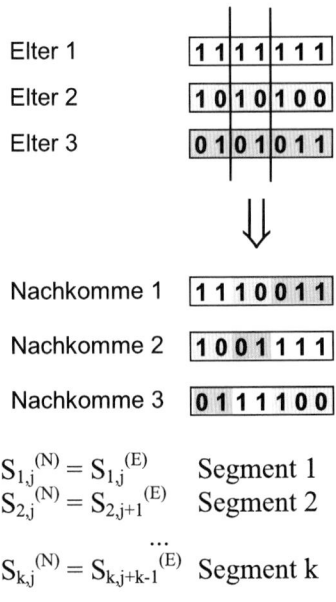

Abb. 5.53. Multirekombination

- *Diagonal Crossover*
  Beim Diagonal Crossover (Multirekombination) werden aus M Eltern M Nachkommen erzeugt. Dabei verwendet man M-1 Crossover-Punkte, die zufällig auf Basis einer Gleichverteilung bei allen Eltern-Chromosomen an der gleichen Stelle liegen. Die sich damit ergebenden M Segmente (Index i) pro Elternteil (Index j) $S_{ij}^{(E)}$ ($1 \leq i, j \leq M$) werden gemäß Abb. 5.53 zu Nachkommen (N) kombiniert.
  Diagonal Crossover konnte bei verschiedenen Studien deutliche Vorteile gegenüber dem Crossover mit zwei Eltern erzielen. Warum die Multirekombination zu besseren Ergebnissen führt, ist jedoch theoretisch weitgehend unerforscht.

Inversion

In den traditionellen GA-Implementierungen ist die Lage der Gene auf dem Chromosom fest – anders als in der Natur üblich. Eine Variante ist, jedes Gen nicht durch seine Lage auf dem Chromosom, sondern durch eine eindeutige Nummer zu identifizieren. Damit lassen sich Evolutionsoperatoren konstruieren, bei denen sich die Lage des Gens ändert, der Fitnesswert jedoch konstant bleibt (vgl. Abb. 5.54).

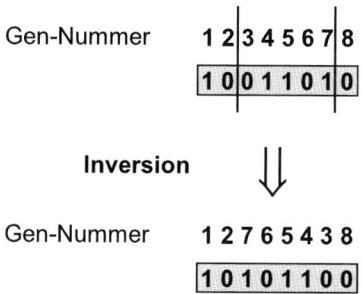

Abb. 5.54. Inversionsoperator

Die Bedeutung der Inversion liegt im Zusammenspiel mit dem Rekombinationsoperator. Beim Ein-Punkt-Crossover werden Gene, die weit auseinander liegen mit wesentlich höherer Wahrscheinlichkeit getrennt, als benachbart liegende Gene. Werden im Verlauf der Evolution bei weit entfernten Genen gute Werte erreicht, so vermag die Inversion beide Gene auf dem Chromosom zusammenzuführen und somit die Wahrscheinlichkeit für eine erneute Trennung durch Rekombination zu verringern.

Selektionsvarianten

Die stochastische Selektion im kanonischen GA lässt sich als „Glücksrad" mit einem Zeiger und μ Abschnitten, deren Breiten proportional zu den Selektionswahrscheinlichkeiten $p_s(\tilde{a}_i)$ gewählt werden, interpretieren (vgl. Abb. 5.55). Die Mitglieder der Zwischengeneration werden durch μ-maliges Drehen am Glücksrad ermittelt.

Ein anderer Auswahlalgorithmus (*Stochastic Universal Sampling*) verwendet mehrere – nämlich genau μ – Zeiger, die in gleichmäßigen Abständen um das Glücksrad herum angeordnet sind. Auch wird das Rad nicht mehrmals, sondern nur einmal gedreht.

In den Mating Pool werden so viele Kopien eines Individuums aufgenommen, wie Zeiger auf seinen Abschnitt am Glücksrad zeigen.

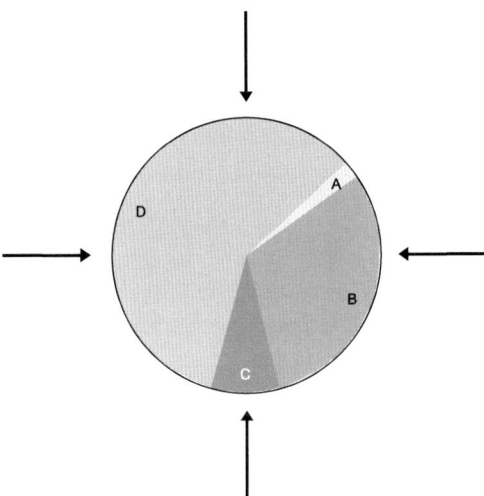

Abb. 5.55. Stochastic Universal Sampling

Im Gegensatz zur fitnessproportionalen Selektion, bei der die absoluten Unterschiede zwischen den Selektionswahrscheinlichkeiten mit in die Auswahlentscheidung für die Zwischengeneration eingehen, werden die Individuen bei der *rangbasierten Selektion* gemäß ihres Fitnesswerts auf einer Ordinalskala angeordnet. Das erste Individuum mit dem höchsten Fitnesswert erhält den Erwartungswert E_{max}, dasjenige mit dem geringsten Fitnesswert E_{min} zugeordnet. Damit ergibt sich für die Selektionswahrscheinlichkeit eines Individuums $p_s(\tilde{a}_i)$ in Abhängigkeit von seinem Rang $r(\tilde{a}_i)$ folgender Wert:

$$p_s(\tilde{a}_i) = \frac{1}{\mu} \cdot \left(E_{max} - \left(E_{max} - E_{min} \right) \cdot \frac{r(\tilde{a}_i) - 1}{\mu - 1} \right)$$

5.6.6 Anwendungsfelder

Voraussetzung für die Anwendbarkeit Genetischer Algorithmen ist es, dass ein Gütekriterium zur Evaluation von Lösungsvorschlägen formuliert werden kann. Genetische Algorithmen eignen sich für zwei wesentliche Problemklassen:

- *Methodisches Problem*: Es existiert keine Methode zur Ermittlung einer Optimallösung.

- *Kombinatorisches Problem*: Es existiert eine Optimierungsmethode, die Menge der möglichen Lösungen ist jedoch so groß, dass in angemessener Zeit keine Lösung abgeleitet werden kann.

Genetische Algorithmen können in vielen Bereichen computergestützter Problemlösungsansätze verwendet werden. Beispiele hierfür sind die Erstellung von Zeit- und Reihenfolgeplänen (z. B. Handlungsreisenden-Problem, Maschinenbelegung usw.) oder die Lösung spieltheoretischer Problemstellungen (z. B. Gefangenendilemma, Verhandlungssituationen).

Bei Genetischen Algorithmen handelt es sich nicht um eine Optimierungsmethode, sondern um eine Heuristik. Das Ziel besteht in der Ableitung einer befriedigenden (nicht optimalen) Lösung. Bei vielen Aufgaben, wie z. B. der Bestückung von Leiterplatten, der Konstruktion von Tragwerken oder dem Entwurf einer Düsenform, liegt ein Optimierungsproblem zugrunde: Aus der i. d. R. sehr großen Anzahl zulässiger Lösungen ist diejenige zu finden, die den kürzesten Weg, das geringste Gewicht oder den höchsten Wirkungsgrad bietet.

Aufgrund ihrer Integrationsfähigkeit in andere Problemlösungsverfahren treten GA verstärkt als Module komplexerer Gesamtsysteme auf. Interessante Synergieeffekte ergeben sich aus den Kombinationsmöglichkeiten von GA und anderen wissensorientierten bzw. wissensbasierten Systemen. Dabei verwendet man GA hauptsächlich zur Einstellung bzw. Optimierung von Parametern z. B. bei KNN oder Fuzzy-Logic-Expertensystemen.

Ein typisches Beispiel eines solchen kombinierten Problemlösungsansatzes ist die Einstellung der Kantengewichte Neuronaler Netze durch einen Genetischen Algorithmus. Die Kantengewichte bilden hierbei die auf dem Chromosom codierten Variablen. Ein Individuum entspricht einer konkreten Ausprägung des Kantengewichtevektors (vgl. Abb. 5.56). Der

Genetische Algorithmus ersetzt den Lernalgorithmus des Neuronalen Netzes. Die Fitnessfunktion F entspricht

$$\sum_{i \in A} A_i^{\text{SOLL}} - A_i^{\text{IST}},$$

wobei die Ist-Werte der Ausgangsneuronen A_i durch die Feedforward-Berechnung des Netzes auf der Basis eines Trainingsfalles und des Kantengewichtevektors des Individuums bestimmt werden. In diesem Fall ist ein möglichst kleiner „Fitnesswert" gewünscht.

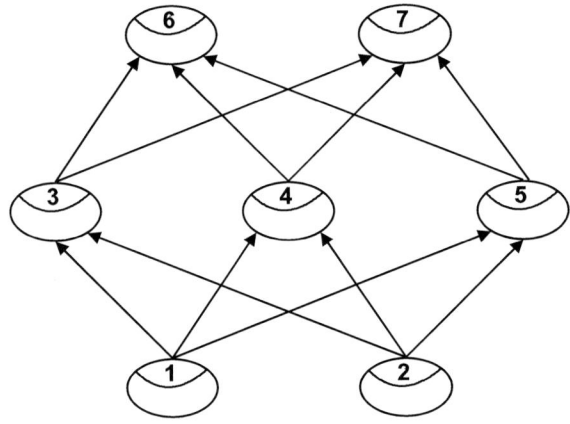

Kantengewichtevektor: Chromosom eines Individuums

$g_{1,3}$	$g_{1,4}$	$g_{1,5}$	$g_{2,3}$	$g_{2,4}$	$g_{2,5}$	$g_{3,6}$	$g_{3,7}$	$g_{4,6}$	$g_{4,7}$	$g_{5,6}$	$g_{5,7}$

Abb. 5.56. Neuro-genetischer Ansatz

Literatur

Aamodt A, Plaza E (1994) Case-Based Reasoning: Foundational Issues, Methodological Variations and System Approaches. AICom – Artificial Intelligence Communications 7:39–59

Bray T, Paoli J, Sperberg-McQueen CM, Maler E (eds) (2000) Extensible Markup Language (XML) 1.0. http://www.w3.org/TR/REC-xml (Abruf am 15.07.2005)

Burkhardt R (1997) UML – Unified Modeling Language. Bonn, Addison-Wesley

Castillo E, Gutierrez JM, Hadi AS (1997) Expert Systems and Probabilistic Network Models. New York, Springer

Clark J (1997) Comparison of SGML and XML. http://www.w3.org/TR/NOTE-sgml-xml.html (Abruf am 15.07.2005)

Daconta MC, Obrst LJ, Smith KT (2003) The Semantic Web: A Guide to the Future of XML, Web Services and Knowledge Management. New York, Wiley

Date CJ (2003) An Introduction to Database Systems. Reading, Addison Wesley

Dublin Core Metadata Initiative (2004) Dublin Core Metadata Element Set, Version 1.1: Reference Description http://dublincore.org/documents/2004/12/20/dces/ (Abruf am 15.07.2005)

Durkin J (1994) Expert Systems: Design and Development. New York, Macmillan

Eriksson HE, Penker M (2000) Business Modeling with UML. New York, Wiley

Faix W, Buchwald C, Wetzler R (1991) Skill Management. Wiesbaden, Gabler

Fallside DC (ed) (2004) XML Schema. http://www.w3c.org/TR/xmlschema-0/ (Abruf am 15.07.2005)

Gomez-Perez A, Fernandez-Lopez M, Corcho O (2004) Ontological Engineering: With Examples from the Areas of Knowledge Management, E-Commerce and the Semantic Web. Berlin, Springer

Goldberg DE (2004) Genetic Algorithms in Search, Optimization, and Machine Learning. Boston, Addison-Wesley

Guarino N (1995) Formal Ontology, Conceptual Analysis and Knowledge Representation. International Journal of Human and Computer Studies 43:625–640

Gulbins J, Seyfried M, Strack-Zimmermann H (2002) Dokumenten-Management. Vom Imaging zum Business-Dokument. Berlin, Springer

Gupta V (2002) An Introduction to Data Warehousing. http://www.system-services.com/dwintro.asp (Abruf am 15.07.2005)

Hecht-Nielsen R (1990) Neurocomputing. Massachusetts, Addison-Wesley

Hodge GM (2000) Best Practices for Digital Archiving – An Information Life Cycle Approach. http://www.dlib.org/dlib/january00/01hodge.html (Abruf am 15.07.2005)

Jacobson I (1992) Object-Oriented Software Engineering. Wokingham, Addison-Wesley

Jacobson I (1995) The Object Advantage: Business Process Reengineering with Object Technology. Wokingham, Addison-Wesley

Kühn O, Abecker A (1997) Corporate Memories for Knowledge Management in Industrial Practice: Prospects and Challenges. Journal of Universal Computer Science 8:929–954

Lehner W, Teschke M, Wedekind H (1997) Über Aufbau und Auswertung multidimensionaler Daten. Ulm (7. GI-Fachtagung Datenbanksysteme in Büro, Technik und Wissenschaft BTW)

Liebowitz J, Wilcox L (1997) Knowledge Management and its Integrative Elements. Boca Raton, CRC Press

Mayer A, Mechler B, Schlindwein A, Wolke R (1993) Fuzzy Logic: Einführung und Leitfaden zur praktischen Anwendung. Bonn, Addison-Wesley

Morrison M (1999) XML Unleashed, Indianapolis, Sams Publishing

Mühlenbein H (1992) How Genetic Algorithms Really Work I. Mutation and Hillclimbing. Proceedings of the Second Conference on Parallel Problem Solving from Nature, Amsterdam, S 15–25

Nakhaeizadeh G (1998) Data Mining – Theoretische Aspekte und Anwendungen. Heidelberg, Physica-Verlag

Nissen V (1994) Evolutionäre Algorithmen. Darstellung, Beispiele, betriebswirtschaftliche Anwendungsmöglichkeiten. Wiesbaden, DUV

Nissen V (1997) Einführung in Evolutionäre Algorithmen. Braunschweig, Vieweg

North K (2002) Wissenorientierte Unternehmensführung. Wiesbaden, Gabler

Probst G, Raub S, Romhardt K (2003) Wissen managen. Wiesbaden, Gabler

Rawolle J, Hess T (2001) Content Management in der Medienindustrie – Grundlagen, Organisation und DV-Unterstützung. Arbeitsbericht 6/2001, Wirtschaftsinformatik II, Universität Göttingen

Rentergent J (2000) Web-Content-Management. is report 4(11):40–43

Ritter H, Martinetz T, Schulten K (1994) Neuronale Netze. Bonn, Addison-Wesley

Rojas R (1993) Theorie der neuronalen Netze: Eine systematische Einführung. Berlin, Springer

Rothfuss G, Ried C (Hrsg) (2002) Content Management mit XML. Berlin, Springer

Rumbaugh J, Blaha M, Premerlani W (Hrsg) (1994) Objektorientiertes Modellieren und Entwerfen. München, Hanser

Schäfer S (1994) Objektorientierte Entwurfsmethoden. Bonn, Addison-Wesley

Schmidt G (1993) Expertensysteme. In: Scheer AW (Hrsg) Handbuch Informationsmanagement: Aufgaben – Konzepte – Praxislösungen. Wiesbaden, Gabler S 849–867

Schüppel J (1996) Wissensmanagement. Wiesbaden, DUV

Schumann M, Hess T (Hrsg) (1999) Medienunternehmen im digitalen Zeitalter. Wiesbaden, Gabler

Schuster E, Wilhelm S (2000) Content Management. http://www.gi-ev.de/informatik/lexikon/inf-lex-content-management.shtml (Abruf am 15.07.2005)

Softquad (1995) Introduction to the SGML PRIMER. http://xml.coverpages.org/sqprimerIntro.html (Abruf am 15.07.2005)

Thalheim B (2000) Entity-Relationship Modeling: Foundations of Database Technology. Berlin, Springer

Zimmermann HJ (Hrsg), Angstenberger J, Lieven K, Weber R (1993) Fuzzy Technologien: Prinzipien, Werkzeuge, Potentiale. Düsseldorf, VDI-Verlag

Zimmermann, HJ (Hrsg.) (1999) Neuro + Fuzzy: Technologien – Anwendungen. Düsseldorf, VDI-Verlag

Sachverzeichnis

Aggregation 30, 61, 171
Akkumulation 171
Aktivierungsfunktion 178
Aktivierungspotenzial 178
Aktivierungszustand 178
Aktivitätsdiagramm 62
Arbeitsphase 180
Assoziationsregel 47
Attribut 9, 77
  Instanzattribut 50
  Klassenattribut 50
Atomicity 8
Aussagenlogik 155
Auszeichnung 69

Backpropagation-Algorithmus 184
Beziehung s. Relationship
Breitensuche 160

Case-Based Reasoning 148
Chromosom 196
Consistency 8
Content 95
Content Life Cycle 97
Content Management 95
Content Repository 104
Content-Management-System 100
Crossover 194

Data Mining 46
Data Warehouse 36
Daten 1
Datenbank 7
Datenbank-Management-System 7
Datenbank-System 7
Datenmodell 8
Datensatz s. Tupel

Decodierungsfunktion 197
Defuzzifizierung 172
Dicing 42
Document Type Definition 71
Document Type Declaration 78
Dokumenten-Management-System
  108
Dokumentenretrieval 112
  Audioretrieval 118
  Bildretrieval 118
  Textretrieval 113
  Videoretrieval 119
Domäne 9, 125
Durability 8
Drill-Down 41

Editorial System 103
Eigenschaften
  identifizierende 19
  referenzierende 19
  charakterisierende 19
Eingeschränktes kartesisches
  Produkt 11
Elementtypdeklaration 74
Entity 9, 16, 75
Entity-Relationship-Methode 16
ETL-Prozess 38
Expertensystem 153
Extend-Beziehung 58

Fan-In 179
Fehlersignal 184
Feindatenmodellierung 19
Fitnesswert 198
Fuzzifizierung 170
Fuzzy Logic 168
Fuzzy-Expertensystem 168

Generalisierung 30, 53
Genetische Algorithmen 193
Grobdatenmodellierung 16
Gruppierung 31
Gültigkeit 76

HTML 72
Hypothese 46

Include-Beziehung 57
Indexierung 111
Inferenz 170
Inferenzmaschine 157
Inferenzprozess 170
Information Retrieval 3
Informationen 1
Integrationsfunktion 178
Integritätsbedingung 27
Interface 60
Isolation 8

Kardinalität 16
Kartesisches Produkt 9
Klassendiagramm 58
Klassenhierarchie 53
Knowledge Discovery in Databases
    36
Konfidenz 48
Konzeptionelles Datenmodell 12
Künstliches Neuronales Netz 177

Lebenszyklus 2
Lernphase 182
Literal 162

Markup s. Auszeichnung
Mehrfachvererbung 54
Methode 51
Modus Ponens 157
Modus Tollens 157
Mutation 194

Namespace 79
Neuron 179

NewsML 85
Normalisierung 20
Notation
    (min, max) 17
    MC 17
    nummerische 17
    UML 17

Object Based Mapping 92
Objektorientierung 50
    Attribut 50
    Instanz 50
    Klasse 50
    Methode 50
    Nachricht 50
    Polymorphismus 54
    Vererbung 53
OLAP 40
Online Analytical Processing s.
    OLAP
Ontologie 125

Pragmatik 2
Precision 112
Processing Element s. Neuron
Projektion 9
Prolog 162
Publishing System 106
Pull-Prinzip 5
Push-Prinzip 5

Recall 112
Regel 155
Rekombination 194
Relation 8
Relationale Datenmodellierung 8
Relationenalgebra 9
Relationenmodell 8
Relationship 16
Retrieval s. Dokumentenretrieval
Roll-Up 41
Rotate 42
Rückwärtsverkettung 158

Selektion 10, 195
Semantic Web 131
Semantik 1, 121
Semantisches Schema 123
Sequenzdiagramm 65
SGML 70
Simple-Match-Algorithmus 116
Skill Management 143
Slicing 42
SMIL 87
Spezialisierung 29, 53
SQL 32
Structured Query Language s. SQL
Suchmaschine 113
Support 49
Syntax 1

Table Based Mapping 90
Tag 76
Terminologie 122
TF-IDF-Gewichtung 117
Tiefensuche 161
Trainingsmenge 187
Transaktionskonzept 8
Tupel 9

Überwachtes Lernen 183
UML s. Unified Modeling
   Language
Unüberwachtes Lernen 183
Unified Modeling Language 55
Use-Case-Diagramm 56

Validierungsmenge 187
Vektorraum-Modell 117
Vererbung s. Objektorientierung
Vorwärtsverkettung 158

Weighted-Match-Algorithmus 116
Wissen 1
Wissensanwendung 137
Wissensbasis 155
Wissensentwicklung 135
Wissensidentifikation 135
Wissensmanagement 121
Wissensmanagement-Prozess 133
Wissensspeicherung 136
Wissensverteilung 137
Wissensziele 134
Wohlgeformtheit 75

XHTML 83
XML 72
XSL 82
XML-Schema 78

Zeichen 1
Zugehörigkeitsgrad 168
Zustandsautomat 66